今すぐ使えるかんたんmini

Imasugu Tsukaeru Kantan mini Series

OneNote

基本&便利技

OneNote for Windows 10 対応版

技術評論社

本書の使い方

How to use

- 画面の手順解説だけを読めば、操作できるようになる！
- もっと詳しく知りたい人は、補足説明を読んで納得！
- これだけは覚えておきたい機能を厳選して紹介！

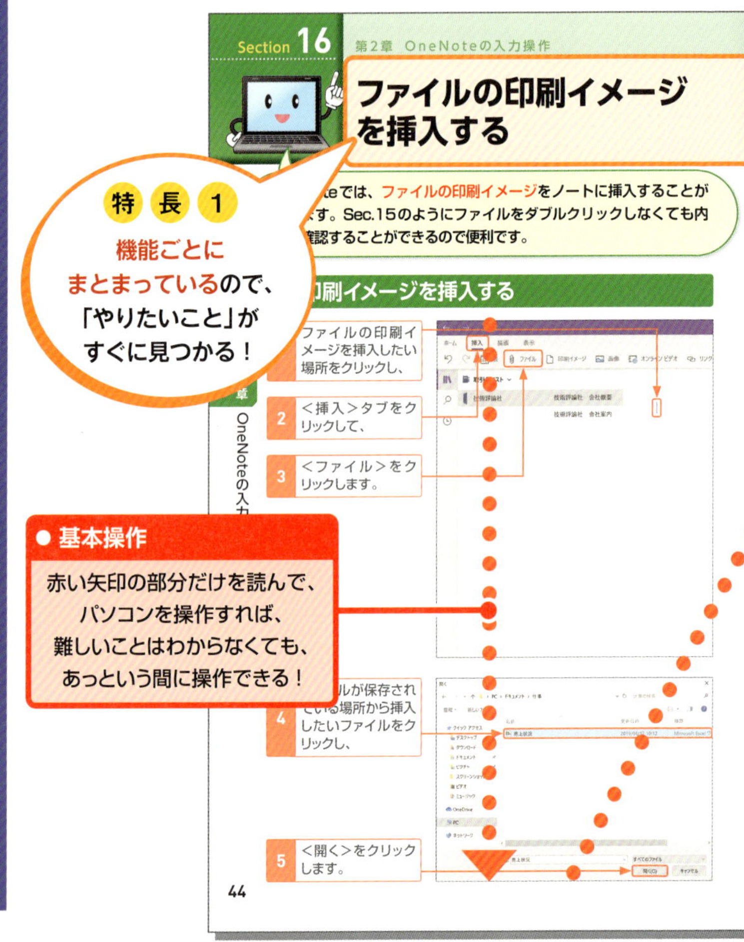

Section 16
第2章 OneNoteの入力操作
ファイルの印刷イメージを挿入する
特長1
機能ごとにまとまっているので、「やりたいこと」がすぐに見つかる！
teでは、ファイルの印刷イメージをノートに挿入することが
す。Sec.15のようにファイルをダブルクリックしなくても内
確認することができるので便利です。
印刷イメージを挿入する
ファイルの印刷イメージを挿入したい場所をクリックし、
2 <挿入>タブをクリックして、
3 <ファイル>をクリックします。
● 基本操作
赤い矢印の部分だけを読んで、パソコンを操作すれば、難しいことはわからなくても、あっという間に操作できる！
4 ルが保存されている場所から挿入したいファイルをクリックし、
5 <開く>をクリックします。
OneNoteの入力
44

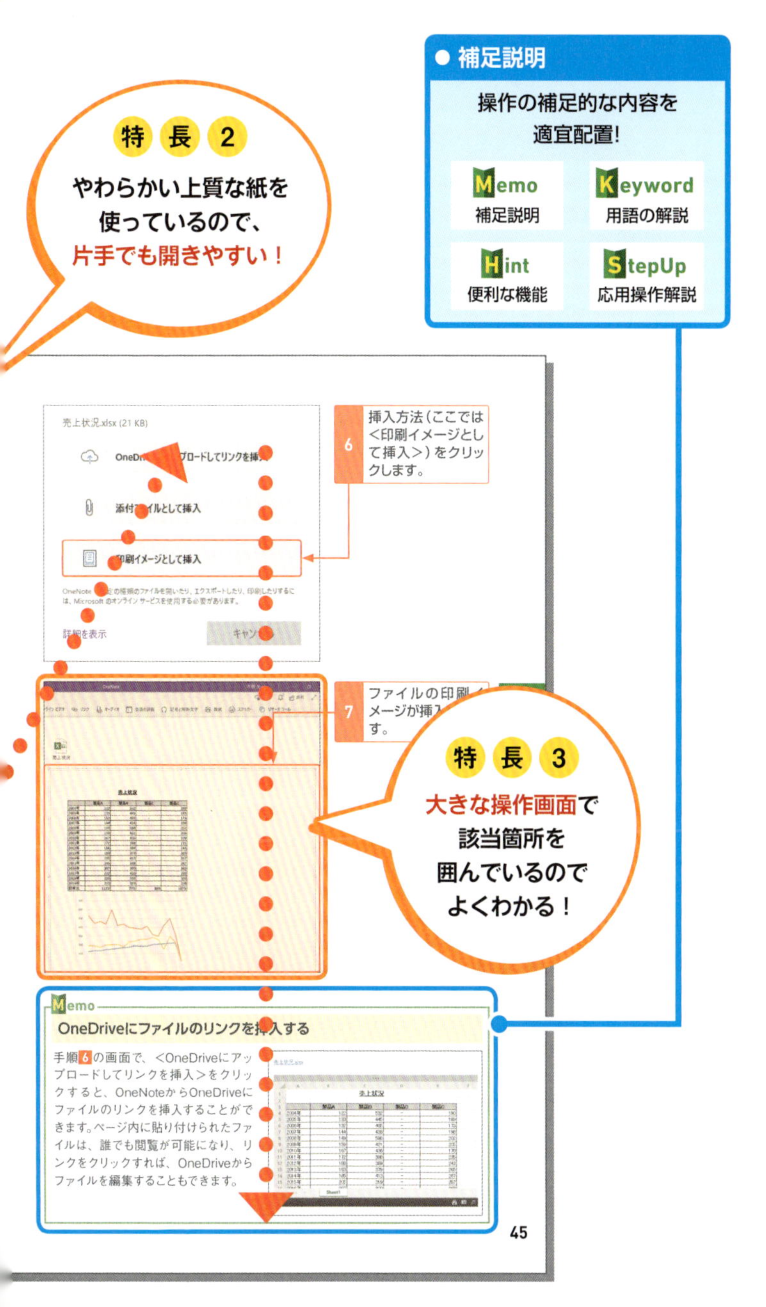

特 長 2
やわらかい上質な紙を
使っているので、
片手でも開きやすい！
● 補足説明
操作の補足的な内容を
適宜配置!
Memo
補足説明
Keyword
用語の解説
Hint
便利な機能
StepUp
応用操作解説
売上状況.xlsx (21 KB)
添付ファイルとして挿入
印刷イメージとして挿入
詳細を表示
6
挿入方法（ここでは<印刷イメージとして挿入>）をクリックします。
7
特 長 3
大きな操作画面で
該当箇所を
囲んでいるので
よくわかる！
Memo
OneDriveにファイルのリンクを挿入する
手順6の画面で、<OneDriveにアップロードしてリンクを挿入>をクリックすると、OneNoteからOneDriveにファイルのリンクを挿入することができます。ページ内に貼り付けられたファイルは、誰でも閲覧が可能になり、リンクをクリックすれば、OneDriveからファイルを編集することもできます。
45

CONTENTS 目次

第1章 OneNoteの基本

Section 01 OneNoteとは……10
Section 02 さまざまな機種で使えるOneNote……12
Section 03 OneNoteのメモ機能……14
Section 04 メモの保存先とMicrosoftアカウント……16
Section 05 ノートブック／セクション／ページとは……18
Section 06 OneNoteを起動／終了する……20
Section 07 OneNoteの画面構成……22

第2章 OneNoteの入力操作

Section 08 ノートブックを作成する……26
Section 09 セクション名を変更する……28
Section 10 ページ名を入力する……29
Section 11 メモを入力する……30
Section 12 コピー&ペーストでメモを入力する……32
Section 13 画像を挿入する……34
Section 14 Webページの内容を取り込む……38
Section 15 ファイルを挿入する……42
Section 16 ファイルの印刷イメージを挿入する……44
Section 17 Officeアプリから印刷イメージを挿入する……46
Section 18 表を作成する……48
Section 19 記号や絵文字を入力する……50
Section 20 ステッカーを貼り付ける……52
Section 21 スクリーンショットを撮って挿入する……54
Section 22 音声を録音する……56
Section 23 動画を挿入する……58
Section 24 図形を描く……60
Section 25 ペンで自由な線を描く……64

Section 26 手書きメモを入力する……66
Section 27 メールを送信してOneNoteに保存する……70
Section 28 入力したメモを検索する……74

第3章 ノートブックの整理

Section 29 新しいセクションを追加する……76
Section 30 新しいページを追加する……77
Section 31 ページ／セクション／ノートブックを切り替える……78
Section 32 ノートコンテナ／ページ／セクションを移動する……80
Section 33 ノートコンテナ／ページ／セクションを削除する……82
Section 34 削除したページ／セクションを復元する……84
Section 35 ノートブック／セクション／ページのタイトルを変更する……86
Section 36 サブページを利用してページを階層整理する……88
Section 37 ノートコンテナのサイズを変更する……90
Section 38 ノートコンテナを結合／分離する……92
Section 39 ノートコンテナをコピー&ペーストする……94
Section 40 ノートコンテナの表示順序を変更する……96
Section 41 テキストのスタイルを変更する……98
Section 42 テキストを箇条書きにする……100
Section 43 テキストにノートシールを貼る……102
Section 44 ノートシールが貼られた箇所を検索する……104
Section 45 テキストにマーカーを引く……106
Section 46 ページの背景に罫線を引く……108
Section 47 ページの背景色を変更する……110
Section 48 ページの表示サイズを変更する……111
Section 49 ノートブックやセクションの色を変更する……112
Section 50 ノートブック／セクション／ページをスタートにピン留めする……114

Section 51 既定のフォントを変更する……116
Section 52 ページを印刷する……118

第4章 OneNoteのビジネス活用

Section 53 企画書のネタ帳を作成する……120
Section 54 メモと音声で議事録を取る……122
Section 55 リサーチツールを利用して効率よく資料を作成する……124
Section 56 リンク機能を利用してプレゼンテーションに使う……126
Section 57 再生機能を利用してプレゼンテーションに使う……128
Section 58 翻訳機能で英文資料を作成する……130
Section 59 Surface ペンを使ってすばやく手書き入力する……132
Section 60 備忘録を作成する……136
Section 61 アウトライン入力でレポートを作成する……138
Section 62 セクショングループを利用して大きなプロジェクトをまとめる……140
Section 63 数式を入力して複雑な計算を行う……142
Section 64 暗記用ノートを作成する……144
Section 65 ファイリングノートを作成する……146
Section 66 画像からテキストを抽出する……148
Section 67 ノートブックを共有して共同作業を行う……150
Section 68 ページを PDF ファイルに変換して保存する……154

第5章 Webブラウザ版OneNoteの利用

Section 69 Web ブラウザで OneNote を使う……156
Section 70 Web ブラウザ版 OneNote の画面構成……158
Section 71 ノートブックを閲覧する……160
Section 72 ノートブックを編集する……162

Section 73 OneNote for Windows 10にない機能を利用する……164
Section 74 ノートブックを共有する……166
Section 75 ノートブックを削除する……168
Section 76 ノートブックを新規作成する……170

第6章 Android版OneNoteの利用

Section 77 AndroidスマートフォンでOneNoteを使う……172
Section 78 Android版OneNoteを起動する……174
Section 79 ノートブックを閲覧する……176
Section 80 メモを入力する……178
Section 81 音声や写真を挿入する……180
Section 82 ドキュメントを撮影してスキャンする……182
Section 83 タスクリストを作成する……184
Section 84 手書きメモを取る……185
Section 85 OneNoteバッジですばやくメモを取る……186
Section 86 付箋にメモを取る……188

第7章 iPhone版OneNoteの利用

Section 87 iPhoneでOneNoteを使う……190
Section 88 iPhone版OneNoteを起動する……192
Section 89 ノートブックを閲覧する……194
Section 90 メモを入力する……196
Section 91 音声や写真を挿入する……198
Section 92 ドキュメントを撮影してスキャンする……200
Section 93 タスクリストを作成する……201
Section 94 付箋にメモを取る……202

第8章 iPad版OneNoteの利用

Section 95 iPadでOneNoteを使う……204
Section 96 ノートブックを閲覧する……206
Section 97 メモを入力する……208
Section 98 音声や写真を挿入する……210
Section 99 ドキュメントを撮影してスキャンする……212
Section 100 タスクリストを作成する……213
Section 101 手書きメモを取る……214
Section 102 図形を描く……216

付録 データの移行

Section 103 OneNote 2016／2013のデータを OneNote for Windows 10に移行する……220

第1章

OneNoteの基本

01 OneNoteとは
02 さまざまな機種で使えるOneNote
03 OneNoteのメモ機能
04 メモの保存先とMicrosoftアカウント
05 ノートブック／セクション／ページとは
06 OneNoteを起動／終了する
07 OneNoteの画面構成

OneNoteとは

OneNoteは、さまざまな情報をメモに取り、効率よく管理／閲覧できるアプリケーションです。まとめた情報は、パソコンだけでなくWebブラウザやスマートフォンで見ることもできます。

1 OneNoteの基本概念

OneNote は、テキストや画像、Web や音声など、さまざまな情報を取り込み、自由にレイアウトできる「デジタルノート」です。集めた情報は、Web ブラウザやスマートフォンからもすばやく見つけ出すことができます。

テキストや画像、Webや音声など、さまざまな情報をOneNoteで集約します。
OneNote
OneNoteで集めた情報は、紙のノートのように管理し、すばやく取り出すことが可能です。
OneNoteで集めた情報をスマートフォンやWebブラウザで見ることもできます。

2 OneNoteの使い方

OneNoteには、とくに決まった使い方はありません。思い付いたアイデア、メモ替わりに撮った写真、Webの気になる情報、会議中の音声など、好きなものを自由にページに貼り付けていくだけです。どのようなノートにするかは、自分次第でしょう。本書では、前半でOneNoteの基本的な操作方法と活用例、後半ではWebブラウザ版やスマートフォン版での使い方を紹介しています。

第1章
OneNoteの基本

OneNoteの基本的な概念である「ノートブック」「セクション」「ページ」と画面構成を紹介しています。

第2章
OneNoteの入力操作

「ノートブック」を作成して、メモを入力し、それを閲覧するという、OneNoteの基本的な流れを紹介しています。

第3章
ノートブックの整理

入力したメモを整理したり、装飾したり、マーカーを引いたりといった、「ノートブック」の整理機能を紹介しています。

第4章
OneNoteのビジネス活用

OneNoteの実際の活用例として、ビジネスの現場で使えるノートの整理方法を数多く紹介しています。

第5章
Webブラウザ版OneNoteの利用

Webブラウザから利用できる「Webブラウザ版OneNote」の基本的な使い方を紹介しています。

第6章
Android版OneNoteの利用

Androidスマートフォンから利用できる「OneNote」アプリの基本的な使い方を紹介しています。

第7章
iPhone版OneNoteの利用

iPhoneから利用できる「OneNote」アプリの基本的な使い方を紹介しています。

第8章
iPad版OneNoteの利用

iPadから利用できる「OneNote」アプリの基本的な使い方を紹介しています。

さまざまな機種で使えるOneNote

OneNoteは、OneNote for Windows 10のほかに、スマートフォン/タブレット用、Webブラウザ用の3種類があります。ここでは、それぞれのOneNoteについて整理します。

1 OneNoteの種類と対応機種

OneNoteは、以下の表のように大きくわけて、パソコン用、Webブラウザ用、スマートフォン/タブレット用の3種類があります。本書では、Windows 10に標準でインストールされているパソコン用「OneNote for Windows 10」の操作解説を中心に、Webブラウザ用OneNote、Androidスマートフォン用OneNote、iPhone用OneNote、iPad用OneNoteの使い方を紹介しています。作成したメモはインターネット経由で自動的に同期されるため、パソコンで作成したOneNoteのメモをスマートフォンで見たり、Webブラウザで編集したりすることができます。どれも無料で利用できるので、今までパソコン版しか使ったことがなかった人も、これを機にWebブラウザ用やスマートフォン用を試してみてもよいでしょう。

OneNoteの対応機種とアプリの種類

対応機種	アプリ
パソコン用	OneNote for Windows 10、Windowsデスクトップ版、Mac版
Webブラウザ用	Webブラウザ版OneNote
スマートフォン/タブレット用	iPhone版、iPad版、Android版、Windows Phone版

2 パソコン用OneNoteの種類

パソコン用OneNoteには、次ページの表のように大きくわけて4種類あります。本書で扱う「OneNote for Windows 10」は最新バージョンのOneNoteです。デスクトップ版「OneNote 2016/2013」は開発が終了しており、今後新機能が提供されることはありません。「OneNote for Windows 10」は、Windows 10用に新たに作り直したOneNote

で、データのローカル保存やテンプレート機能など、デスクトップ版にはあった機能が一部搭載されていませんが、リサーチツールや Surface ペンとの連携などデスクトップ版にはない機能も多数あります。「OneNote for Windows 10」の利用にはインターネット環境と Microsoft アカウント（Sec.04 参照）が必須で、今後も定期的に新機能がインターネット経由で提供されます。以降、本書で OneNote と表記する場合は「OneNote for Windows 10」のことを指します。

なお、本書ではデスクトップ版と Mac 版の操作は紹介していません。デスクトップ版については弊社書籍「ゼロからはじめる OneNote 2016／2013 スマートガイド」を、Mac 版については「今すぐ使えるかんたん Office for Mac 完全ガイドブック　困った解決&便利技 改訂 3 版」を参照してください。

また、「OneNote for Windows 10」がインストールされていない場合は、以下のサイトで＜ Windows ストア＞をクリックして、インストールを行ってください。

▶ OneNote のダウンロードページ
http://www.onenote.com/Download

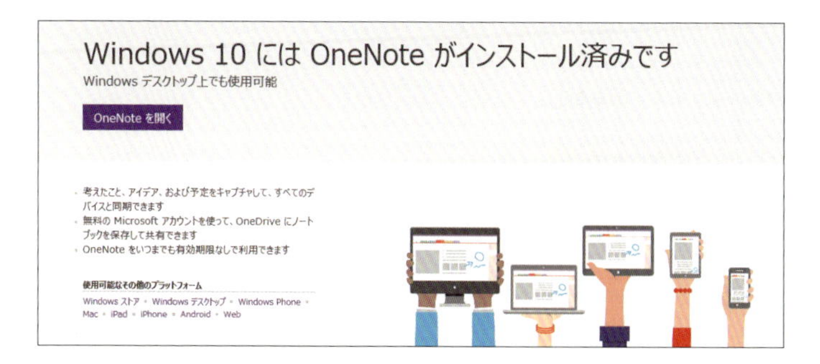

パソコン用 OneNote の種類

名称	概要
OneNote for Windows 10	Windows10のパソコンにプレインストール、もしくは無料でダウンロードできるOneNote for Windows 10
OneNote 2016／2013	Officeに含まれるデスクトップ版のOneNote 2016／2013（今後の新機能の追加は行われません）
無料版OneNote 2016	ダウンロードで入手できる無料のデスクトップ版OneNote 2016（今後の新機能の追加は行われません）
Mac版Microsoft OneNote	Office 365に含まれるMac版OneNote

OneNoteのメモ機能

OneNoteは、さまざまな方法で**メモを取る**ことができます。テキストや写真はもちろんのこと、**音声や手書きメモ**なども貼り付けられます。ここでは、OneNoteでメモを取る方法について紹介します。

1 メモの入力方法

OneNote は、さまざまな方法でメモを取ることができるのが特徴です。以下に、代表的な方法を紹介します。

テキストを入力する

OneNoteでは、好きな場所に好きなようにテキストを入力することができます。入力後は内容が自動で保存されます。思い付いたアイデアを忘れないように、OneNoteを使って、すぐにメモを残しておきましょう。

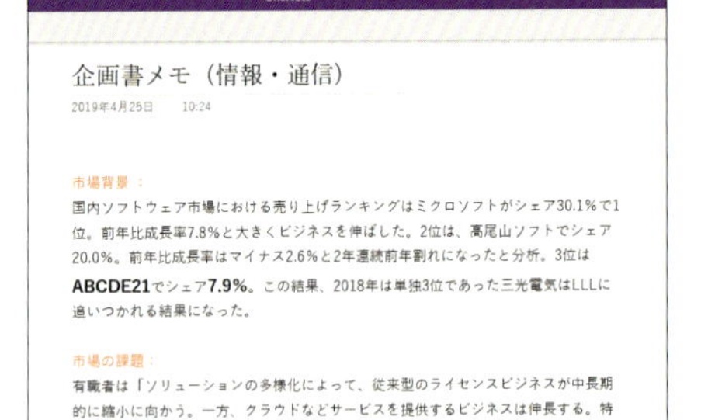

写真を貼り付ける

OneNoteには、テキスト以外にも、写真やイラスト、スクリーンショットなどを貼り付けることができます。これらは好きな場所に自由に配置できるほか、拡大／縮小など、サイズを変更することも可能です。

手書きで文字や図形を描く

OneNoteでは、マウスやタッチパネルなどを使って、手書きの文字や図形を描くことができます。ペンの色や種類（蛍光ペンなど）が豊富に用意されているので、好みのものを選びましょう。

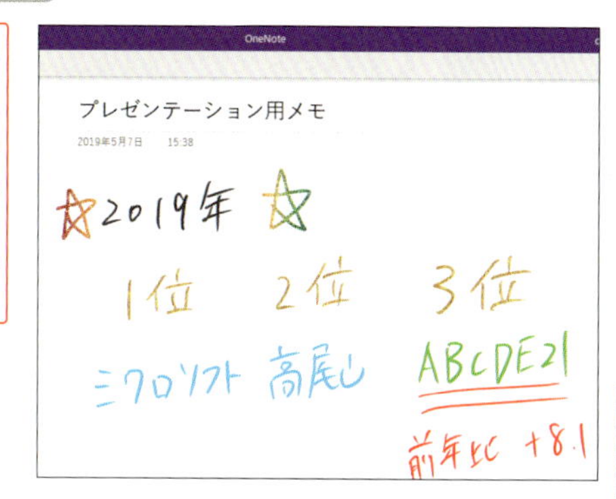

音声を収録する

OneNoteでは、マイクを使って、音声を収録することができます。収録しながら入力したメモは、再生のタイミングに合わせて、該当する部分が反転表示されます。どの時間に入力したテキストなのか、ひと目でわかる便利な機能です。

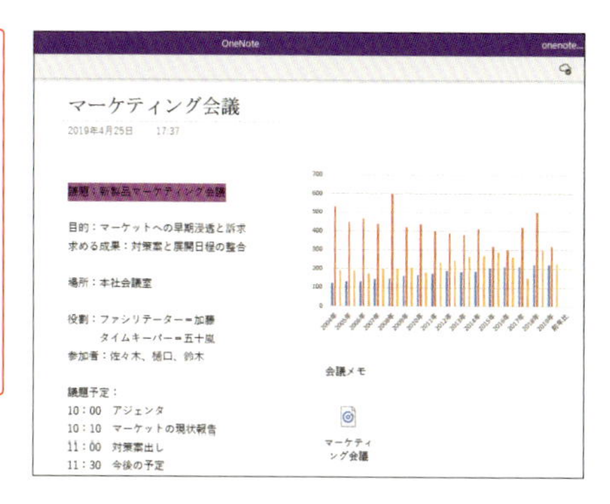

PDF ファイルや Office ファイルを挿入する

OneNoteには、PDFファイルやOfficeファイルを挿入することができます。挿入されたファイルの内容を確認したい場合は、ファイルのアイコンをダブルクリックすると、表示されます。

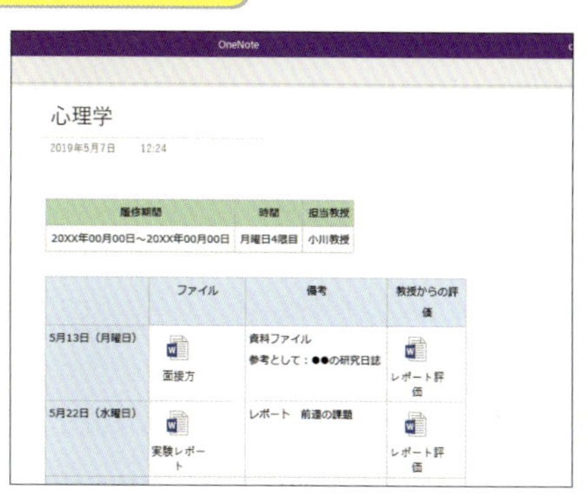

メモの保存先とMicrosoftアカウント

OneNoteに入力したメモは、オンラインストレージの「OneDrive」に自動で保存されます。OneDriveに保存するには、あらかじめMicrosoftアカウントでサインインしておく必要があります。

1 保存先はOneDriveのみ

OneNoteに入力したメモは、Microsoftのオンラインストレージ「OneDrive」に自動で保存されます。パソコン内に保存することはできませんが、Webブラウザ版やスマートフォン版で同じメモを閲覧・編集できるというメリットがあります。

OneNote for Windows 10

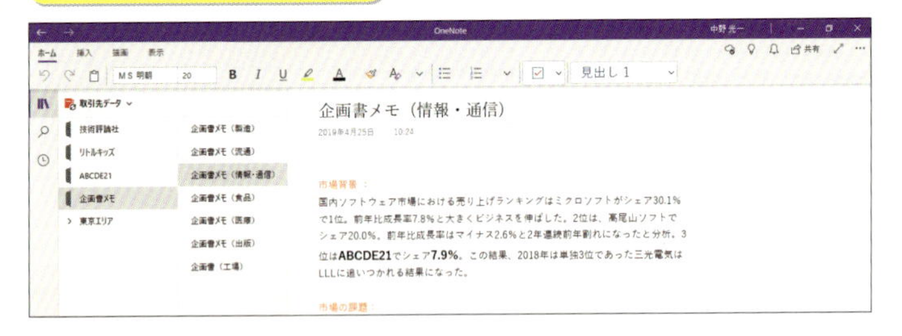

Web ブラウザ版 OneNote

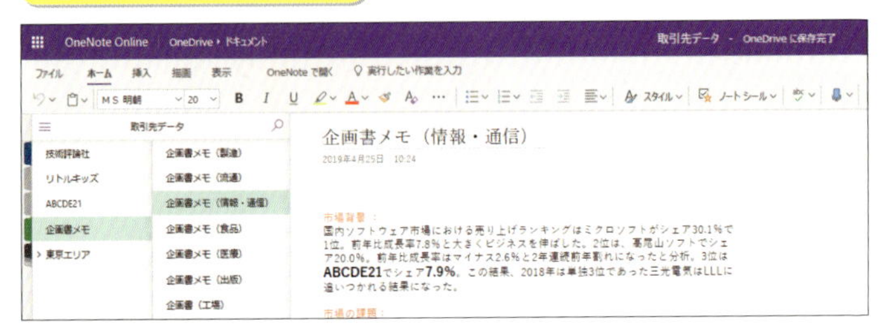

OneNoteで作成したメモは、OneDriveに保存されるのでWebブラウザやスマートフォンからも利用できます。

2 Microsoftアカウントを用意する

OneDriveを利用するにはMicrosoftアカウントが必要です。Microsoftアカウントは、Windows 10のサインインにも必要なため、すでに取得している人もいるでしょう。Microsoftアカウントを取得していない場合は、あらかじめ以下の方法で取得してください。なお、OneDriveは、初期状態の場合無料で5GBの容量が与えられており、OneNoteのメモのほか、WordやExcelなどのOfficeファイルや写真、動画なども保存できます。

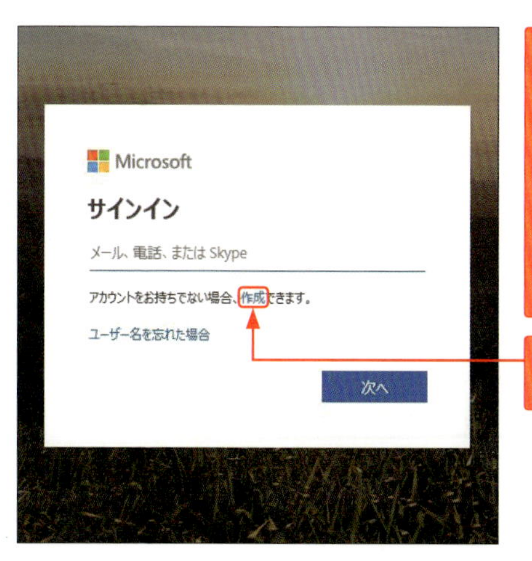

1 WebブラウザでMicrosoftアカウントのサイト(https://www.microsoft.com/ja-jp/)にアクセスし、をクリックすると、「サインイン」画面が表示されます。

2 <作成>をクリックします。

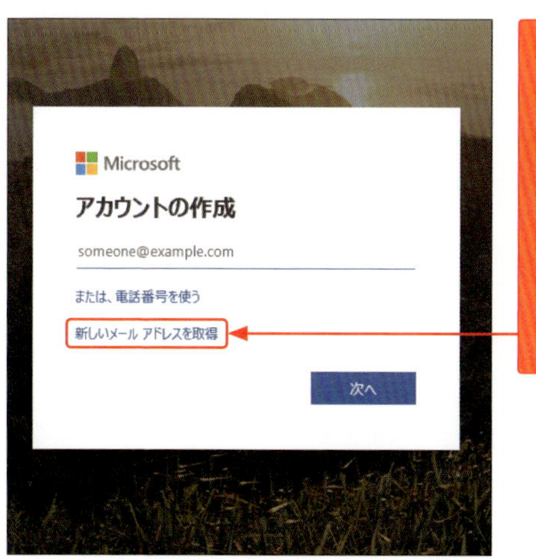

3 「アカウントの作成」画面が表示されたら、<新しいメールアドレスを取得>をクリックし、「メールアドレス」「パスワード」「名前」「国／地域」「生年月日」を入力すると、アカウントが取得できます。

ノートブック／セクション／ページとは

OneNoteのメモは、「ノートブック」「セクション」「ページ」という3つの階層に分かれています。メモを管理するうえでとても重要な概念なので、まずは、3つの用語について理解しておきましょう。

1 OneNoteの基本構成

OneNote は、以下のように 3 階層に分かれた構成となっています。

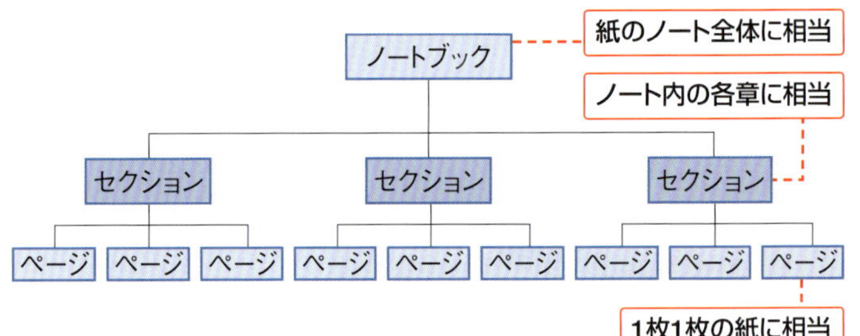

ノートブック

「ノートブック」は、複数の「セクション」をまとめたひとまとまりの単位です。紙のノートで言えば、ノート一冊の全体に相当します。「取引先データ」「プライベートデータ」のように、大きなまとまりで複数のノートブックを持つこともできます。

セクション

「セクション」は、複数の「ページ」をまとめた単位です。紙のノートで言えば、ジャンルごとにわけた各章に相当します。「2019 年度」「7 月」のように年度や月で分けたり、「A 社」「B 社」のように取引先の会社名で分けたりすると、目的のページがすぐに探し出せるようになります。また、複数のセクションをまとめた「セクショングループ」もあります。

ページ

OneNote でメモを入力する１枚１枚の紙に相当するのが「ページ」です。紙のページを扱うように、文字を入力したり、写真を貼り付けたりすることができます。各ページごとに見出しが付けられるので、セクションを年度や月で分けた場合はさらに細かい日付を入れたり、取引先で分けた場合は「売り上げ」「報告書」のようにジャンルで分けたり、担当者や部署名を入れたりするなどして、わかりやすくすると便利です。

以上をまとめると、たとえば、「取引先データ」というノートブックに、取引先の会社名別のセクションを作成し、「売り上げ」や「報告書」といった情報をページにまとめて管理することができます。

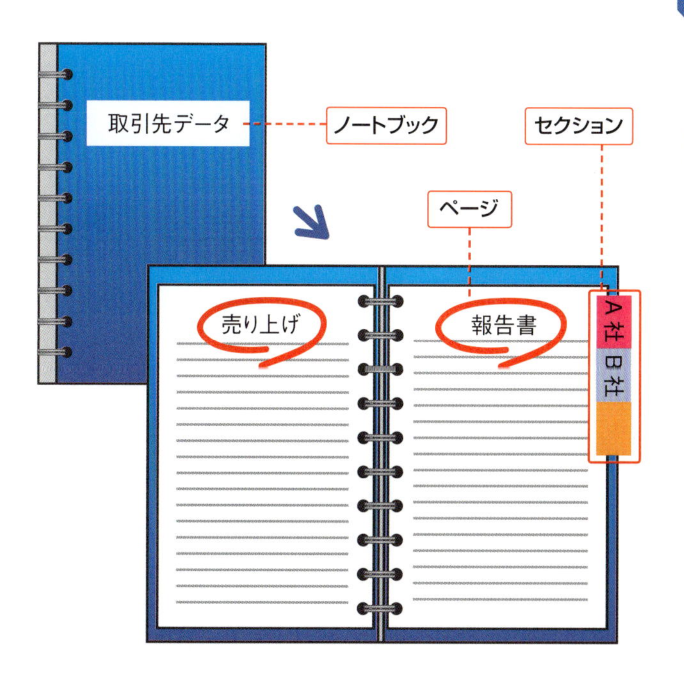

OneNote では、このように「ノートブック」「セクション」「ページ」の３つの要素をきちんと考えて構成すると、見やすく管理しやすいメモを作成することができます。

OneNoteを起動／終了する

OneNoteは、スタートもしくはタスクバーのアイコンをクリックして、起動することができます。作業が完了したあとは、OneNoteを終了しましょう。なお、保存操作は必要ありません。

1 OneNoteを起動する

1 <スタート>をクリックし、

2 下方向にスクロールします。

3 <OneNote>をクリックします。

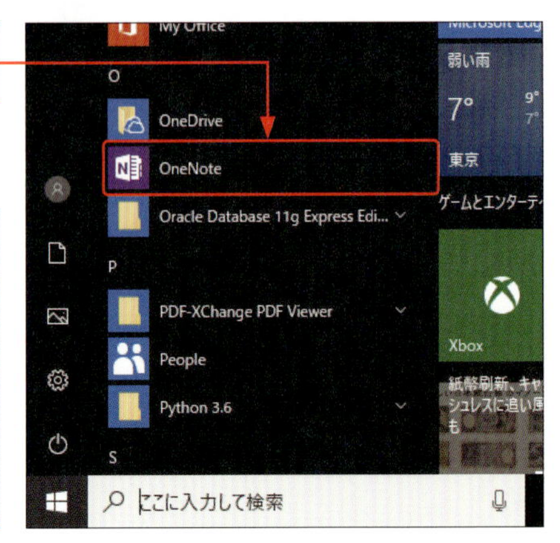

Memo OneNoteの表示名

「OneNote for Windows 10」は、スタートでは「OneNote」と表示されています。「OneNote 2016」「OneNote 2013」と表示されているのは、デスクトップ版のOneNoteです。

4 初めて起動する場合は、<開始>をクリックします。

Memo

Microsoftアカウントの入力

手順4の画面で「サインインに使うアカウントをお選びください」と表示された場合は、<個人用Microsoftアカウント>を選択してください。また、Microsoftアカウントの入力画面が表示された場合は、画面の指示に従ってMicrosoftアカウントのメールアドレスを入力してサインインしてください。

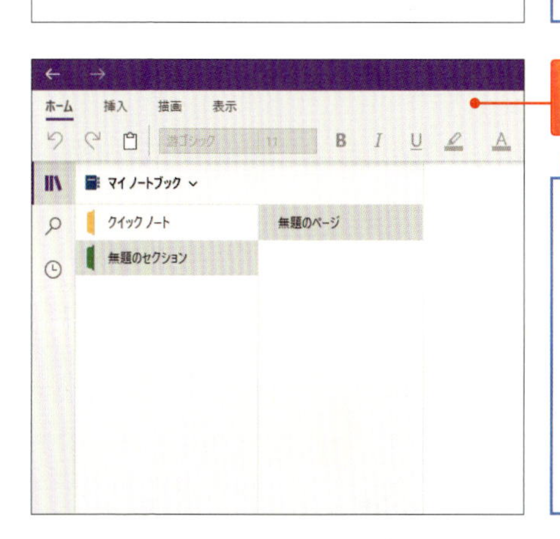

5 OneNoteが起動します。

Memo

ノートブックの表示

すでにOneNoteで使用したことがあるMicrosoftアカウントでサインインして、使いたいノートブックが表示されていない場合は、P.24の操作を参考にしてノートブックを開いてください。

2 OneNoteを終了する

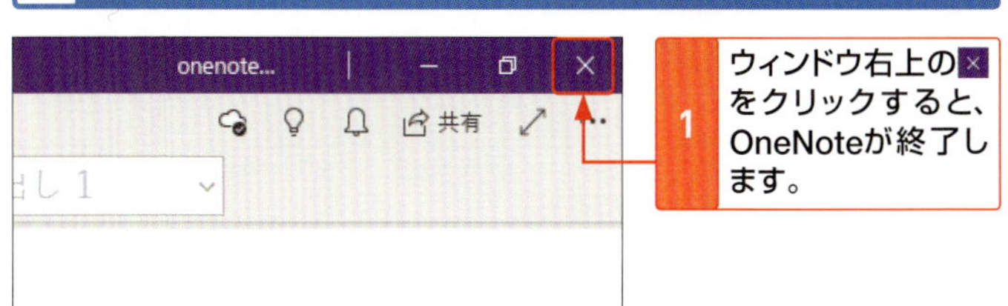

1 ウィンドウ右上の×をクリックすると、OneNoteが終了します。

OneNoteの画面構成

OneNoteの**画面構成とリボン表示のしくみ**を確認しましょう。OneNoteでは、「ノートブック」「セクション」「ページ」にすばやくアクセスできるような画面構成になっています。

1 OneNoteの基本的な画面構成

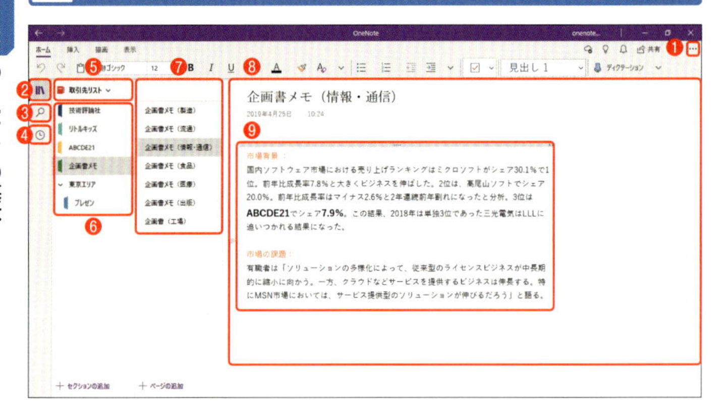

名称	機能
❶設定とその他	印刷画面や設定画面を表示できます。
❷ナビゲーションの表示／非表示	ノートブックリストやセクションタブ、ページタブの表示／非表示を切り替えることができます。
❸検索の表示	ノートブックやページを検索できます。
❹最近使ったノートを表示	編集したノートが時系列順に表示されます。
❺ノートブックリスト	クリックしてノートブックを切り替えることができます。
❻セクションタブ	タブをクリックすると、ノートブックのセクションを切り替えることができます。
❼ページタブ	タブをクリックすると、セクション内のページを切り替えることができます。
❽ページ	選択したページが表示され、テキストや画像などを書き込むことができます。
❾ノートコンテナ	ページに書き込まれたメモの単位です。位置を移動したり、非表示にしたりすることができます。

2 リボン表示のしくみ

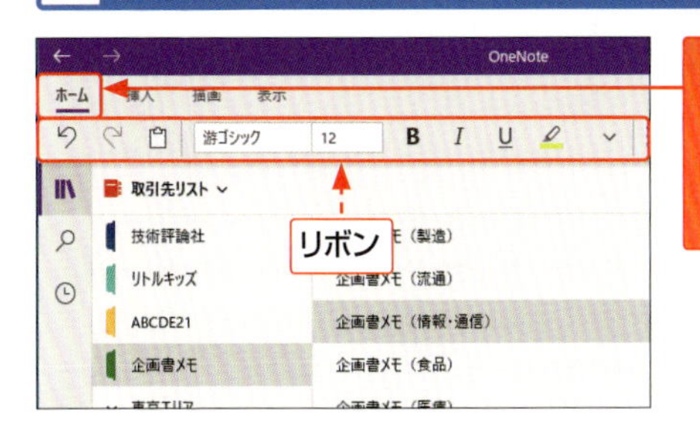

1 <ホーム>タブのリボンが表示されている状態で、<ホーム>タブをクリックします。

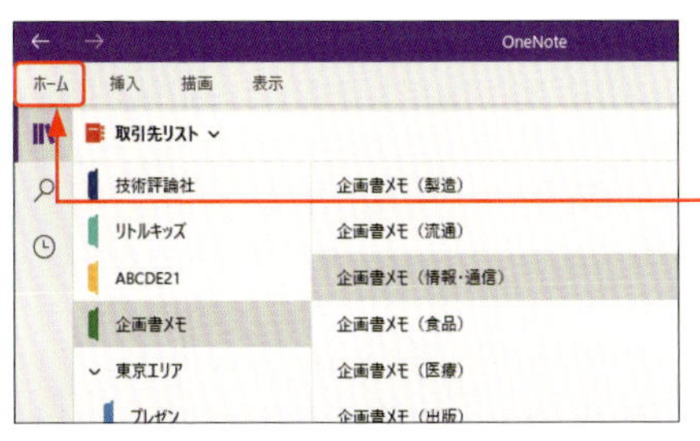

2 リボンが非表示になります。

3 再度、<ホーム>タブをクリックします。

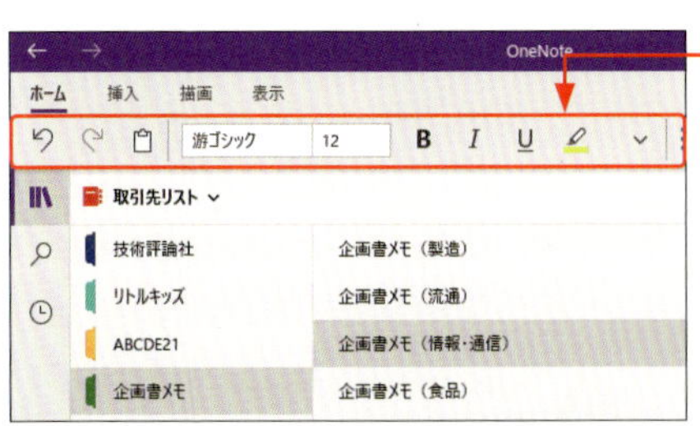

4 リボンが表示されます。

Memo

リボン操作の注意点

OneNote for Windows 10のリボンは、常に表示もしくは非表示に固定することはできません。そのため、本書の操作通りに行ってリボンの表示が消えてしまう場合は、上記操作を参考にして再度リボンを表示してください。また、画面サイズによってはリボンのすべてのコマンドが表示されないことがあります。リボン右端の ∨ をクリックすることで、残りのコマンドが表示されます。

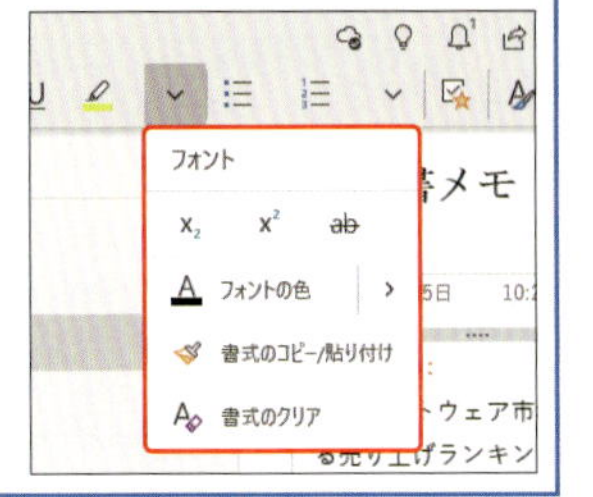

Memo

アカウントの追加

OneNoteの画面右上には、サインインしたMicrosoftアカウント名が表示されています。初回起動時の操作で間違って別のアカウントでサインインしてしまった場合や、会社のアカウントで使用しているOneNoteのデータを使いたい場合などは、以下の方法でOneNoteにアカウントを追加することができます。

なお、アカウント追加後に使いたいノートブックが表示されていない場合は、ノートブックタブをクリックして<その他のノートブック>をクリックすると、ノートブックを開くことができます。

第2章

OneNoteの入力操作

08 ノートブックを作成する
09 セクション名を変更する
10 ページ名を入力する
11 メモを入力する
12 コピー＆ペーストでメモを入力する
13 画像を挿入する
14 Webページの内容を取り込む
15 ファイルを挿入する
16 ファイルの印刷イメージを挿入する
17 Officeアプリから印刷イメージを挿入する
18 表を作成する
19 記号や絵文字を入力する
20 ステッカーを貼り付ける
21 スクリーンショットを撮って挿入する
22 音声を録音する
23 動画を挿入する
24 図形を描く
25 ペンで自由な線を描く
26 手書きメモを入力する
27 メールを送信してOneNoteに保存する
28 入力したメモを検索する

ノートブックを作成する

OneNoteを使用するには、まずは**ノートブックを作成**します。何も書かれていないノートを一冊用意すると考えるとわかりやすいでしょう。ここでは、ノートブックを新規作成する方法を解説します。

1 ノートブックを新規作成する

1 Sec.06を参考にOneNoteを起動し、ノートブック名（ここでは、＜マイノートブック＞）をクリックします。

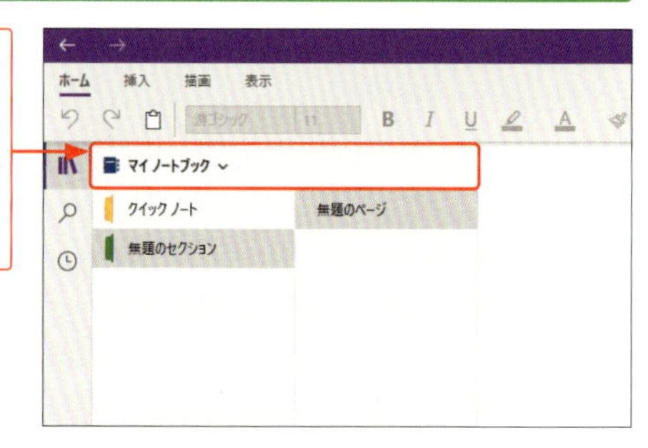

2 ＜ノートブックの追加＞をクリックします。

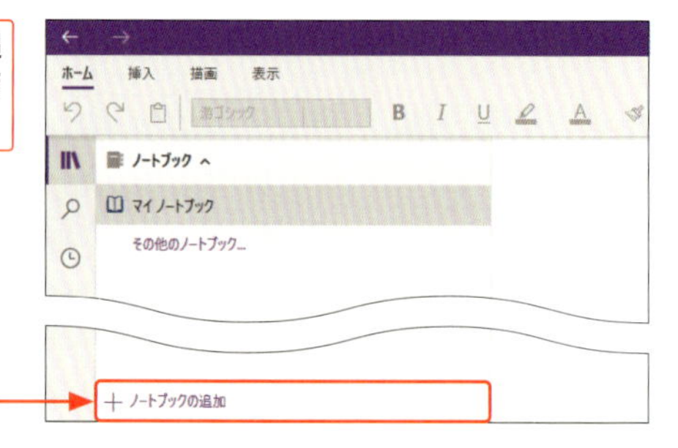

Keyword

クイックノートとは?

OneNoteを起動すると、「クイックノート」というセクションがすでに作成されている場合があります。クイックノートは、OneNoteを起動せずにメモが取れる機能で、入力した内容は「クイックノート」のセクションに保存されます。なお、本書執筆時点でクイックノートの機能を利用できるのはデスクトップ版OneNote 2016／2013のみとなります。OneNote for Windows 10では利用できません。

第2章 OneNoteの入力操作

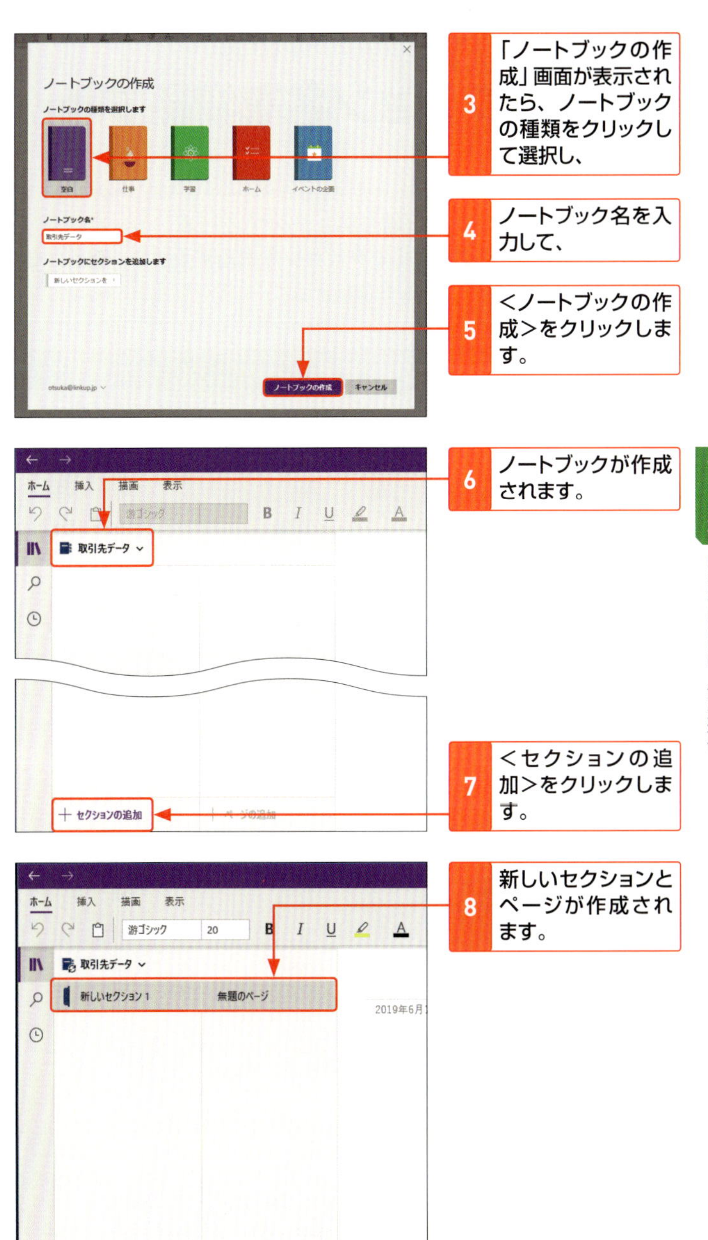

3 「ノートブックの作成」画面が表示されたら、ノートブックの種類をクリックして選択し、

4 ノートブック名を入力して、

5 ＜ノートブックの作成＞をクリックします。

6 ノートブックが作成されます。

7 ＜セクションの追加＞をクリックします。

8 新しいセクションとページが作成されます。

セクション名を変更する

作成したセクションには、「新しいセクション1」という**セクション名**が付けられています。このセクションを使用する前に、あらかじめ**セクション名を変更**しておきましょう。

1 セクション名を変更する

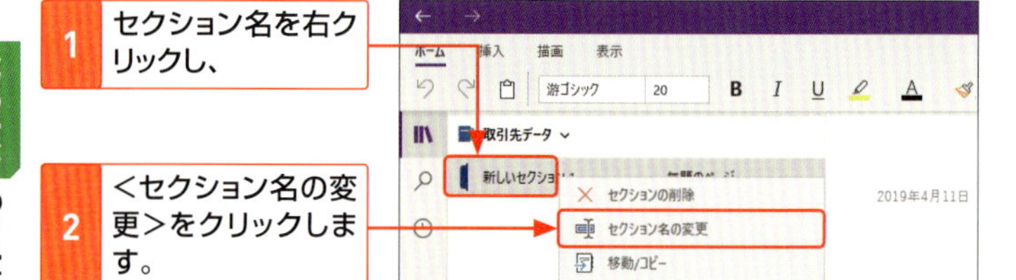

1 セクション名を右クリックし、

2 <セクション名の変更>をクリックします。

3 変更するセクション名を入力し、Enterキーを押します。

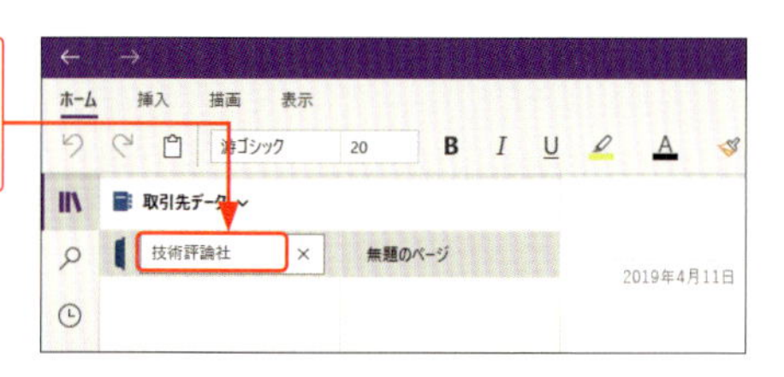

4 セクション名が変更されます。

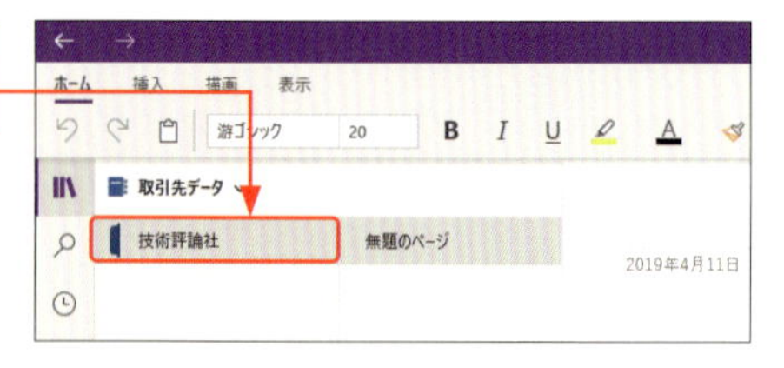

Hint

セクション名はわかりやすいジャンル名を

セクション名は、簡潔でわかりやすいものにしておきましょう。あとから目的の情報を探し出す際の目安になります。この章では、「取引先データ」というノートブックに、会社名ごとのセクションを作成しています。

ページ名を入力する

セクションには、「無題のページ」というページが作られています。ページ名を入力すると、画面左側のページタブにも同じ名前が表示されます。ここをクリックすれば、ページが表示されます。

1 ページ名を入力する

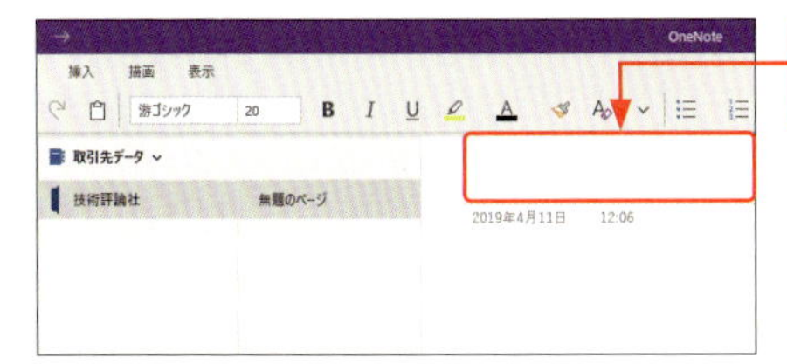

1 ページのタイトル欄をクリックします。

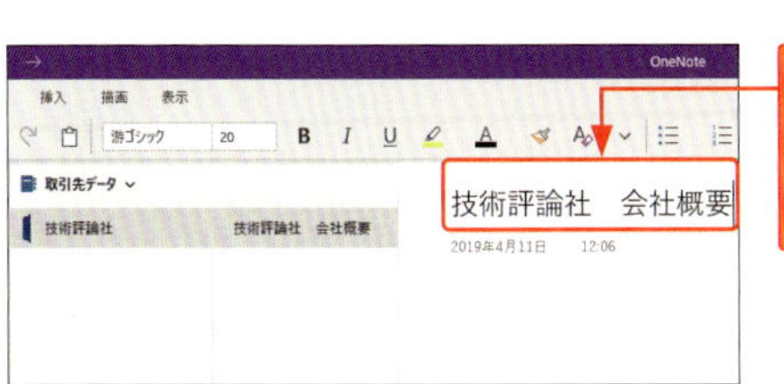

2 ページ名を入力し、Enterキーを押すと、ページ名が確定します。

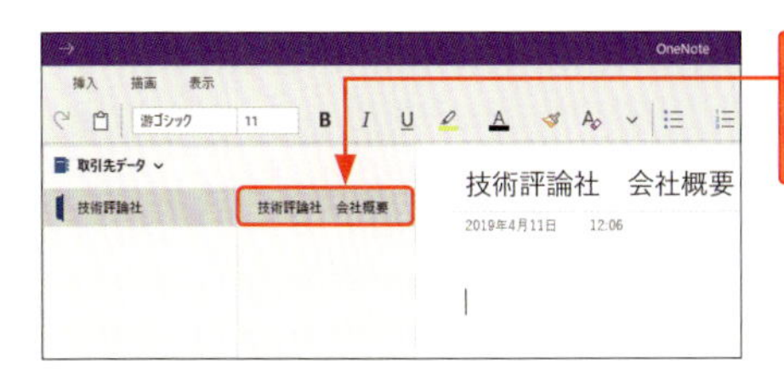

3 ページタブにもページ名が反映されます。

Hint

ページ名は区別しやすい見出しを

ページ名は、これから作成するメモの「見出し」と考えるとよいでしょう。この章では、会社名ごとのセクションの中に、「会社概要」「打ち合わせ概要」といったページを作成しています。

メモを入力する

ページ内に文字や図を入力する場所をノートコンテナと呼びます。ページ内の好きな場所をクリックして文字を入力しはじめるとノートコンテナが表示され、メモを入力することができます。

1 メモを入力する

1 メモを入力したい場所をクリックし、メモを入力します。

技術評論社　会社概要
2019年4月11日　12:06
名称：株式会社技術評論社
本社所在地：東京都新宿区
設立：1969年3月

Memo 入力した文字の装飾

入力した文字の装飾方法は、Sec.41を参照してください。

2 ノートコンテナ以外の場所をクリックすると、入力内容が確定します。

ノートコンテナの枠は自動的に非表示になります。

技術評論社　会社概要
2019年4月11日　12:06
名称：株式会社技術評論社
本社所在地：東京都新宿区
設立：1969年3月

2 メモを編集する

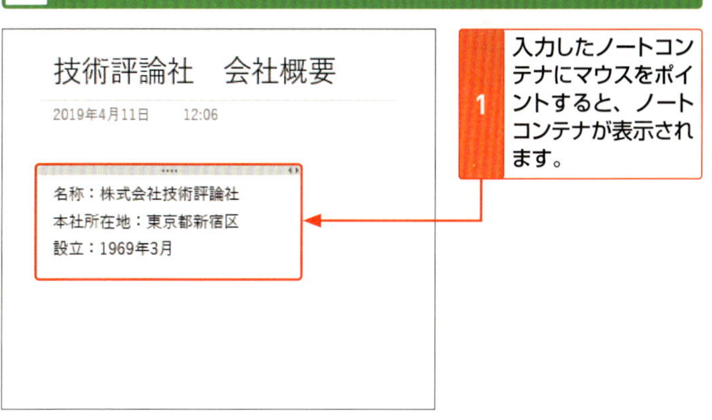

1 入力したノートコンテナにマウスをポイントすると、ノートコンテナが表示されます。

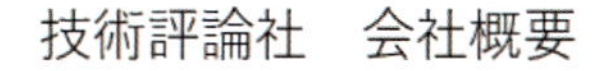

2 マウスをクリックすると、メモの編集や追加ができるようになります。

Memo

ノートコンテナのサイズ

ノートコンテナのサイズは、入力した内容に合わせて自動的に変更されます。また、改行や空白の挿入、文字の削除、ほかのアプリケーションからのコピー&ペーストなども自由に行えます。なお、ノートコンテナの移動や削除、サイズの変更方法などは第3章を参照してください。

Hint

保存操作は不要

OneNoteでは、入力したメモは自動的に保存されます。そのため、保存操作は必要ありません。

コピー&ペーストでメモを入力する

Wordなどに入力されているテキストはコピーして、OneNoteにペーストすることができます。貼り付けの種類も複数用意されているので、効率よくメモを取ることができます。

1 コピー&ペーストでメモを入力する

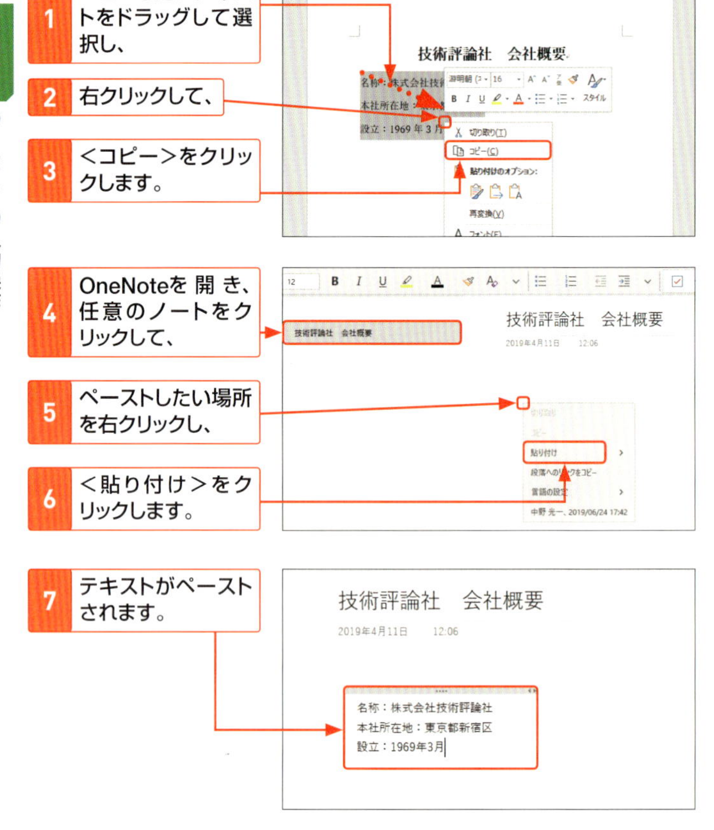

2 貼り付けの種類

元の書式を保持

技術評論社　会社概要
2019年4月11日　12:06

名称：株式会社技術評論社
本社所在地：東京都新宿区
設立：1969年3月

名称：株式会社技術評論社
本社所在地：東京都新宿区
設立：1969年3月

P.32手順6で › →＜元の書式を保持＞をクリックすると、コピーした書式を保持したまま貼り付けられます。

書式を結合

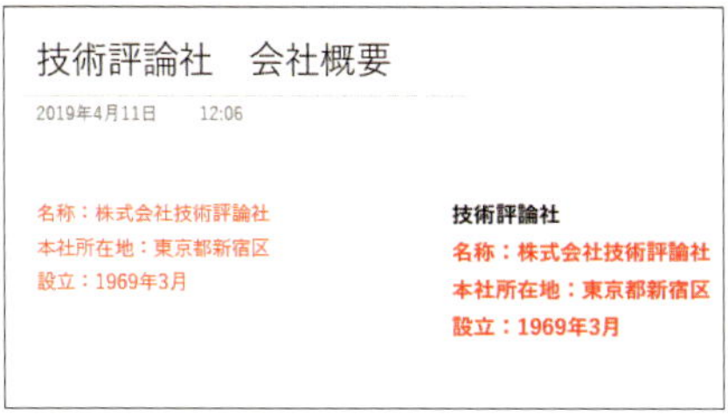

技術評論社　会社概要
2019年4月11日　12:06

名称：株式会社技術評論社
本社所在地：東京都新宿区
設立：1969年3月

技術評論社
名称：株式会社技術評論社
本社所在地：東京都新宿区
設立：1969年3月

P.32手順6で › →＜書式を結合＞をクリックすると、コピーした書式と貼り付け先の書式を結合して貼り付けられます。

テキストのみ保持

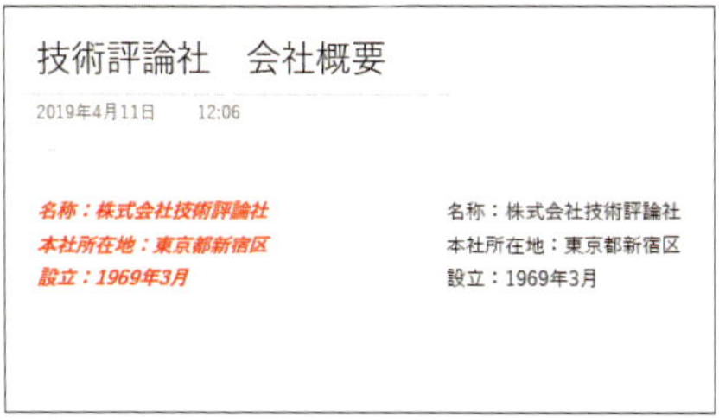

技術評論社　会社概要
2019年4月11日　12:06

名称：株式会社技術評論社
本社所在地：東京都新宿区
設立：1969年3月

名称：株式会社技術評論社
本社所在地：東京都新宿区
設立：1969年3月

P.32手順6で › →＜テキストのみ保持＞をクリックすると、書式を取り除いたテキストのみ貼り付けられます。

Memo

図の貼り付け

OneNote for Windows 10では、2019年7月現在、P.32手順6で › →＜図＞をクリックしても、テキストを図として貼り付けることができません。「図」の貼り付けについては、デスクトップ版OneNote 2016／2013では行えるため、今後機能が追加される可能性があります。

画像を挿入する

ノートコンテナには、文字だけでなく**画像やイラスト、写真などを挿入**することができます。また、挿入した画像や写真は**あとからサイズを変更**することができます。

1 画像を挿入する

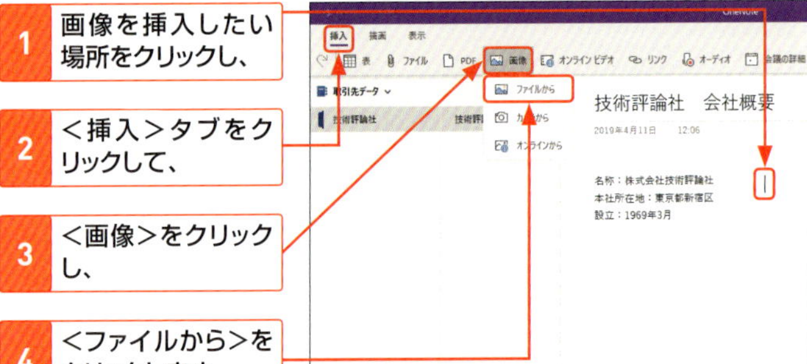

1. 画像を挿入したい場所をクリックし、
2. <挿入>タブをクリックして、
3. <画像>をクリックし、
4. <ファイルから>をクリックします。

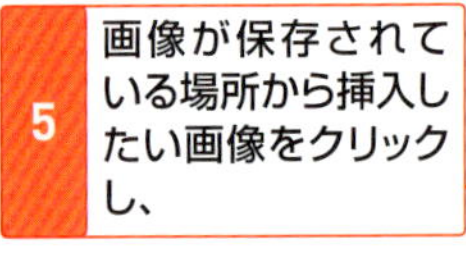

5. 画像が保存されている場所から挿入したい画像をクリックし、

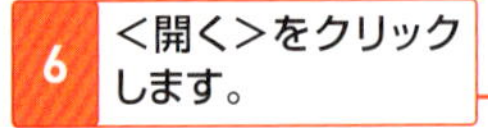

6. <開く>をクリックします。

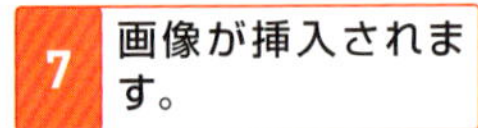

7. 画像が挿入されます。

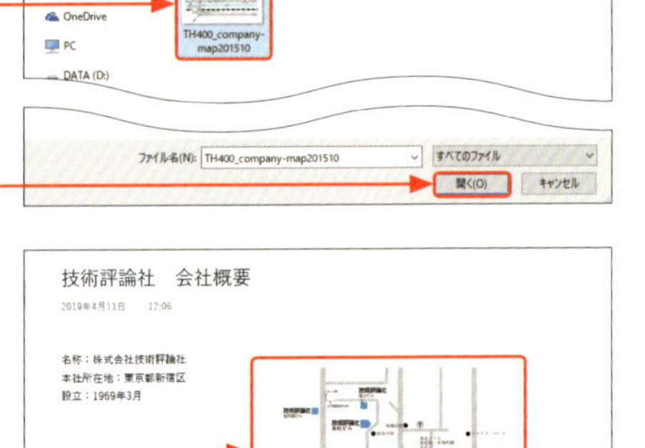

2 画像の大きさを変更する

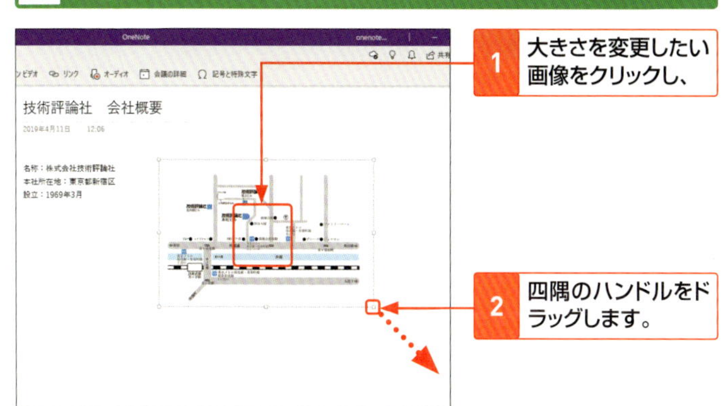

1 大きさを変更したい画像をクリックし、

2 四隅のハンドルをドラッグします。

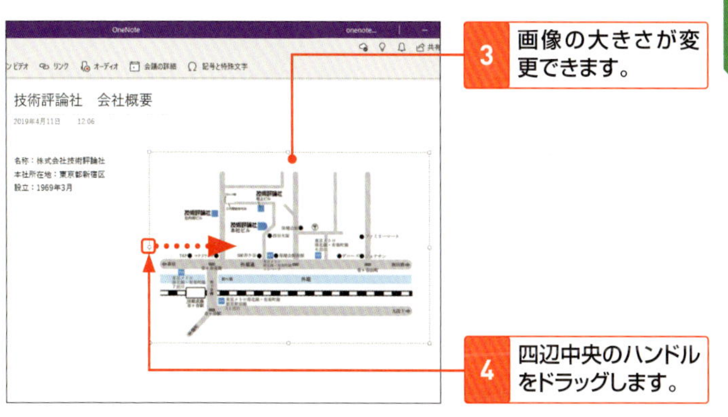

3 画像の大きさが変更できます。

4 四辺中央のハンドルをドラッグします。

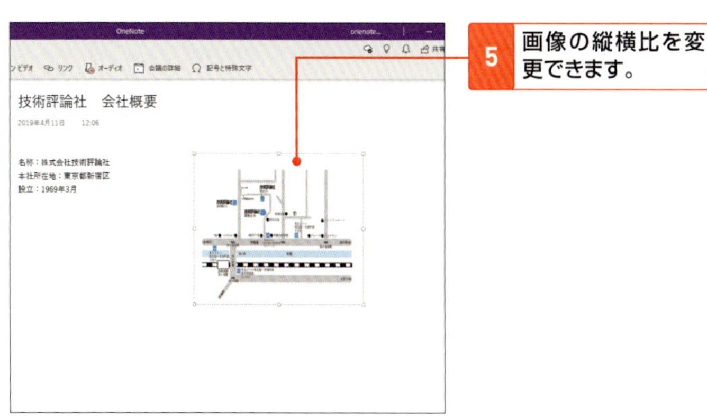

5 画像の縦横比を変更できます。

3 カメラで撮影した画像を挿入する

1 P.34手順4の画面で＜カメラから＞をクリックします。

カメラへのアクセス許可が求められたら、＜はい＞をクリックします。

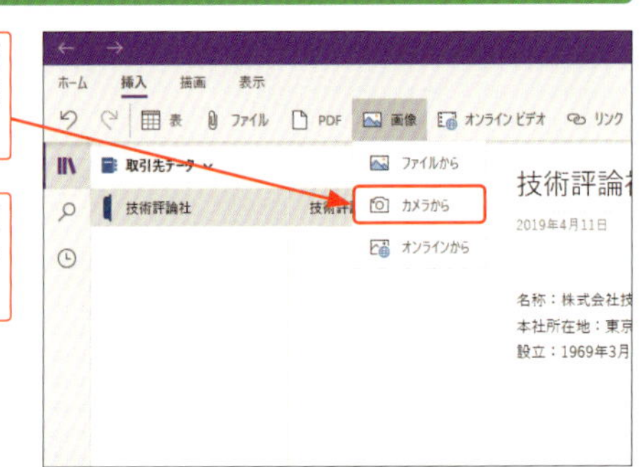

2 パソコンに内蔵されたカメラで撮りたい画像をフレームに収め、

3 をクリックして撮影します。

4 撮影が完了すると、画面下部にサムネイルが表示されます。

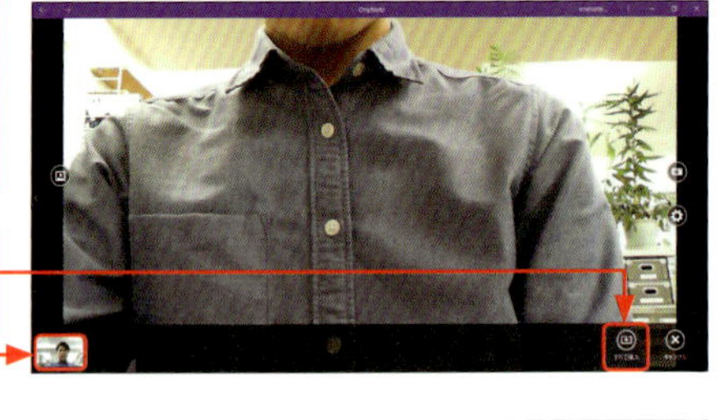

5 ＜すべて挿入＞をクリックします。

6 撮影した画像が挿入されます。

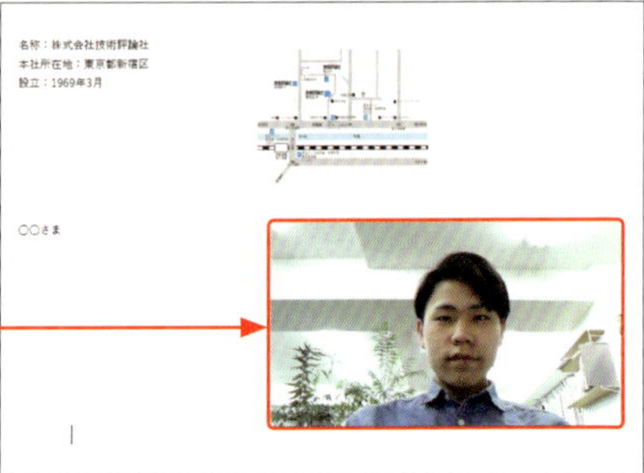

第2章 OneNoteの入力操作

4 画像をインターネットで検索して挿入する

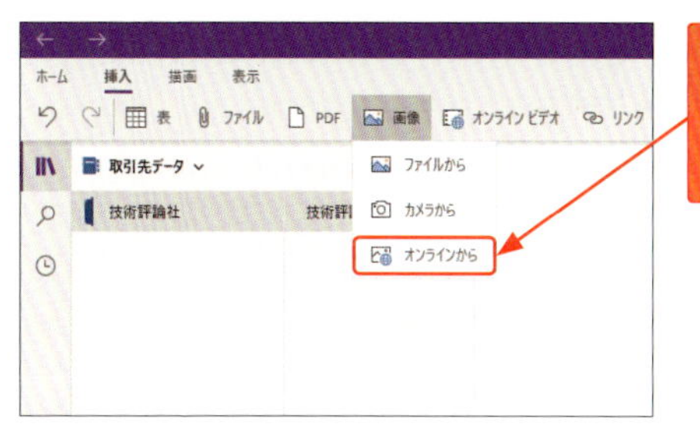

1 P.34手順4の画面で<オンラインから>をクリックします。

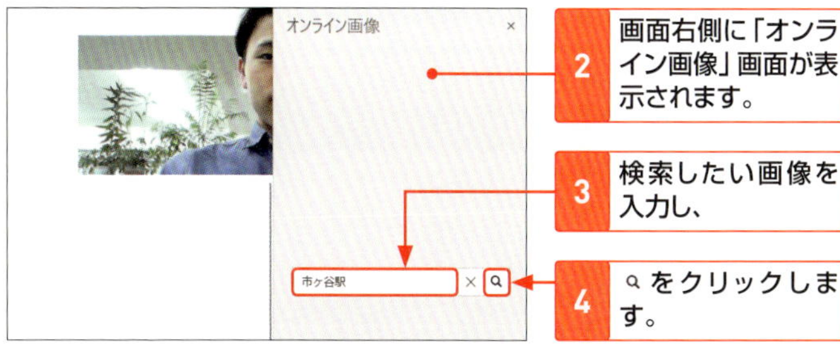

2 画面右側に「オンライン画像」画面が表示されます。

3 検索したい画像を入力し、

4 🔍をクリックします。

5 インターネットで検索された画像が一覧表示されたら、

6 挿入したい画像をクリックします。

7 選択した画像が挿入されます。

8 ×をクリックすると、「オンライン画像」画面を閉じることができます。

Webページの内容を取り込む

OneNoteでは、Webページの内容をそのまま取り込むことができます。Microsoft Edgeでは標準の機能で、それ以外のWebブラウザでは「OneNote Web Clipper」で取り込みます。

1 Microsoft EdgeでWebページの内容を挿入する

1 Microsoft Edgeで保存したいWebページを開き、

2 をクリックします。

3 をクリックします。

Webページを保存する際、手書きでメモを追記できたり、注釈を入れたりすることができます。また、をクリックし、ノートに追加したい領域をドラッグすると、選択した領域のみノートに取り込むことが可能です。

4 <OneNote>をクリックし、

5 保存したいセクションを指定して、

6 <保存>をクリックします。

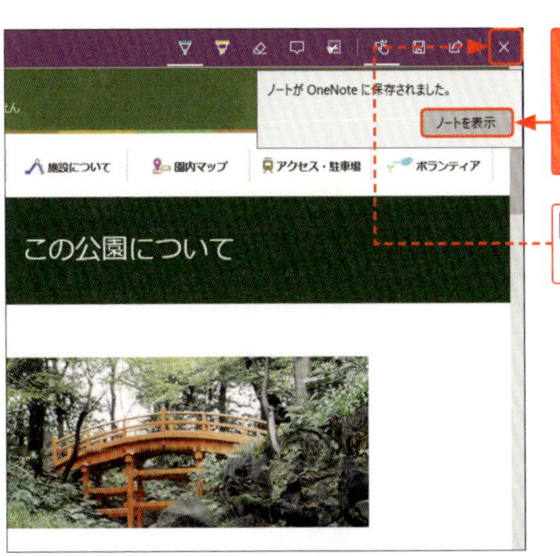

7 Webページの保存が完了します。<ノートを表示>をクリックします。

×をクリックすると、「ノートの追加」が終了します。

8 OneNoteでWebページの内容が新規ページで保存されていることが確認できます。

> **Memo**
>
> **ページの切り替え**
>
> ページの表示を切り替える方法は、Sec.31を参照してください。

2 OneNote Web Clipperを利用する

P.38 ～ 39 の方法は Microsoft Edge でしか使えませんが、Microsoft が提供する「OneNote Web Clipper」を使えば、Google Chrome や Firefox などの Web ブラウザでもすばやく Web ページの内容を取り込むことができます。OneNote Web Clipper は以下のサイトから入手可能です。Web ブラウザによってインストール方法が違うので、画面の指示に従ってインストールしてください。

▶ OneNote Web Clipper
https://www.onenote.com/clipper

なお、OneNote Web Clipper では Web ページ全体のキャプチャのほか、ページの領域を指定したキャプチャや記事部分の取り込み、ブックマークでの取り込みも可能です。

ここでは、Google Chromeで解説します。

1 OneNote Web Clipperのサイトにアクセスし、<Chrome用OneNote Web Clipperを入手>をクリックします。

2 <Chromeに追加>をクリックします。

3 <拡張機能を追加>をクリックすると、OneNote Web Clipperの機能が追加されます。

3 Web ClipperでWebページの内容を挿入する

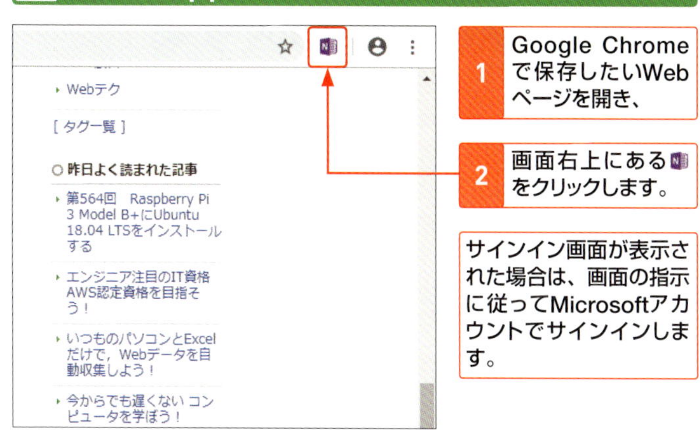

1 Google Chromeで保存したいWebページを開き、

2 画面右上にある をクリックします。

サインイン画面が表示された場合は、画面の指示に従ってMicrosoftアカウントでサインインします。

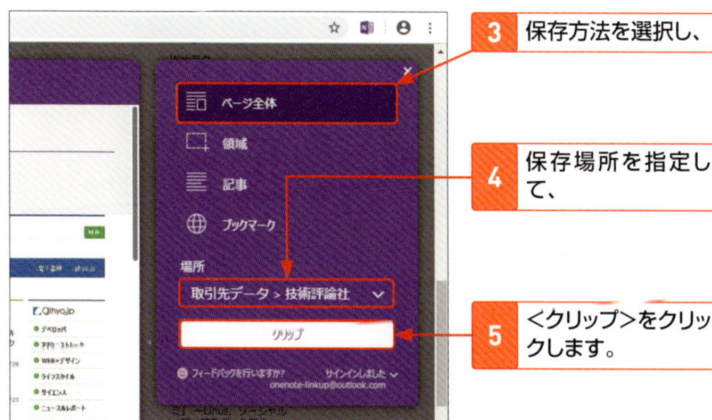

3 保存方法を選択し、

4 保存場所を指定して、

5 <クリップ>をクリックします。

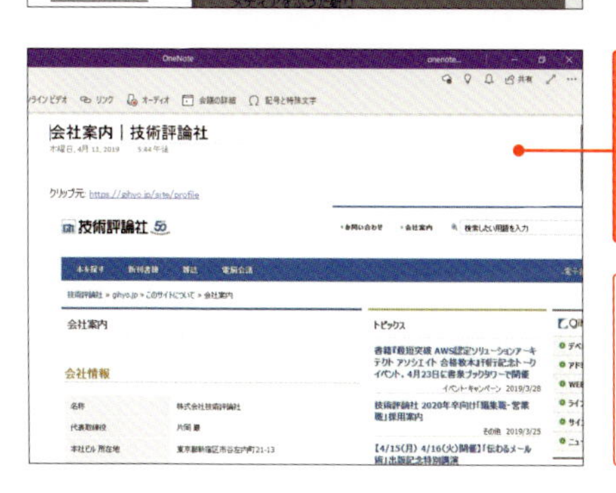

6 OneNoteを表示すると、Webページの内容が新規ページで保存されていることが確認できます。

手順5のあとに<OneNoteで表示>をクリックした場合は、Webブラウザ版のOneNoteが表示されます。

ファイルを挿入する

OneNoteでは、ページの中にファイルを挿入することができます。挿入されたファイルのアイコンをダブルクリックすると、アプリケーションが起動してファイルの内容が表示されます。

1 ファイルを挿入する

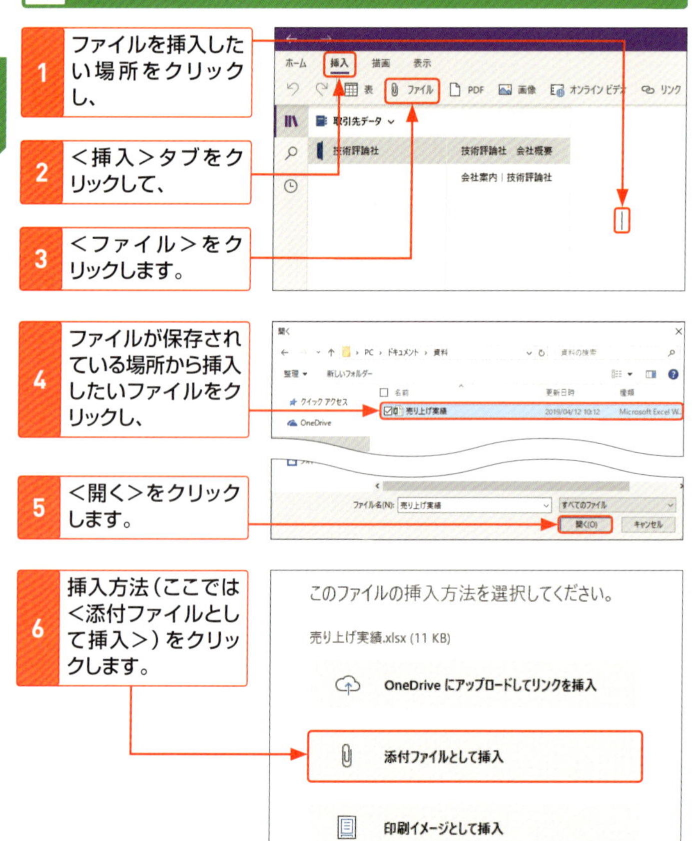

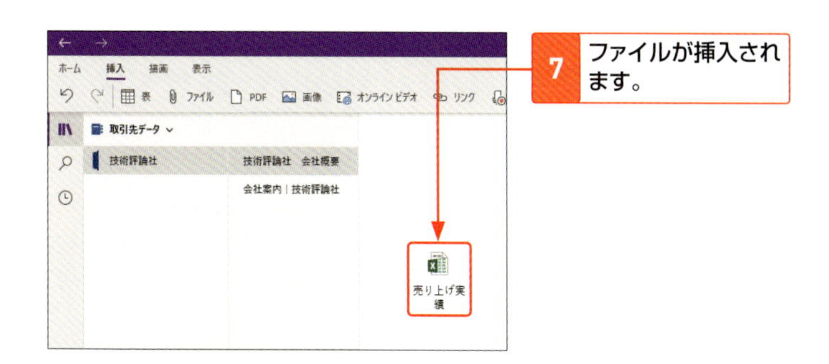

7 ファイルが挿入されます。

2 挿入したファイルを表示する

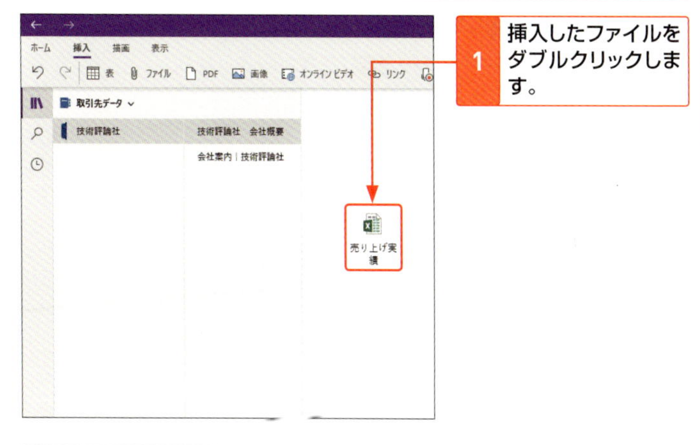

1 挿入したファイルをダブルクリックします。

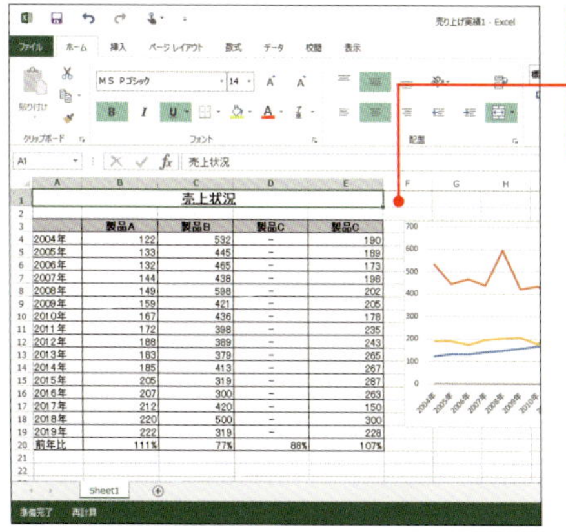

売上状況

	製品A	製品B	製品C	製品C
2004年	122	532	-	190
2005年	133	445	-	189
2006年	132	465	-	173
2007年	144	438	-	198
2008年	149	598	-	202
2009年	159	421	-	205
2010年	167	436	-	178
2011年	172	398	-	235
2012年	188	389	-	243
2013年	183	379	-	265
2014年	185	413	-	267
2015年	205	319	-	287
2016年	207	300	-	263
2017年	212	420	-	150
2018年	220	500	-	300
2019年	222	319	-	228
前年比	111%	77%	88%	107%

2 アプリケーションが起動してファイルの内容が表示されます。

第2章 OneNoteの入力操作

ファイルの印刷イメージを挿入する

OneNoteでは、ファイルの印刷イメージをノートに挿入することができます。Sec.15のようにファイルをダブルクリックしなくても内容を確認することができるので便利です。

1 印刷イメージを挿入する

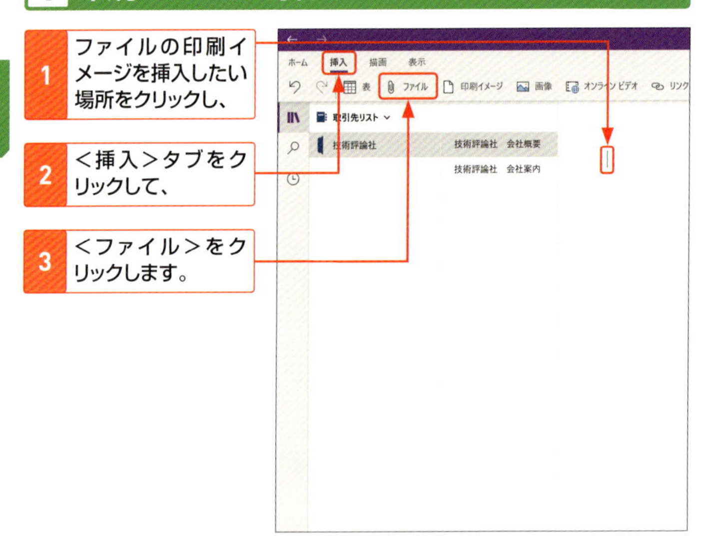

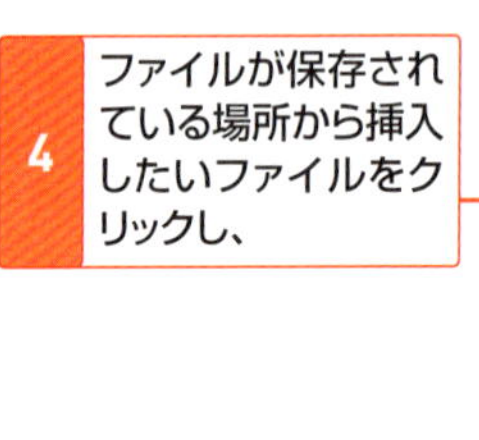

4 ファイルが保存されている場所から挿入したいファイルをクリックし、

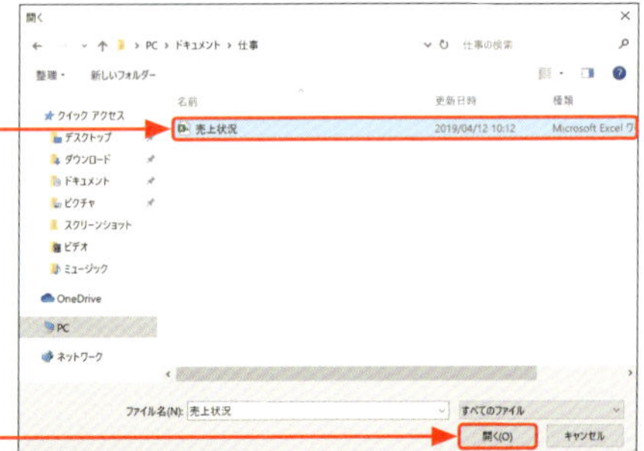

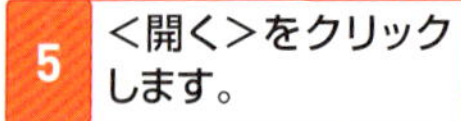

5 <開く>をクリックします。

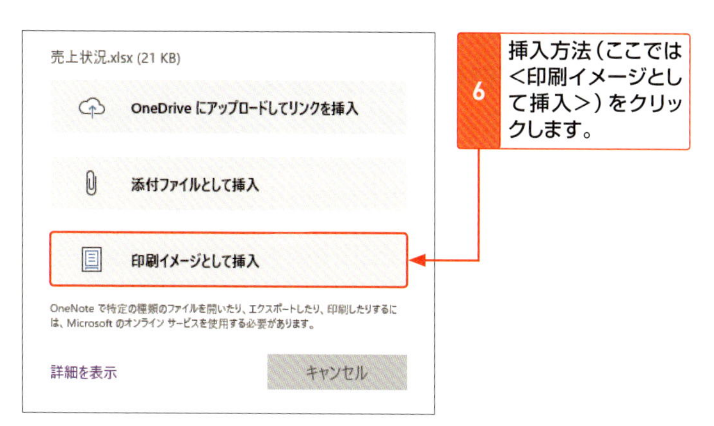

6 挿入方法（ここでは＜印刷イメージとして挿入＞）をクリックします。

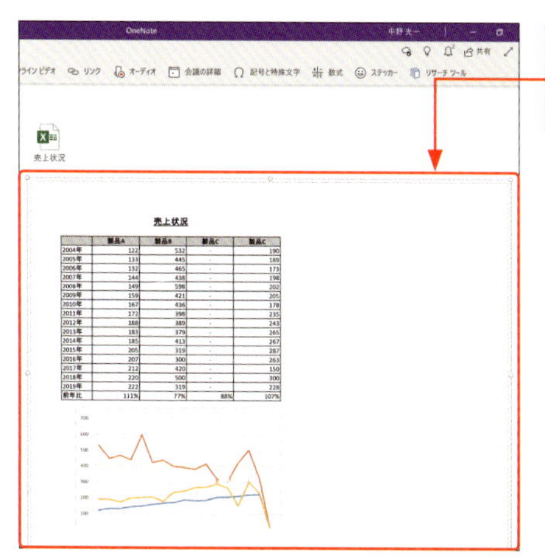

7 ファイルの印刷イメージが挿入されます。

Memo OneDriveにファイルのリンクを挿入する

手順6の画面で、＜OneDriveにアップロードしてリンクを挿入＞をクリックすると、OneNoteからOneDriveにファイルのリンクを挿入することができます。ページ内に貼り付けられたファイルは、誰でも閲覧が可能になり、リンクをクリックすれば、OneDriveからファイルを編集することもできます。

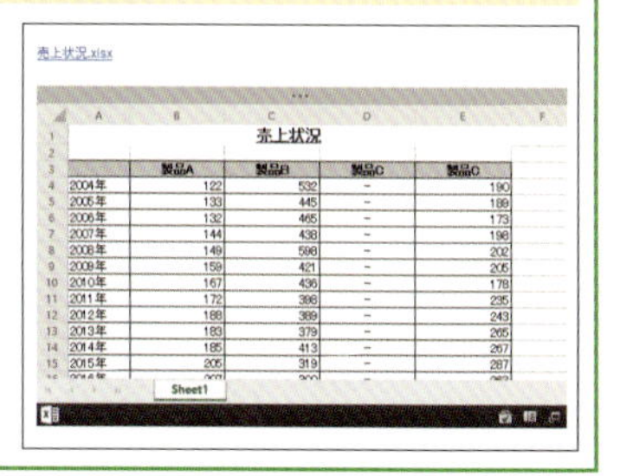

Officeアプリから印刷イメージを挿入する

印刷が可能なOfficeアプリでは、アプリの印刷画面からOneNoteに印刷イメージを挿入することができます。ここでは、ExcelからOneNoteに印刷イメージを挿入する方法を解説します。

1 Officeアプリから印刷イメージを挿入する

1 印刷イメージを挿入したいファイルをOfficeアプリ（ここではExcel）で開き、

2 <ファイル>をクリックします。

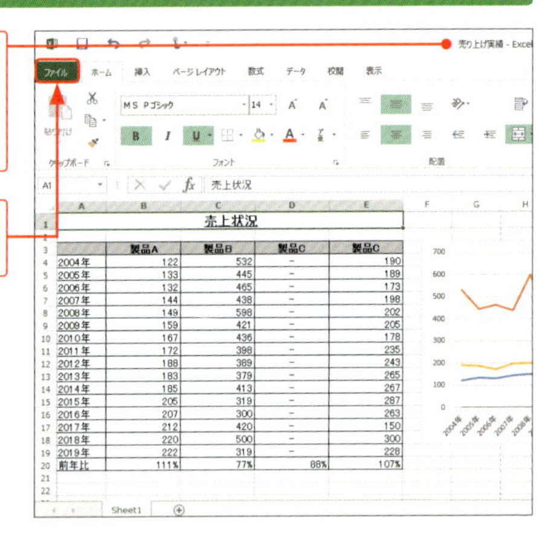

売上状況				
	製品A	製品B	製品C	製品C
2004年	122	532	−	190
2005年	133	445	−	189
2006年	132	465	−	173
2007年	144	438	−	198
2008年	149	598	−	202
2009年	159	421	−	205
2010年	167	436	−	178
2011年	172	398	−	235
2012年	188	389	−	243
2013年	183	379	−	265
2014年	185	413	−	267
2015年	205	319	−	287
2016年	207	300	−	263
2017年	212	420	−	150
2018年	220	500	−	300
2019年	222	319	−	228
前年比	111%	77%	88%	107%

3 <印刷>をクリックし、

4 「プリンター」の下に表示されているプリンター名をクリックして、

5 <OneNote>をクリックします。

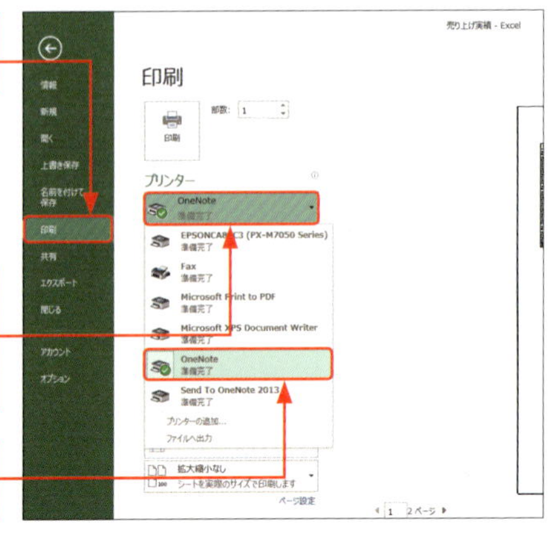

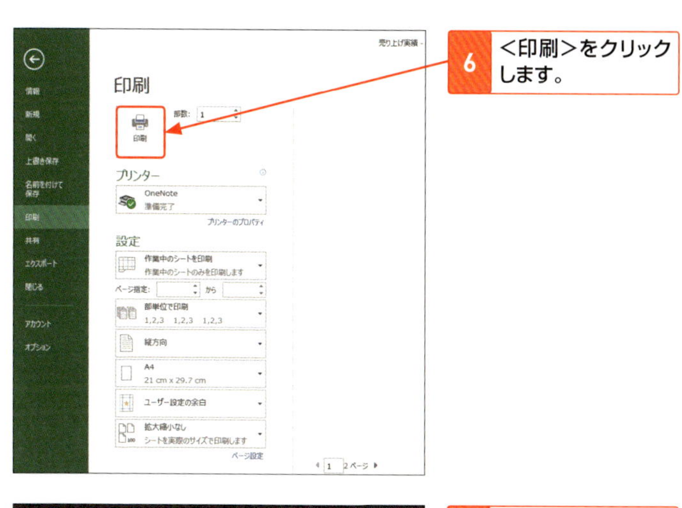

6 <印刷>をクリックします。

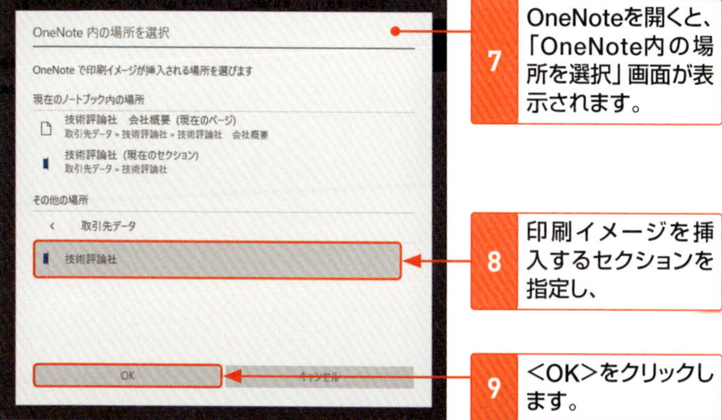

7 OneNoteを開くと、「OneNote内の場所を選択」画面が表示されます。

8 印刷イメージを挿入するセクションを指定し、

9 <OK>をクリックします。

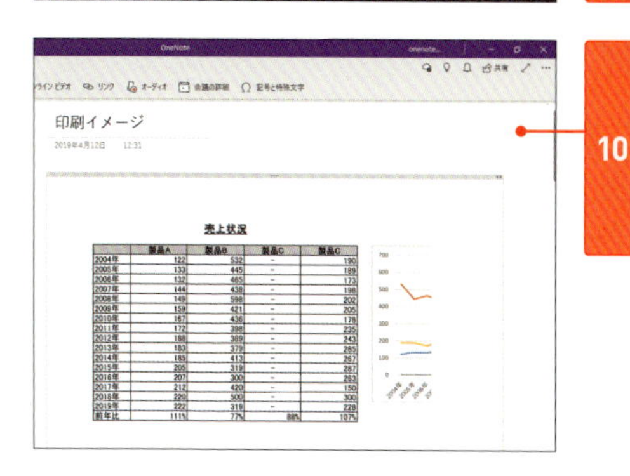

10 OneNoteを開くと、手順**8**で指定したセクションにファイルの印刷イメージが新規ページで挿入されています。

表を作成する

OneNoteでは、ページに直接、表を作成することができます。Excelを起動しなくてもページ内に表を作成することができるので、簡易的な表を作成したいときにとても便利です。

1 表を作成する

1 表を挿入したい場所をクリックし、

2 <挿入>タブをクリックして、

3 <表>をクリックします。

4 表の行数と列数をクリックして指定します(ここでは、3行×3列の表)。

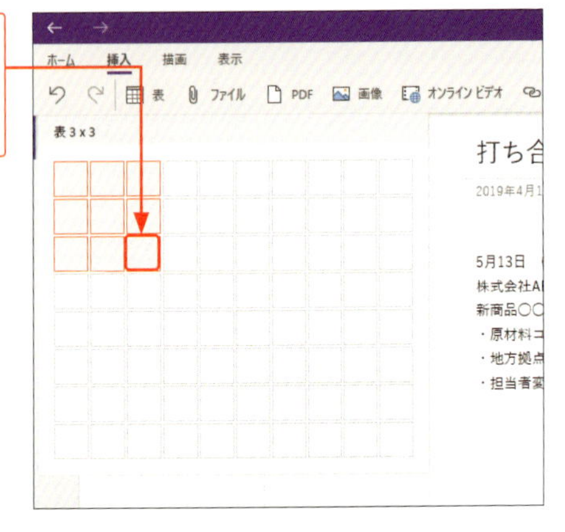

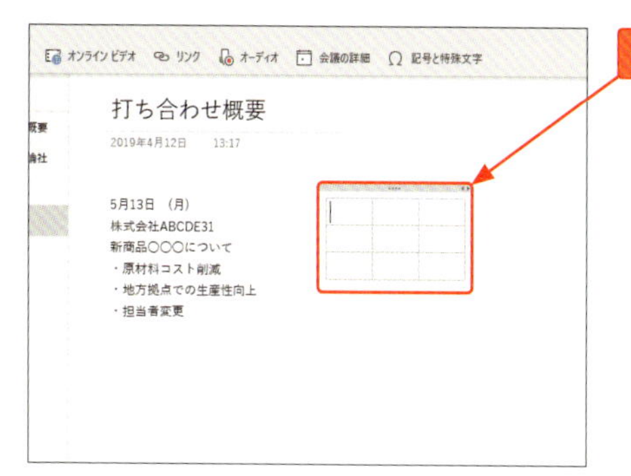

5 表が挿入されます。

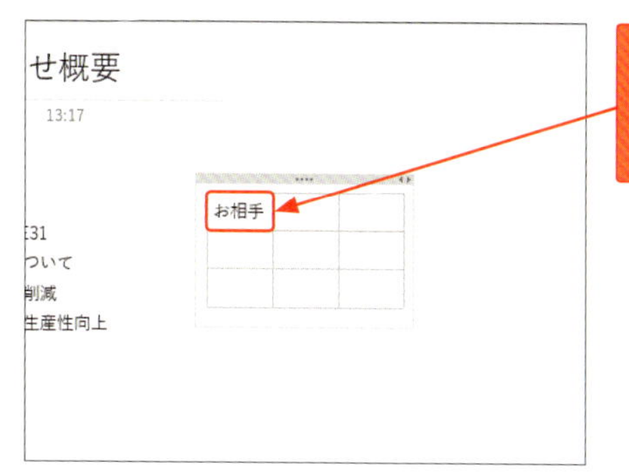

6 表内のセルをクリックすると、文字列を入力することができます。

せ概要
13:17

お相手	役職	担当
目黒様	営業部長	営業
秋葉様	商品開発部リーダー	開発部

7 長い文字列を入力すると、文字数に合わせて自動的に表が大きくなります。

Hint

テキスト入力時に表を作成する

メモの入力時に、テキストを入力してから Tab キーを押すと、自動的に表が作成されます。

記号や絵文字を入力する

OneNoteでは、ページに記号や絵文字を入力することができます。なお、記号はOneNoteの機能の一部となっていますが、絵文字はWindowsの機能となります。用途に応じて使い分けましょう。

1 記号を入力する

1 記号を入力したい場所をクリックし、

2 ＜挿入＞タブをクリックして、

3 ＜記号と特殊文字＞をクリックします。

4 入力したい記号をクリックします。

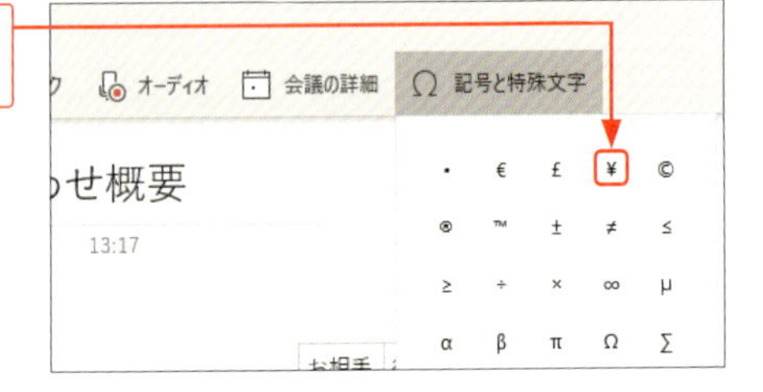

5 記号が入力されます。

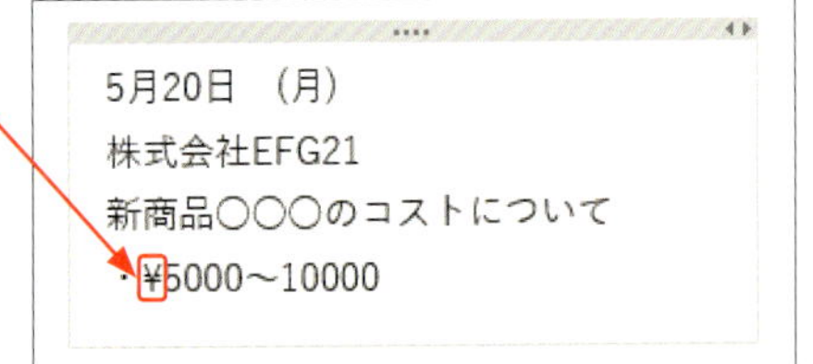

2 絵文字を入力する

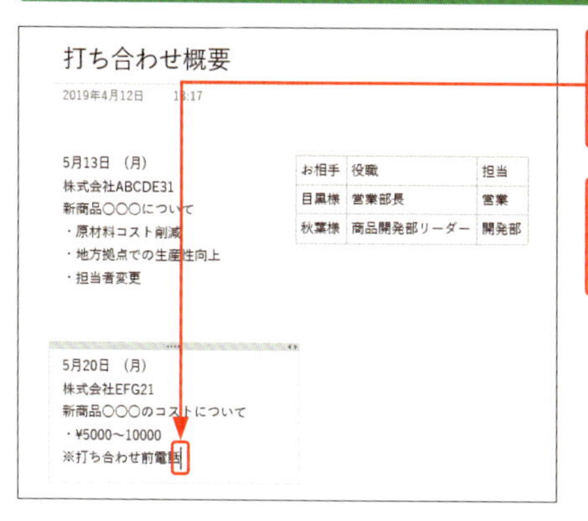

1 絵文字を入力したい場所をクリックし、

2 ⊞キーを押しながら[.](ピリオド)キーを押します。

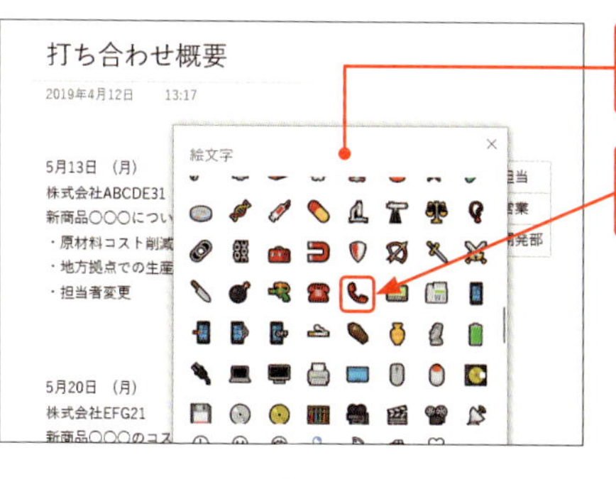

3 絵文字パネルが表示されたら、

4 入力したい絵文字をクリックします。

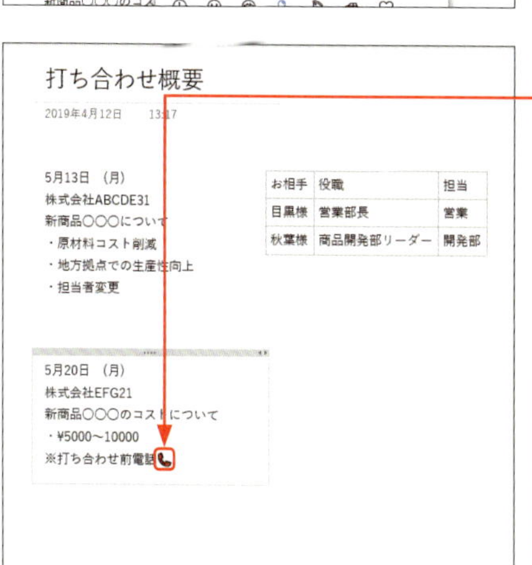

5 絵文字が入力されます。

Memo

絵文字パネルが表示されない場合

Windowsのキーボードが「日本語キーボード」に設定されている場合は、手順2の操作を行っても、絵文字パネルが表示されないことがあります。その場合は、キーボードの設定を「英語キーボード」に変更すると、表示されます。

ステッカーを貼り付ける

OneNoteでは、記号だけでなく、ステッカーも搭載されています。ステッカーは、拡大／縮小や回転することができるので、ノートの好きな場所に貼り付けて装飾することが可能です。

1 ステッカーを貼り付ける

1 ステッカーを貼り付けたい場所をクリックし、

2 <挿入>タブ→<ステッカー>の順にクリックします。

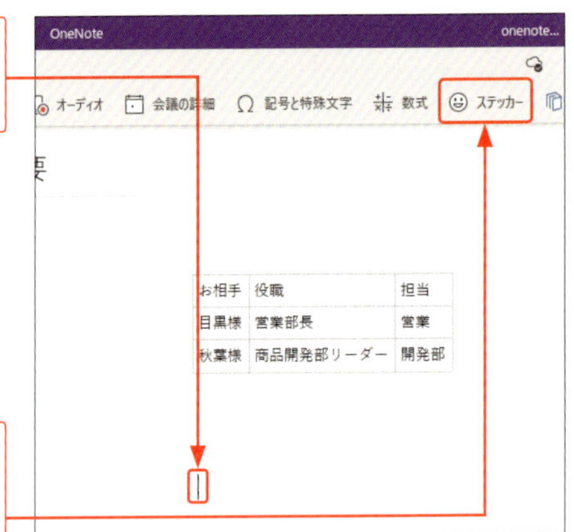

3 画面右側に「ステッカー」画面が表示されたら、

4 貼り付けたいステッカーをクリックします。

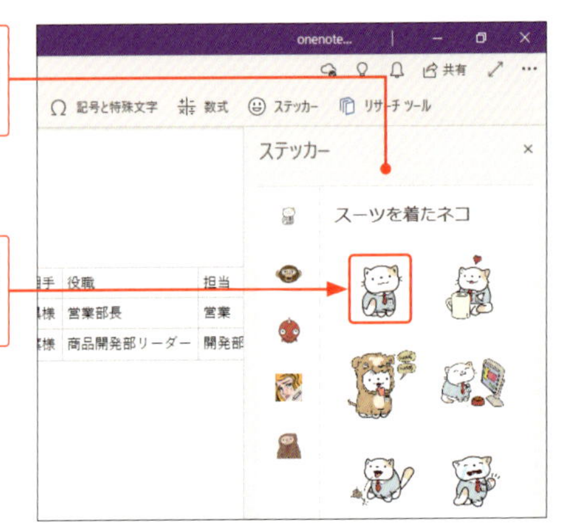

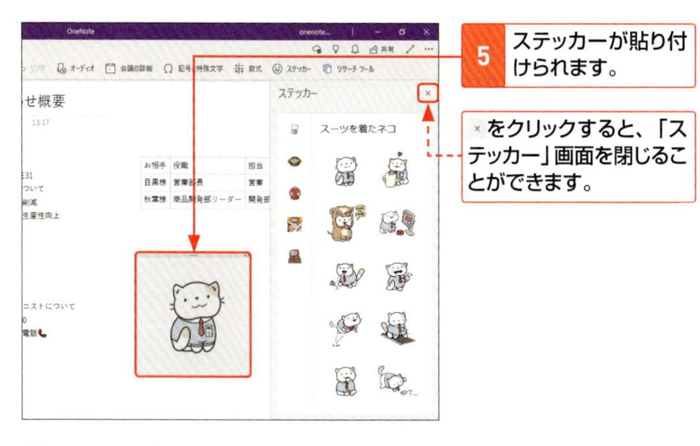

5 ステッカーが貼り付けられます。

× をクリックすると、「ステッカー」画面を閉じることができます。

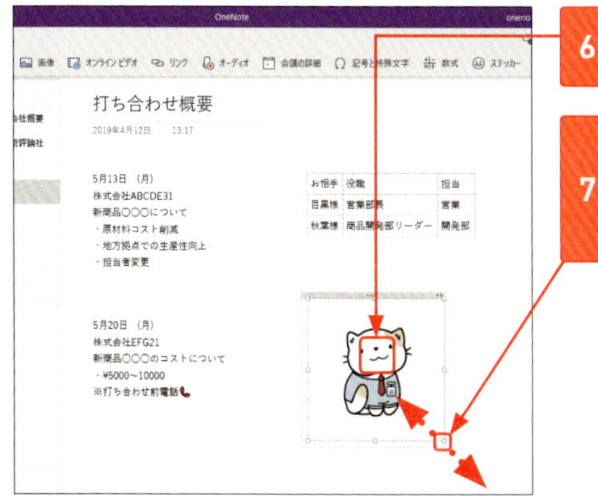

6 貼り付けたステッカーをクリックし、

7 四隅のハンドルをドラッグすると、ステッカーの大きさを調整できます。

Memo

ステッカーの反転／回転

手順**6**の画面で、<画像>タブをクリックし、<右へ90度回転>または<左へ90度回転>をクリックすると、ステッカーを回転させることができます。また、<左右反転>または<上下反転>をクリックすることで、ステッカーを反転させることも可能です。

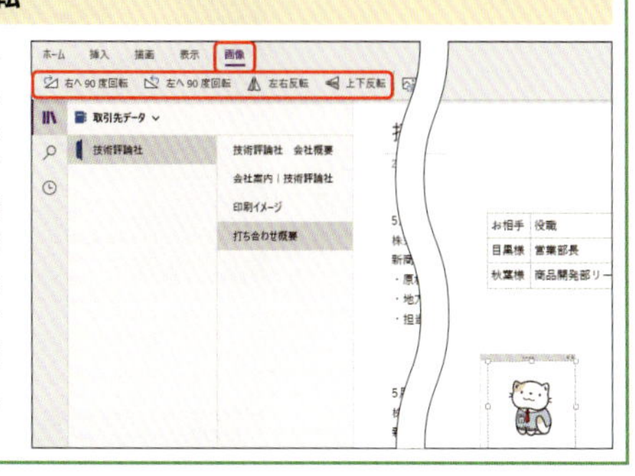

スクリーンショットを撮って挿入する

デスクトップに表示された画像を保存したものを、スクリーンショットと呼びます。表示している画面の内容を保存したい場合、スクリーンショットを撮ってOneNoteに保存することができます。

1 スクリーンショットを撮って挿入する

1 スクリーンショットを撮りたい画面を表示し、

2 ⊞キーとShiftキーを押しながらSキーを押します。

3 画面が暗くなったら、挿入したい範囲をドラッグして選択します。

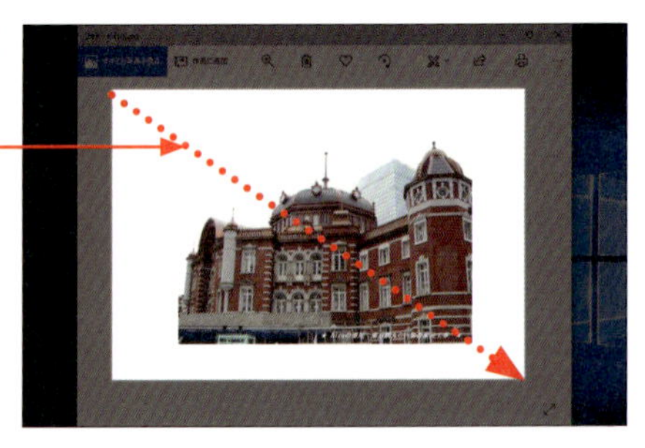

4 画面右下に通知が表示されたら、通知をクリックします。

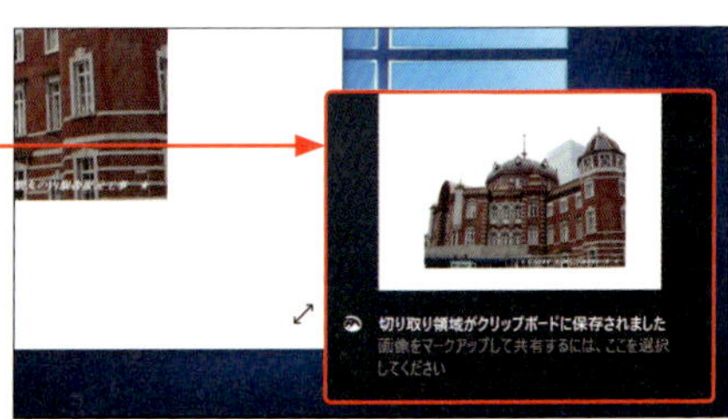

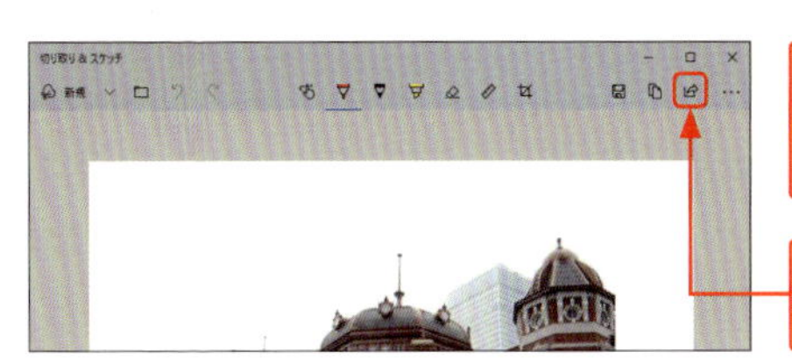

5 「切り取り＆スケッチ」画面が表示されたら、

6 をクリックします。

7 「共有」画面が表示されるので、＜OneNote＞をクリックします。

8 スクリーンショットを挿入するセクションを選択し、

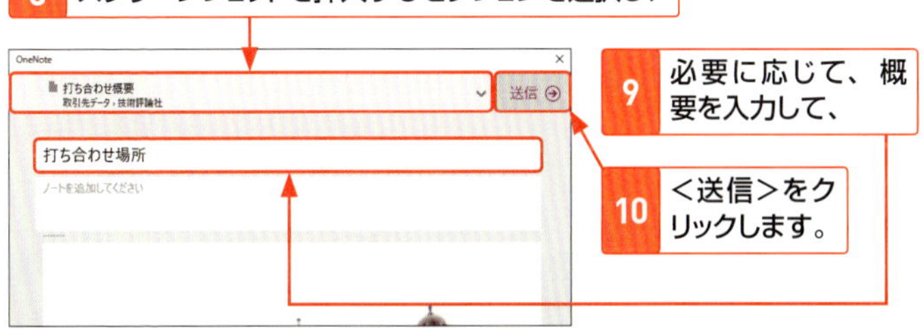

9 必要に応じて、概要を入力して、

10 ＜送信＞をクリックします。

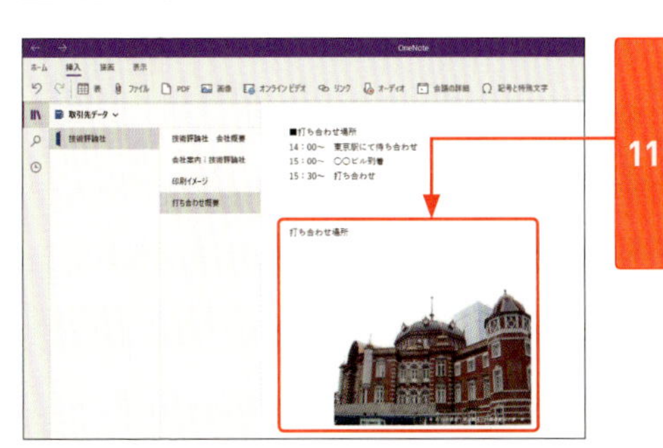

11 OneNoteを開くと、手順8で指定したセクションにスクリーンショットが新規ページで挿入されています。

音声を録音する

OneNoteでは、ページ内に音声ファイルを挿入して、再生することができます。パソコンにマイクを接続すれば、会議中などにその場で音声を録音してメモとして残すことも可能です。

1 音声を録音する

あらかじめパソコンにマイクを接続します。

1 音声ファイルを挿入したい場所をクリックし、

2 <挿入>タブ→<オーディオ>の順にクリックします。マイクへのアクセス許可を求められたら、<はい>をクリックします。

3 音声アイコンが表示され、音声の録音が始まります。

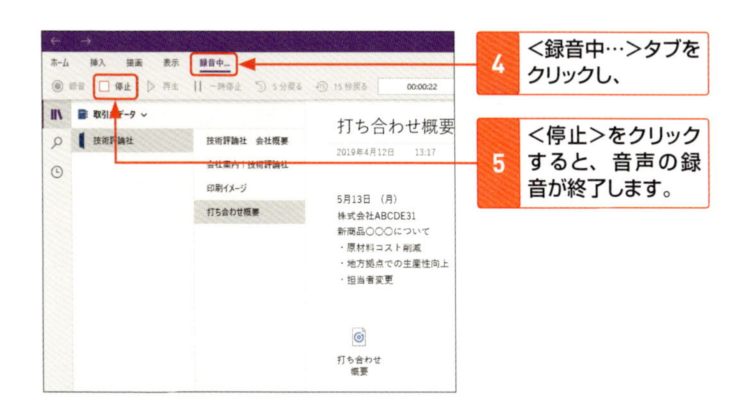

4 <録音中…>タブをクリックし、

5 <停止>をクリックすると、音声の録音が終了します。

2 音声を再生する

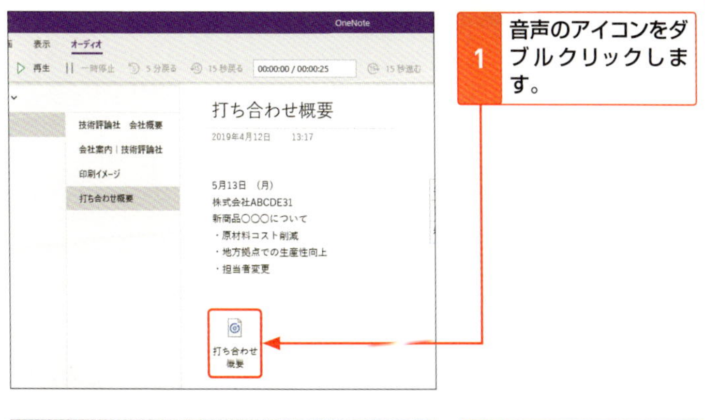

1 音声のアイコンをダブルクリックします。

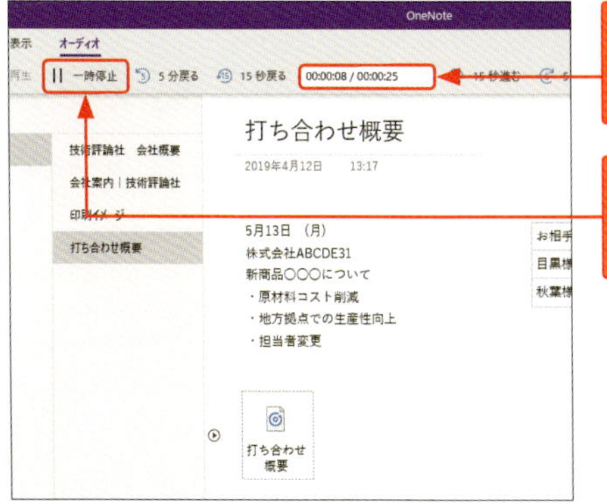

2 音声が再生され、再生秒数が表示されます。

3 再生を停止する場合は、<一時停止>をクリックします。

動画を挿入する

OneNoteでは、YouTubeなどから**動画ファイルを挿入**することができます。挿入した動画ファイルは、そのノート内で再生することができるので、**動画を見ながらメモを取る**ことが可能です。

1 動画を挿入する

1 あらかじめYouTubeで挿入したい動画を検索し、

2 再生画面右下にある<共有>をクリックします。

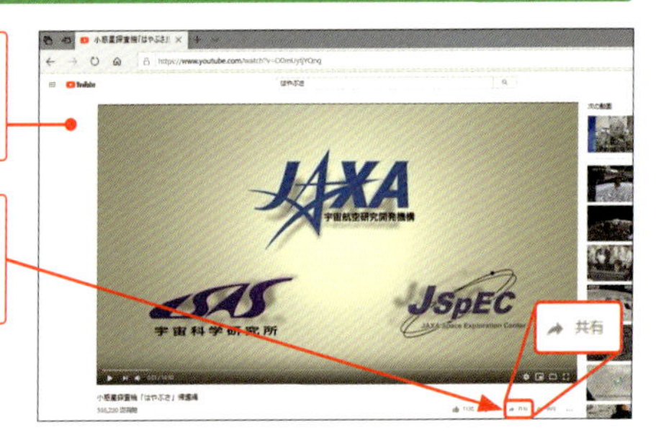

3 動画のリンクが表示されるので、<コピー>をクリックします。

4 OneNoteを開き、動画を挿入したい場所をクリックしたら、<挿入>タブをクリックして、

5 <オンラインビデオ>をクリックします。

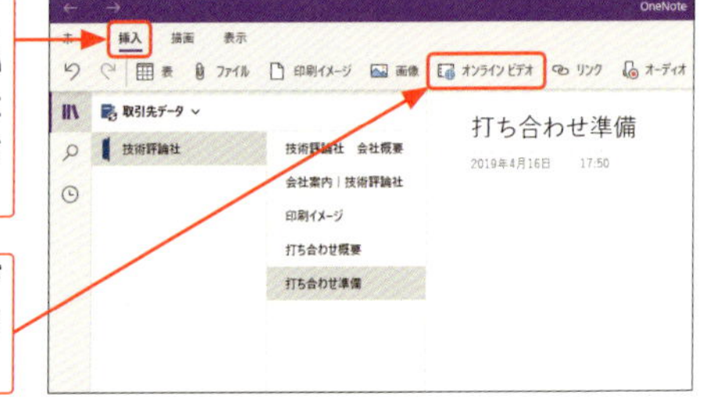

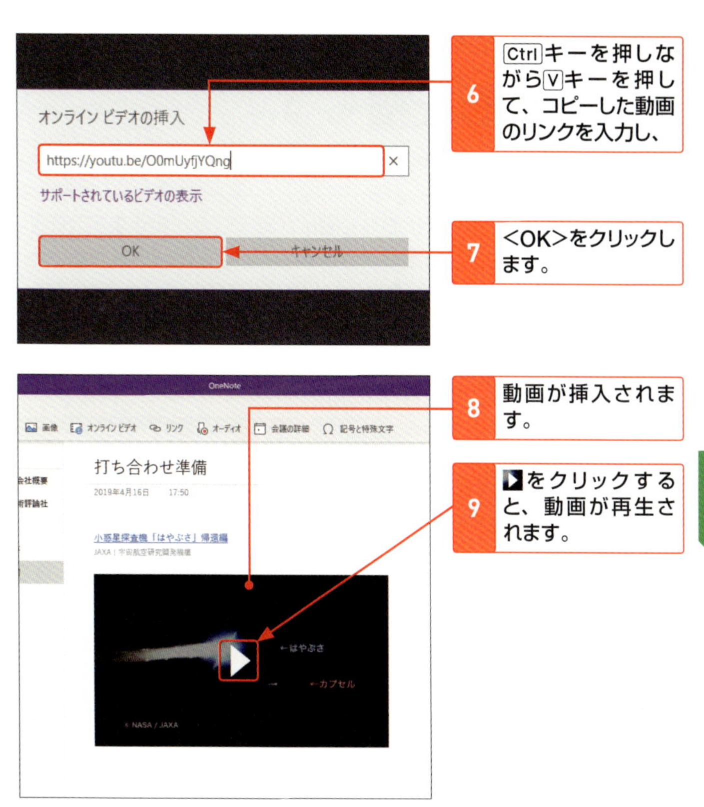

動画を見ながらメモを取ることができます。

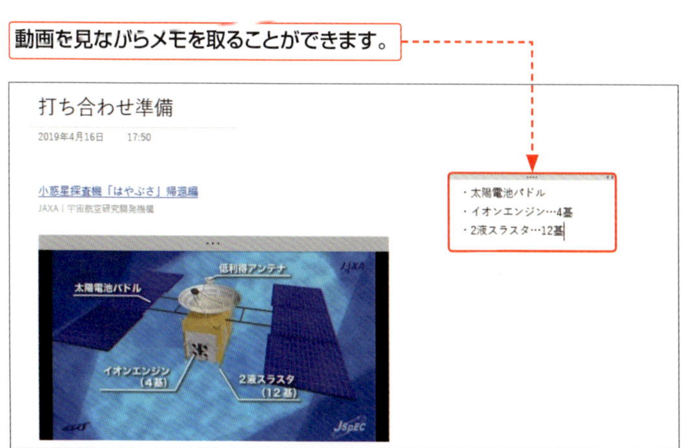

図形を描く

ページ内には、テキストだけでなく図形を描くことができます。図形を描くためのコマンドが豊富に用意されており、三角形や四角形、直線や矢印など、一通りの図形をかんたんな操作で描くことが可能です。

1 図形を描く

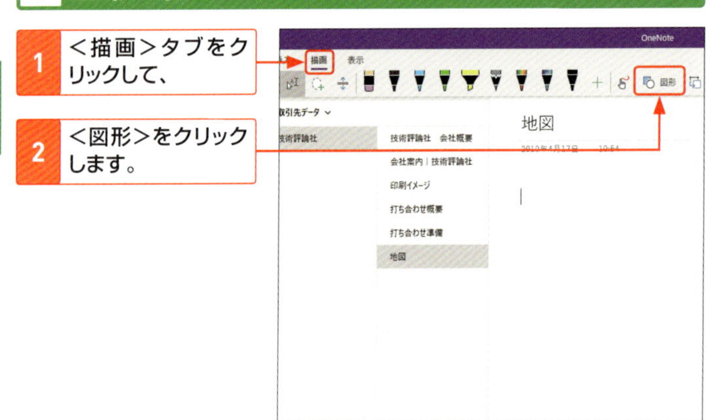

1 ＜描画＞タブをクリックして、

2 ＜図形＞をクリックします。

3 図形のメニューが表示されたら、挿入したい図形（ここでは四角形）をクリックします。

第2章 OneNoteの入力操作

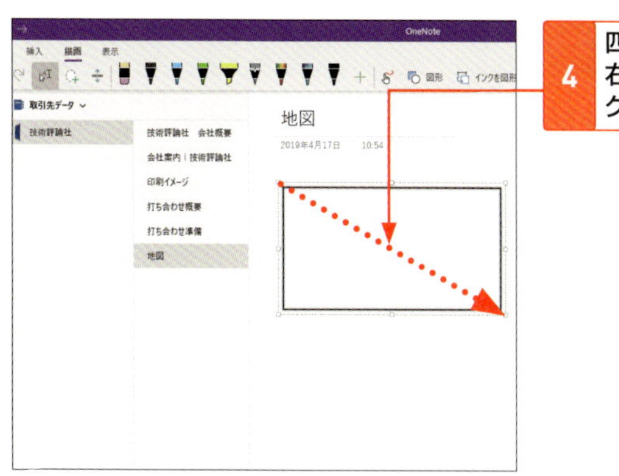

4 四角形の左上から右下にかけてドラッグします。

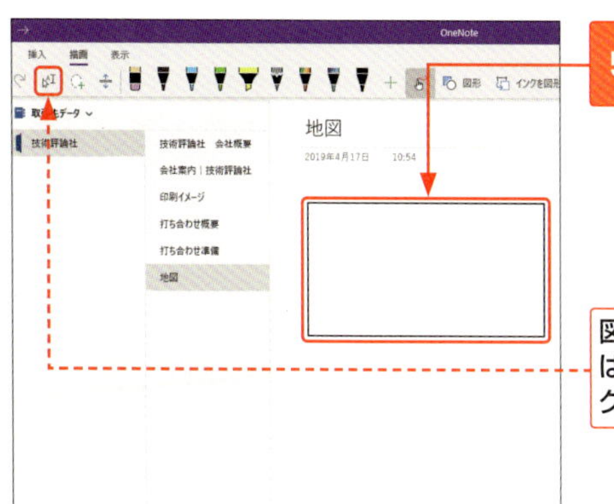

5 四角形が描かれます。

図形の描画を終了するには、<描画>タブ→をクリックします。

Memo

図形の描画

同様の操作で、P.60手順3の「基本図形」にある楕円、平行四辺形、三角形、ひし形を描くことが可能です。<描画>タブ→をクリックしてから描いた図形をクリックすると、図形の周りにハンドルが表示され、移動や拡大／縮小が行えます。

図形の描画例

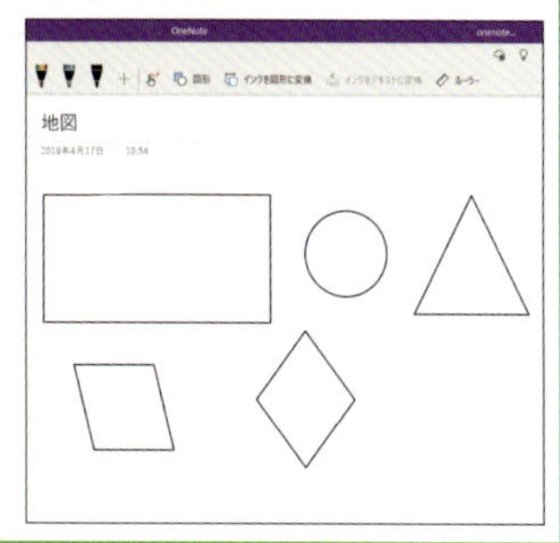

2 線を描く

1 P.60手順**3**の画面で挿入したい線（ここでは直線）をクリックします。

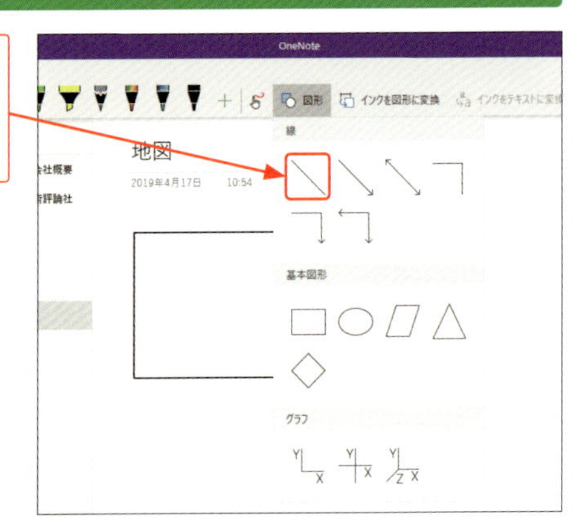

2 直線の始点から終点までドラッグすると、直線が描かれます。

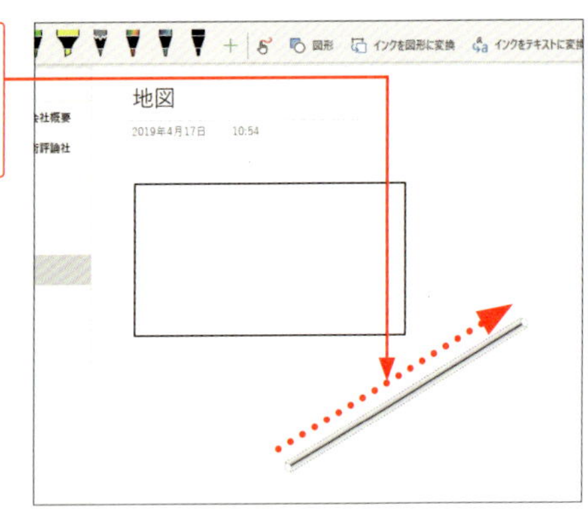

Memo

線の種類

手順**1**の画面では、直線のほかに90度曲がった線や、矢印が付いた線を選択することができます。また、「グラフ」では、2次元および3次元のグラフ軸を描くことができます。

線の描画例

3 図形を編集する

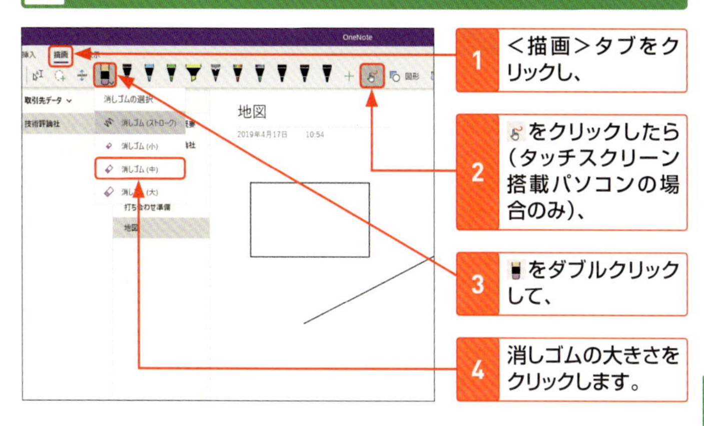

1 <描画>タブをクリックし、

2 をクリックしたら（タッチスクリーン搭載パソコンの場合のみ）、

3 をダブルクリックして、

4 消しゴムの大きさをクリックします。

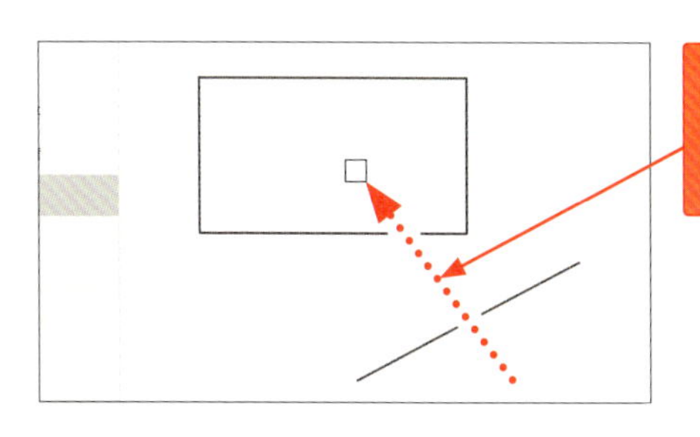

5 描いた図形の上をドラッグすると、消しゴムのように消すことができます。

Hint そのほかの図形の編集

<描画>タブをクリックして表示されるコマンドには、そのほかに「（なげなわ選択）」と「ルーラー」があります。「（なげなわ選択）」では、図形を囲むようにドラッグすることで、選択範囲を指定することができます。「ルーラー」では、長さや角度を正確に測りながら直線を描くことができます。なお、「ルーラー」はタッチスクリーンが搭載されているパソコンでのみ利用できます。

（なげなわ選択）

ルーラー

ペンで自由な線を描く

<描画>タブをクリックして表示されるコマンドの「ペン」を利用すると、手書きの自由な線を描くことができます。また、お気に入りの色や太さを指定して、ペンを追加することも可能です。

1 ペンで自由な線を描く

1 <描画>タブをクリックし、

2 (アイコン)をクリックして(タッチスクリーン搭載パソコンの場合のみ)、

3 任意のペンをダブルクリックします。

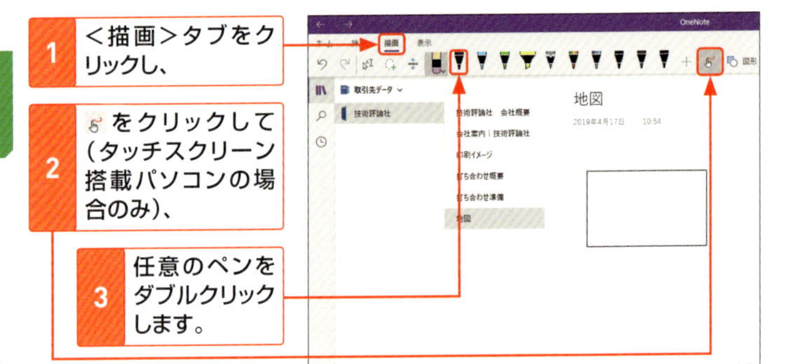

4 ペンの太さと色をクリックして選択します。

5 ドラッグすると、自由な線を描くことができます。

描画を終了するには、<描画>タブ→(アイコン)をクリックします。

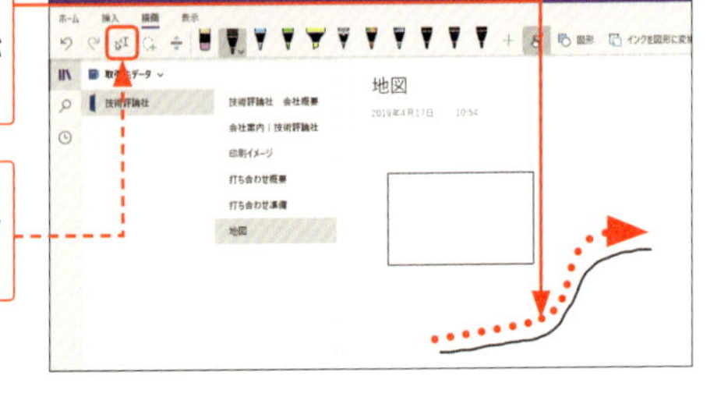

2 ペンを追加する

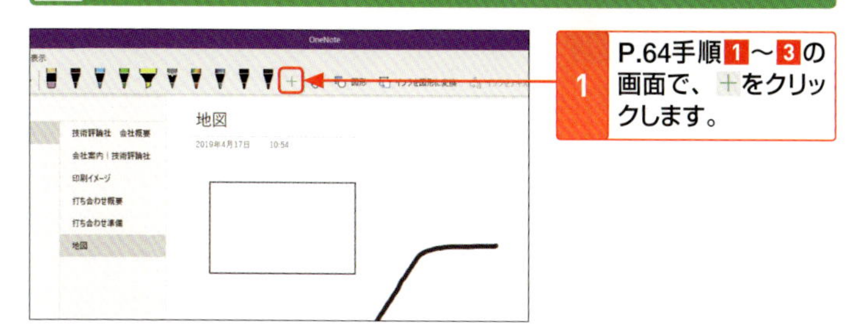

1 P.64手順1～3の画面で、＋をクリックします。

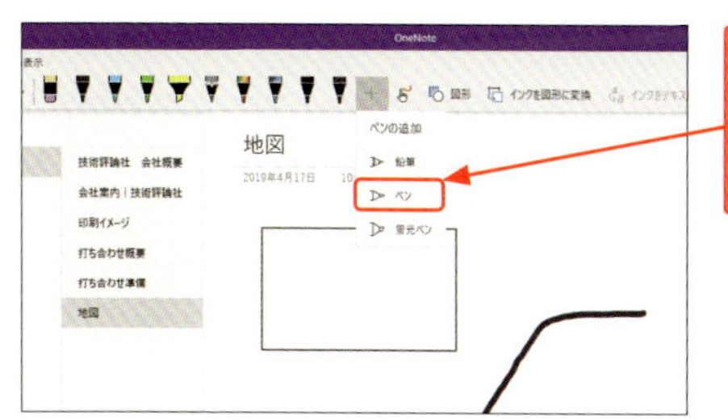

2 追加したいペンの種類（ここでは<ペン>）をクリックします。

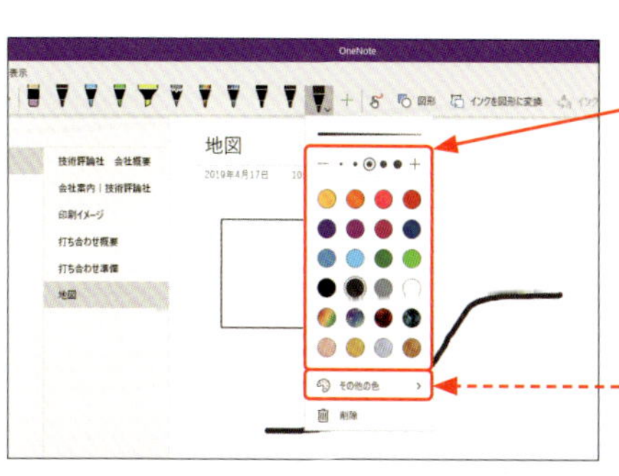

3 ペンの太さと色をクリックして選択します。

その他の色をクリックすると、上部に表示されていない色を選択することができます。

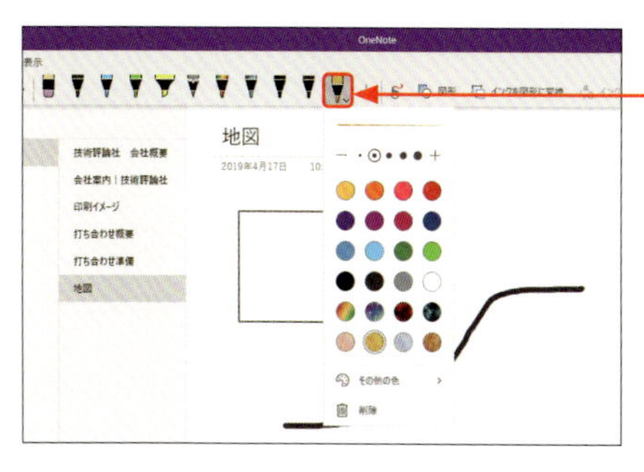

4 いちばん右のペンが追加したペンに変更されます。

手書きメモを入力する

ペンを利用して、手書きメモを描くことができます。タブレットなどでOneNoteを利用している場合は、すばやくメモを取ることが可能です。また、手書き文字をテキストや図形に変換することもできます。

1 手書きメモを入力する

1 Sec.25を参考に、描きたいペンをクリックします。

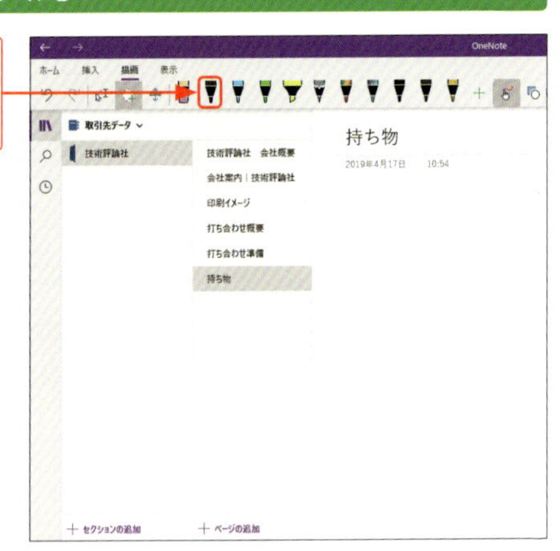

2 ドラッグして文字などを入力します。

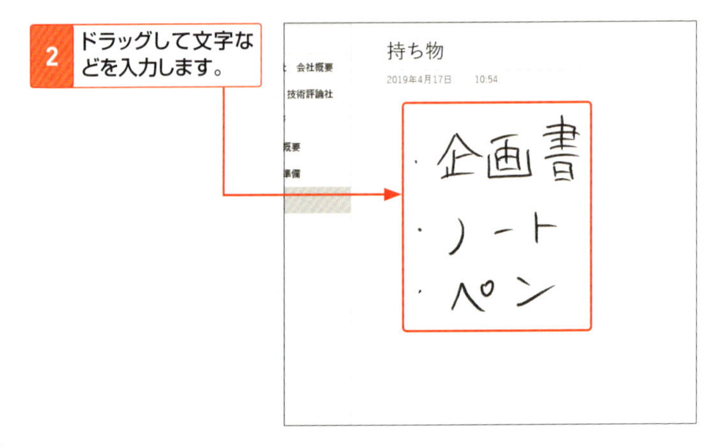

2 手書き文字をテキストに変換する

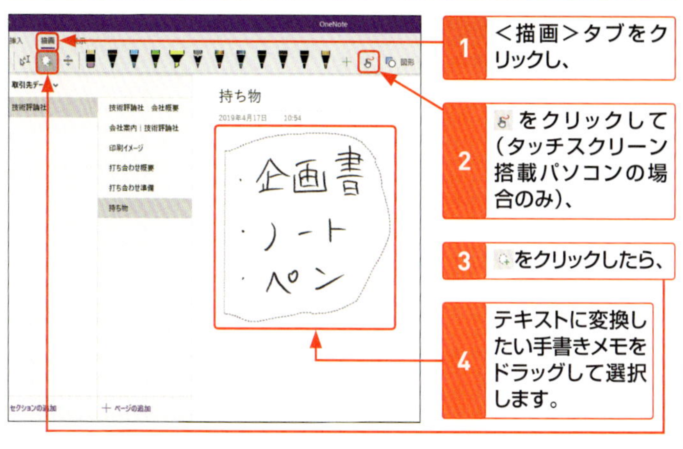

1 ＜描画＞タブをクリックし、

2 をクリックして（タッチスクリーン搭載パソコンの場合のみ）、

3 をクリックしたら、

4 テキストに変換したい手書きメモをドラッグして選択します。

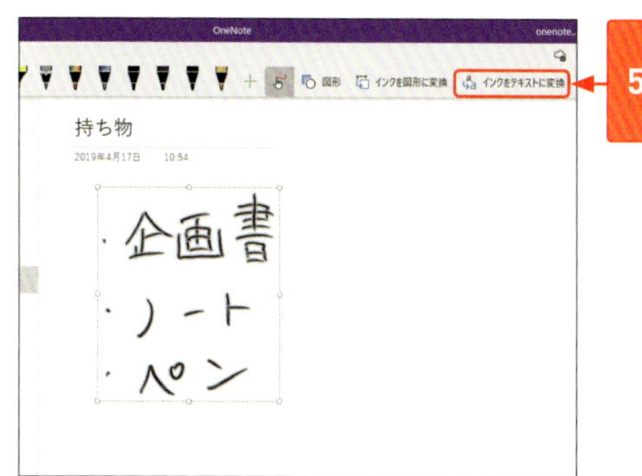

5 ＜インクをテキストに変換＞をクリックします。

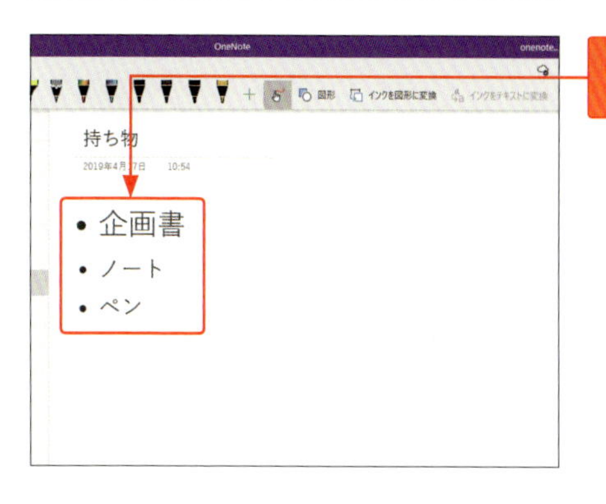

6 入力した文字がテキストになります。

3 手書きの図をきれいにする

1 <描画>タブ→<インクを図形に変換>の順にクリックします。

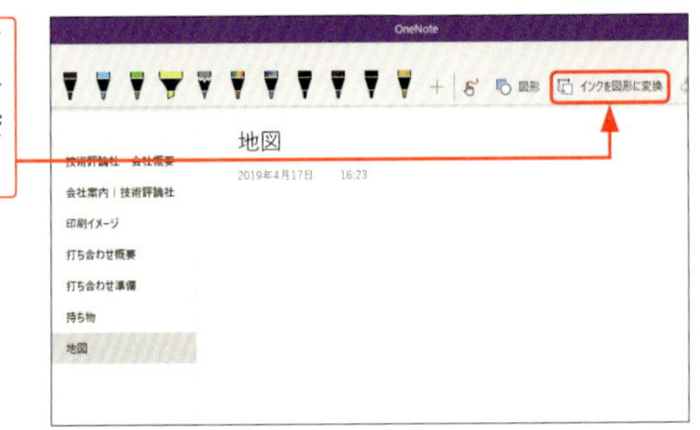

2 をクリックし（タッチスクリーン搭載パソコンの場合のみ）、

3 描きたいペンをクリックして、

4 ドラッグして図形を描きます。

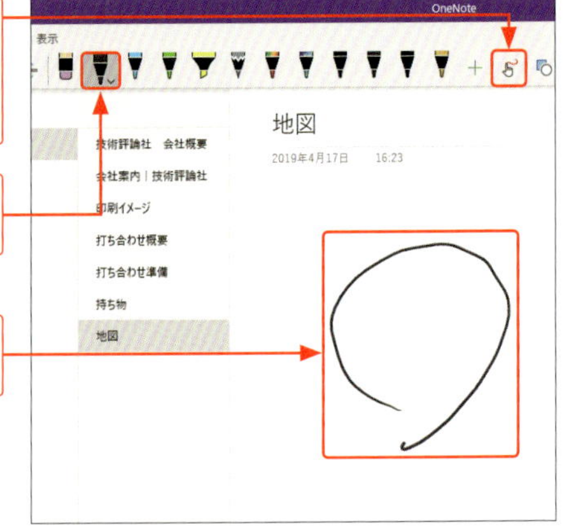

5 描画が終わると、手書きの図形がきれいに変換されます。

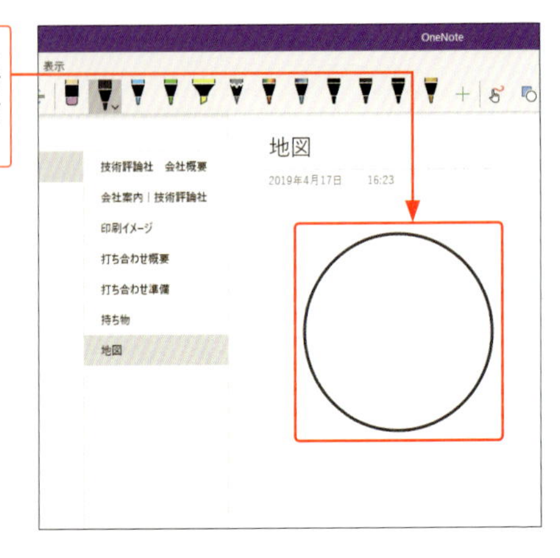

4 手書きで数式を入力する

数式の読み取りは、Office 365を利用しているユーザーのみ利用できます。

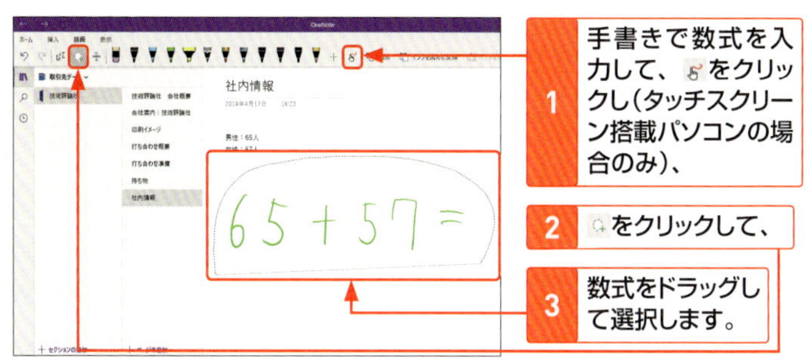

1 手書きで数式を入力して、をクリックし（タッチスクリーン搭載パソコンの場合のみ）、

2 をクリックして、

3 数式をドラッグして選択します。

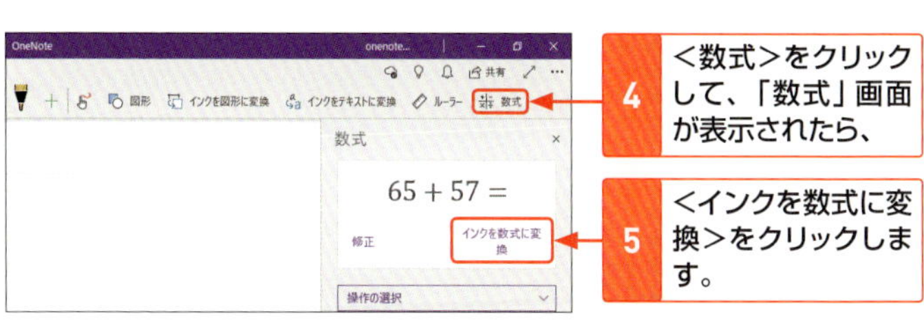

4 <数式>をクリックして、「数式」画面が表示されたら、

5 <インクを数式に変換>をクリックします。

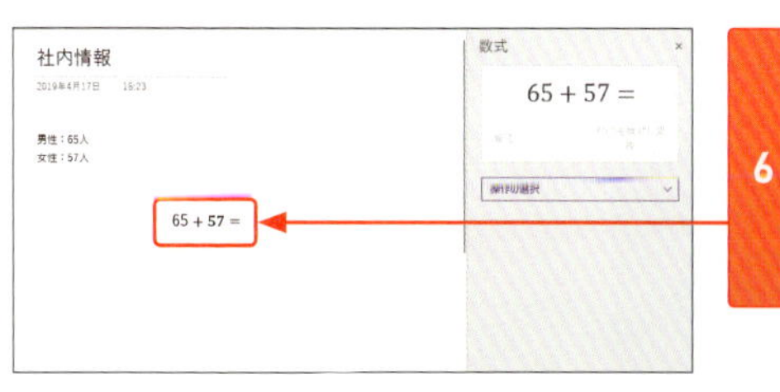

6 手書きの数式が、インクの数式に変換されます。なお、数式によっては読み取れない場合もあります。

Memo 数式の計算

手順6の画面で、<操作の選択>→<評価>の順にクリックすると、入力した数式が自動で計算され、解答が表示されます。また、数式によっては計算の手順を表示したり、グラフで表示したりすることも可能です。

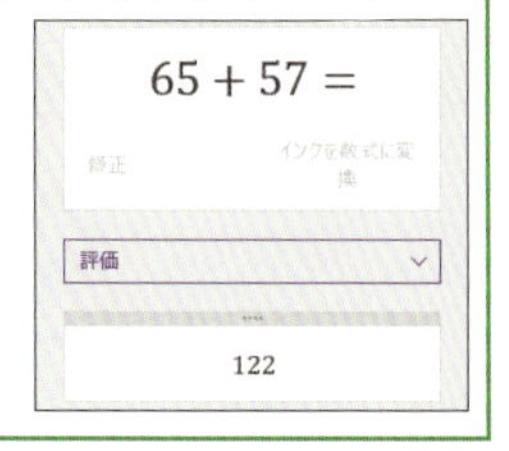

メールを送信してOneNoteに保存する

me@onenote.comというメールアドレスにメールを送信することで、メール内容をメモとしてOneNoteに保存することが可能です。スマートフォンやパソコンからかんたんにノートを作成できます。

1 送信メールアドレスを設定する

1 「OneNoteにメールを保存する」のサイト（https://www.onenote.com/EmailToOneNote）にWebブラウザでアクセスし、

2 <OneNoteにメールを設定する>をクリックします。

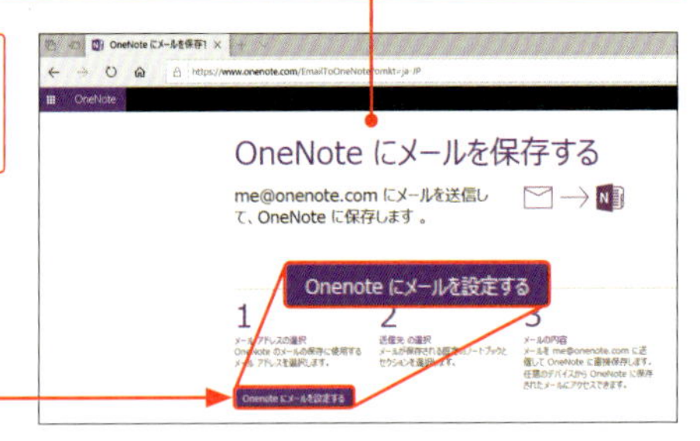

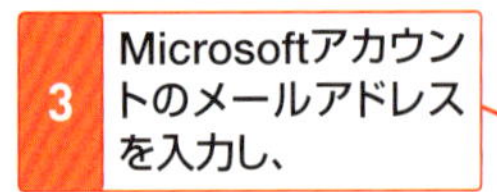

3 Microsoftアカウントのメールアドレスを入力し、

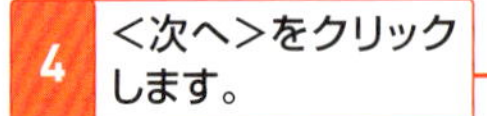

4 <次へ>をクリックします。

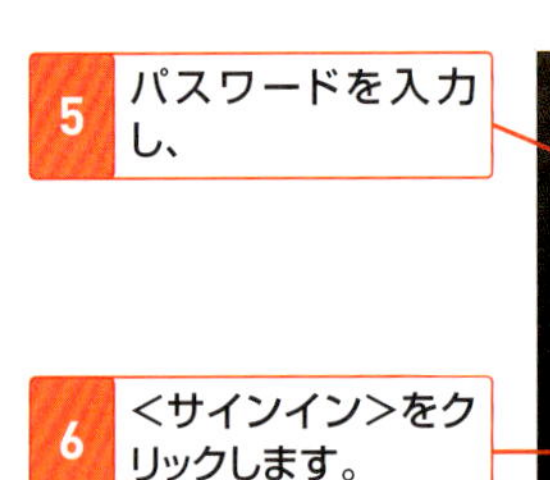

5 パスワードを入力し、

6 <サインイン>をクリックします。

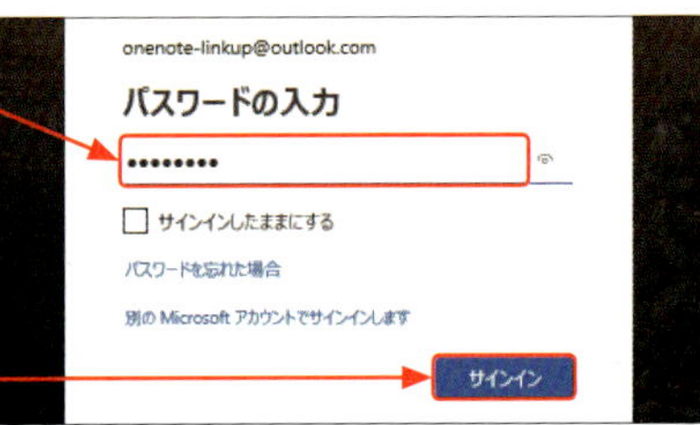

7 有効にするメールアドレスを確認し、

8 ＜既定の場所＞をクリックします。

9 保存するノートブックとセクションをクリックして選択します。

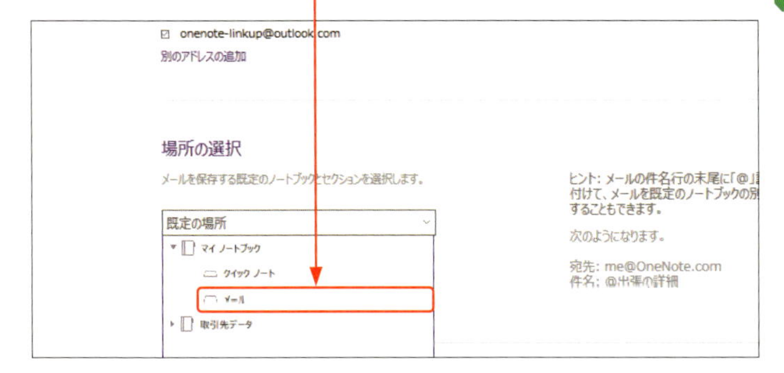

10 保存するノートブックとセクションが設定されたら、＜保存＞をクリックします。

2 メールの内容をOneNoteに送る

1 P.70手順3で入力したメールアドレスを差出人にして「me@onenote.com」宛てのメールを作成し、

2 <送信>をクリックします。

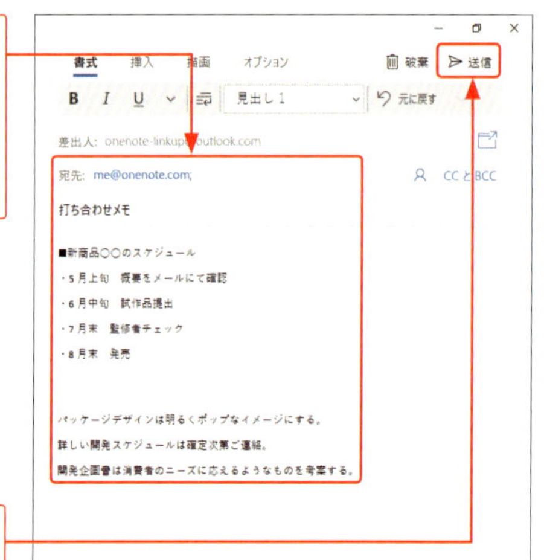

3 OneNoteでP.71で設定したノートブックのセクションを開くと、送信した内容のノートが新規ページで作成されています。

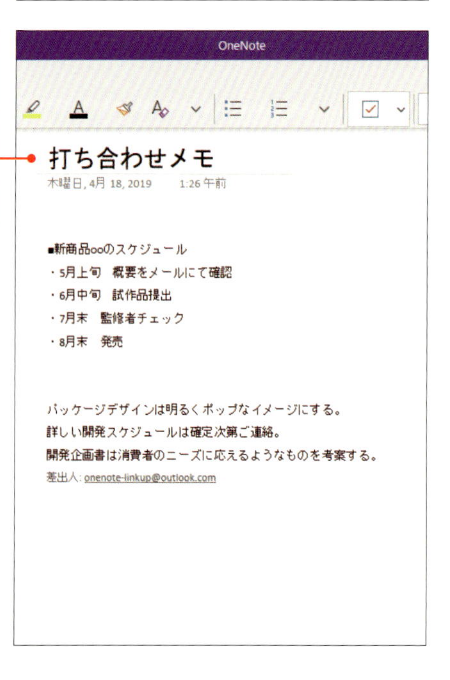

Hint

別のセクションに保存する

P.72手順1の画面で、件名の末尾に「@セクション名」を入力すると、既定のノートブックの別のセクションに保存することができます。

Memo

Webのスクリーンショットを挿入する

P.72手順1の画面で、メールの本文にURLを入力すると、そのURLのWebページのスクリーンショットが挿入されます。

StepUp

Microsoftアカウント以外のメールからメールを送信する

ここでは、Microsoftアカウントで使用しているメールを送信してOneNoteに保存する方法を紹介しましたが、設定を変更することで、仕事やプライベートで使っているほかのメールアドレスからメールを送信してOneNoteに保存することができます。
P.71手順7の画面で＜別のアドレスの追加＞をクリックし、本人確認をすると、「エイリアスの追加」画面が表示されます。＜既に取得済みのメールアドレスをMicrosoftアカウントのエイリアスとして追加する＞をクリックして追加したいメールアドレスを入力し、＜エイリアスの追加＞をクリックします。その後、追加したいメールアドレスを「プライマリエイリアス」に設定すれば、Microsoftアカウント以外のメールからノートを追加できるようになります。なお、エイリアスとしてドコモやソフトバンク、auといった大手携帯電話メーカーが提供している携帯メール（キャリアメール）のメールアドレスを指定することはできません。

Section 28

入力したメモを検索する

検索ボックスに**キーワードを入力して検索**すると、該当したページが表示されます。目的の情報をすばやく探し出すことができるので、OneNoteを活用するうえで欠かせない機能の1つです。

1 入力したメモをキーワード検索する

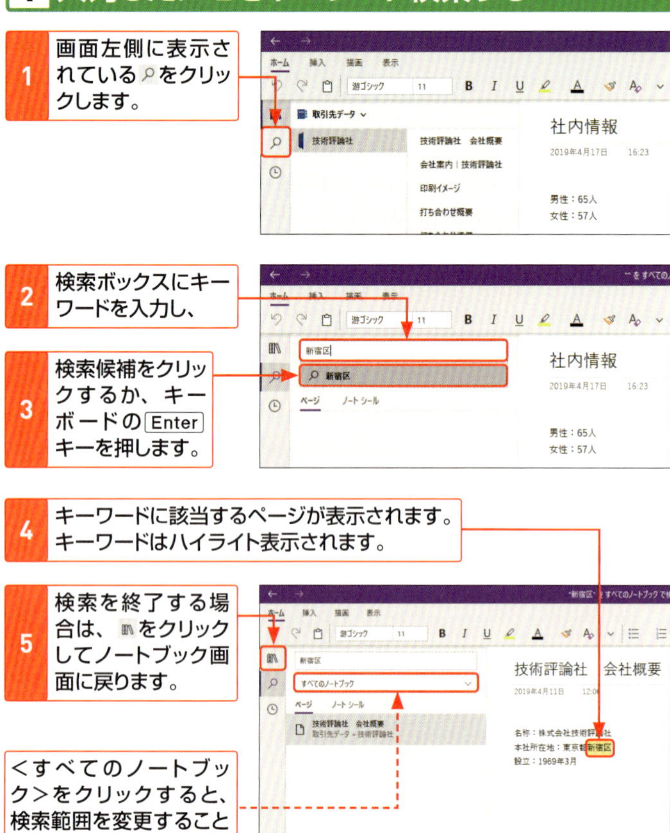
1 画面左側に表示されている をクリックします。
取引先データ
技術評論社
技術評論社　会社概要
会社案内｜技術評論社
印刷イメージ
打ち合わせ概要
社内情報
2019年4月17日　16:23
男性：65人
女性：57人
2 検索ボックスにキーワードを入力し、
3 検索候補をクリックするか、キーボードの Enter キーを押します。
新宿区
ページ　ノート シール
4 キーワードに該当するページが表示されます。キーワードはハイライト表示されます。
5 検索を終了する場合は、 をクリックしてノートブック画面に戻ります。
すべてのノートブック
技術評論社　会社概要
取引先データ - 技術評論社
技術評論社　会社概要
2019年4月11日
名称：株式会社技術評論社
本社所在地：東京都新宿区
設立：1969年3月
<すべてのノートブック>をクリックすると、検索範囲を変更することができます。

第2章 OneNoteの入力操作

第3章

ノートブックの整理

29 新しいセクションを追加する
30 新しいページを追加する
31 ページ／セクション／ノートブックを切り替える
32 ノートコンテナ／ページ／セクションを移動する
33 ノートコンテナ／ページ／セクションを削除する
34 削除したページ／セクションを復元する
35 ノートブック／セクション／ページのタイトルを変更する
36 サブページを利用してページを階層整理する
37 ノートコンテナのサイズを変更する
38 ノートコンテナを結合／分離する
39 ノートコンテナをコピー＆ペーストする
40 ノートコンテナの表示順序を変更する
41 テキストのスタイルを変更する
42 テキストを箇条書きにする
43 テキストにノートシールを貼る
44 ノートシールが貼られた箇所を検索する
45 テキストにマーカーを引く
46 ページの背景に罫線を引く
47 ページの背景色を変更する
48 ページの表示サイズを変更する
49 ノートブックやセクションの色を変更する
50 ノートブック／セクション／ページをスタートにピン留めする
51 既定のフォントを変更する
52 ページを印刷する

新しいセクションを追加する

セクションタブの下部にある<セクションの追加>をクリックすると、**新規セクションが追加**されます。あとから見返したときに判別できるように、セクション名には、わかりやすい名前を付けましょう。

1 新しいセクションを追加する

1 セクションタブの下部にある<セクションの追加>をクリックします。

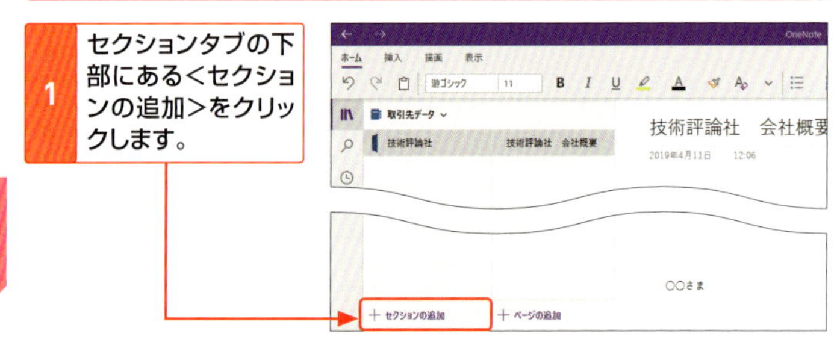

2 新規セクションが追加されます。

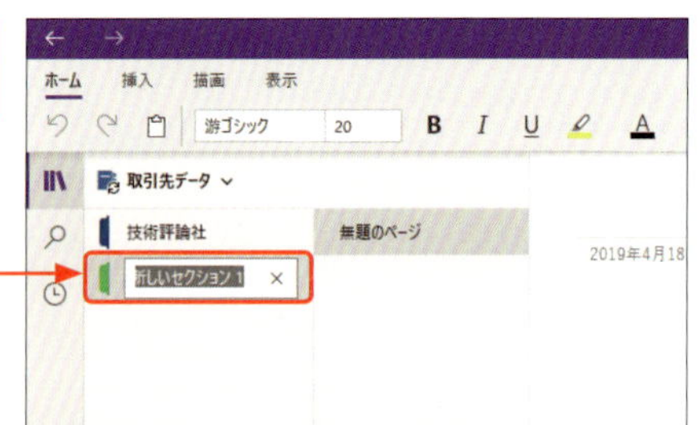

3 セクション名を入力し、Enterキーを押すと、セクション名が確定します。

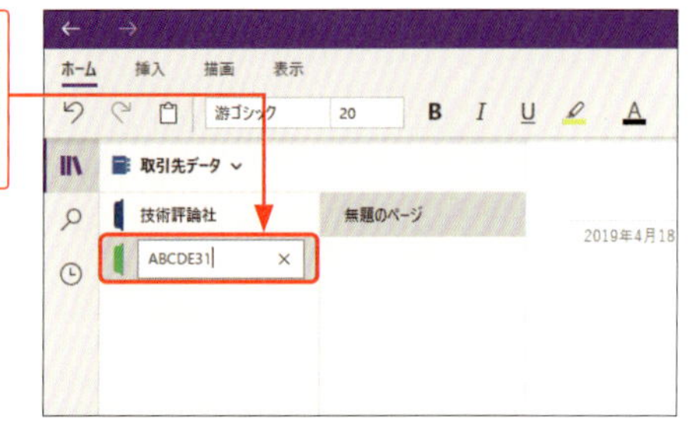

新しいページを追加する

ページタブの下部にある<ページの追加>をクリックすると、新規ページが追加されます。自分が書きたい内容に応じて、ページを増やしていきましょう。

1 新しいページを追加する

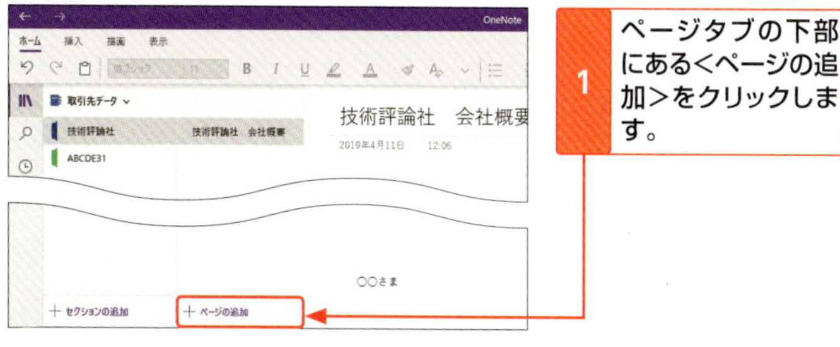

1 ページタブの下部にある<ページの追加>をクリックします。

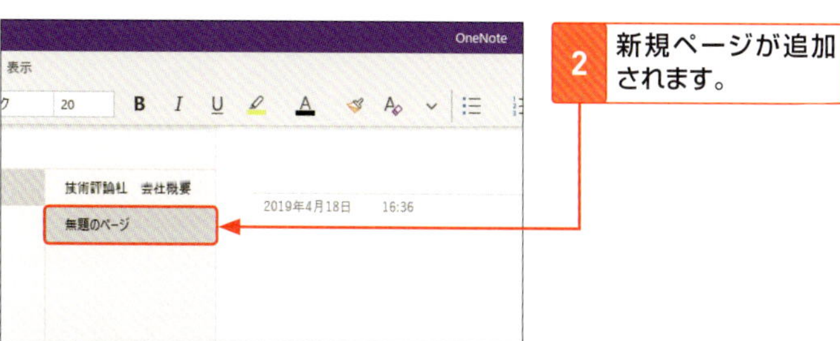

2 新規ページが追加されます。

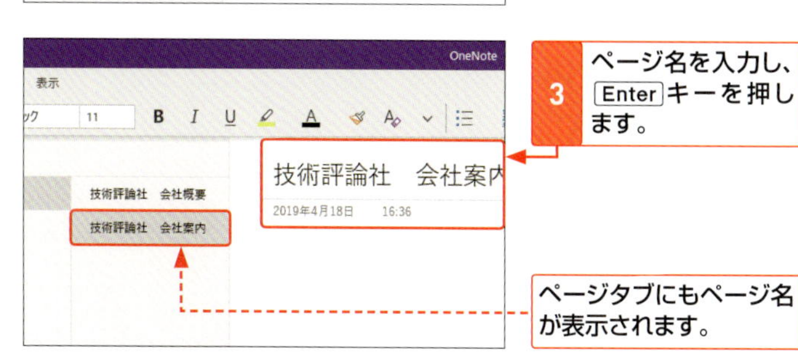

3 ページ名を入力し、Enterキーを押します。

ページタブにもページ名が表示されます。

ページ／セクション／ノートブックを切り替える

追加したページやセクションは、画面左側にあるタブをクリックすることで、**画面を切り替える**ことができます。また、ノートブックも同様にノートブック名をクリックすると、画面が切り替わります。

1 ページを切り替える

1. ページタブにある別のページをクリックすると、
2. ページが切り替わります。

2 セクションを切り替える

1. セクションタブにある別のタブをクリックすると、
2. セクションが切り替わります。

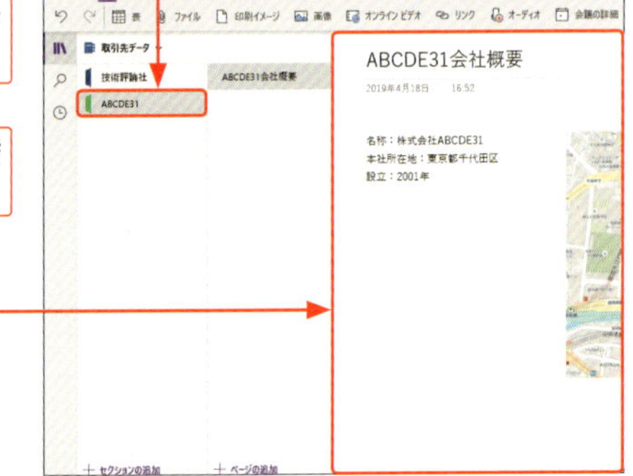

3 ノートブックを切り替える

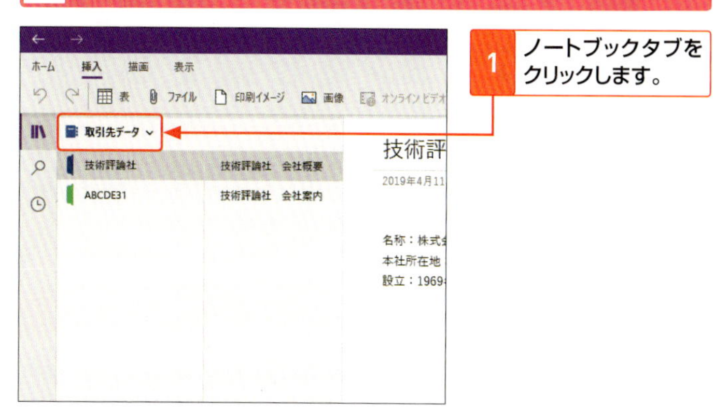

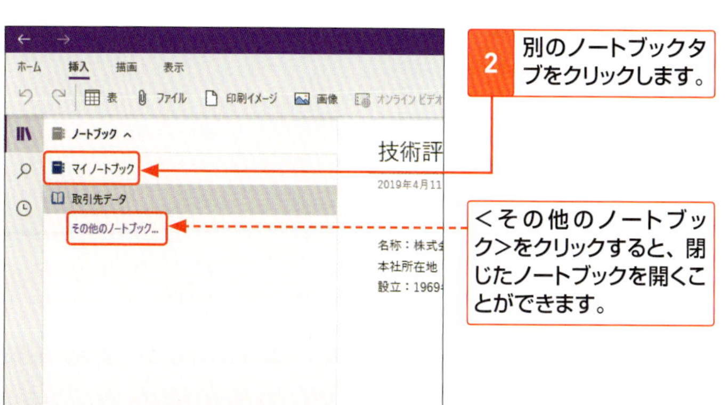

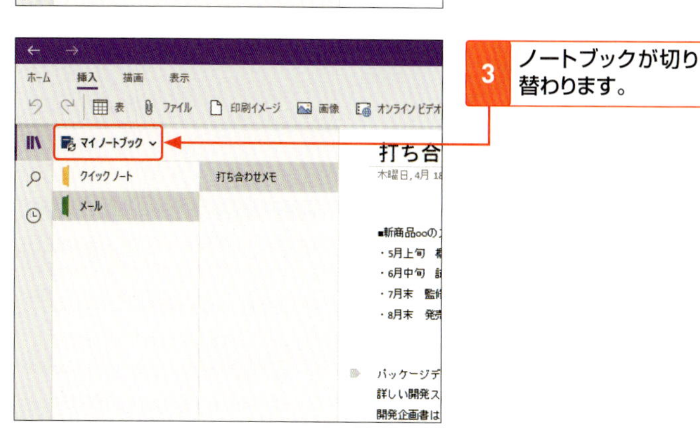

ノートコンテナ／ページ／セクションを移動する

ノートコンテナは、自分の使いやすいように自由に位置を移動することができます。また、ページやセクションはタブや一覧内でよく使う順に並べることで、使い勝手が向上します。

1 ノートコンテナを移動する

1 ノートコンテナにマウスカーソルを合わせると表示される移動ハンドルをクリックし、

2 目的の位置にドラッグすると、ノートコンテナが移動します。

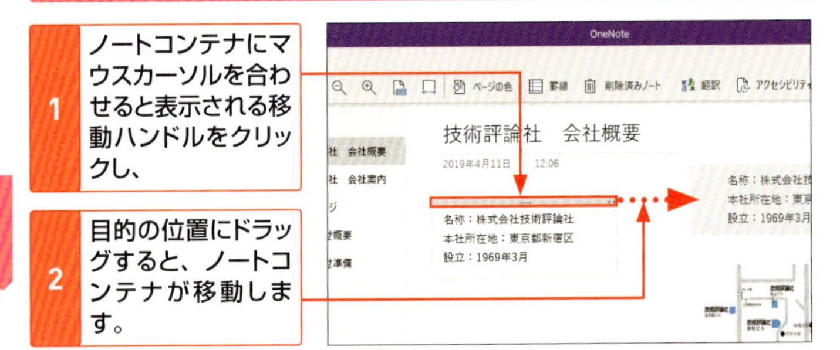

2 ページを移動する

1 ページタブ内のページを目的の位置にドラッグします。

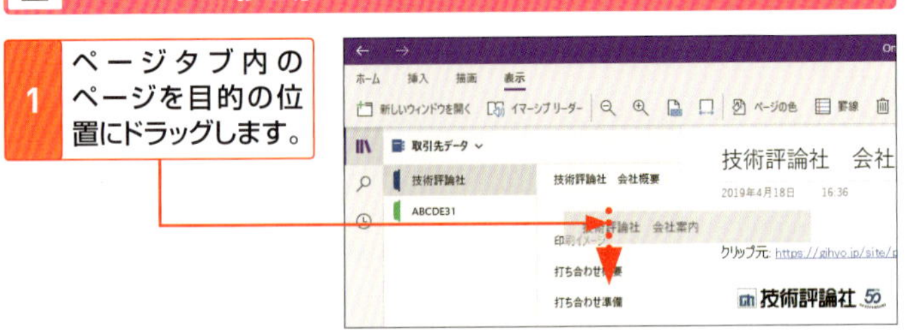

2 ページタブ内のページの表示順序が変わります。

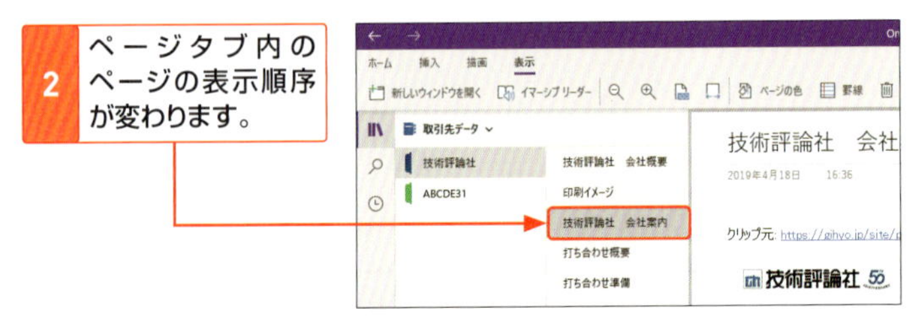

3 セクションを移動する

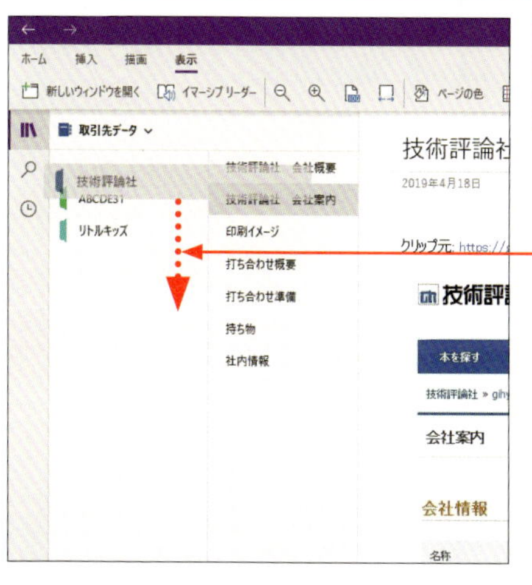

1 セクションタブのセクションを目的の位置にドラッグします。

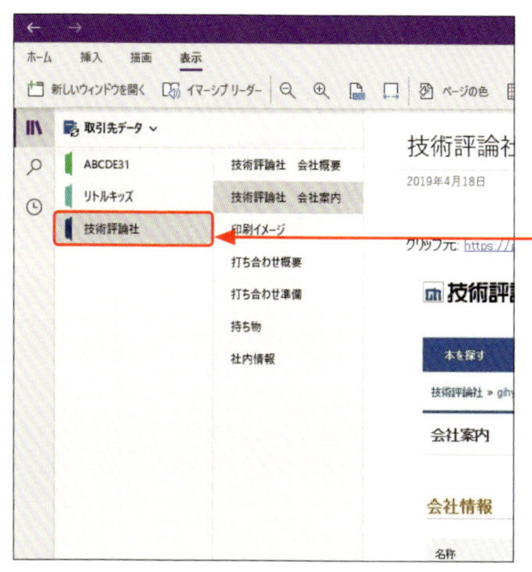

2 セクションタブ内のセクションの表示順序が変わります。

Hint

ほかのセクションやほかのノートブックへの移動

ページをセクションタブにドラッグすると、そのセクションにページを移動することができます。また、ページやセクションを右クリックして、＜移動／コピー＞をクリックすると、ほかのセクションやほかのノートブックなどに移動もしくはコピーすることができます。

ノートコンテナ／ページ／セクションを削除する

不要なノートコンテナやページ、セクションは、右クリックメニューから削除することができます。ノートブックはOneNote上からは削除できないので、OneDrive上でファイルを削除します。

1 ノートコンテナを削除する

1 削除したいノートコンテナの移動ハンドルを右クリックし、

2 ＜削除＞をクリックすると、ノートコンテナが削除されます。

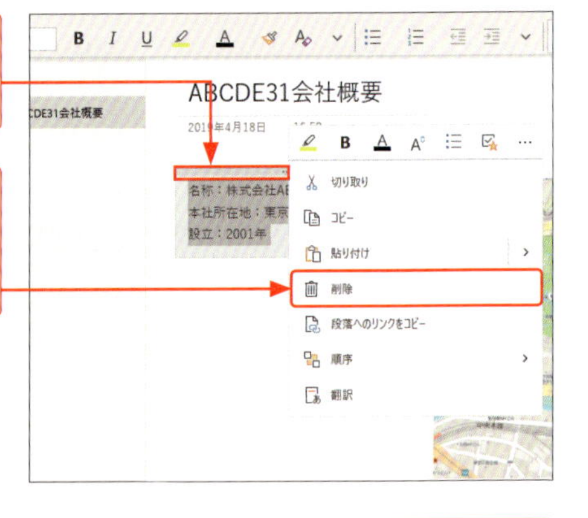

2 ページを削除する

1 ページタブ内の削除したいページを右クリックし、

2 ＜ページの削除＞をクリックすると、ページが削除されます。

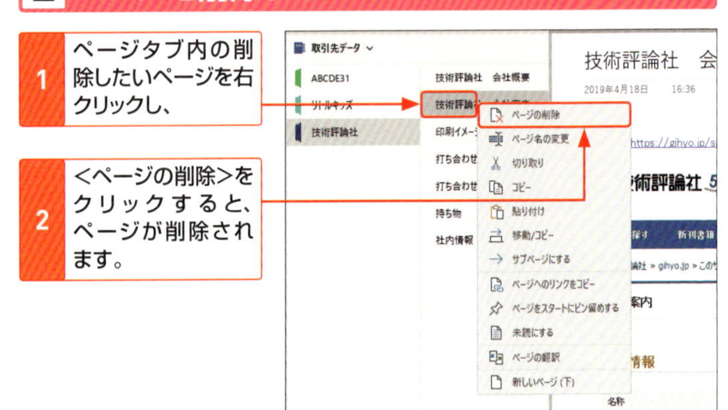

3 セクションを削除する

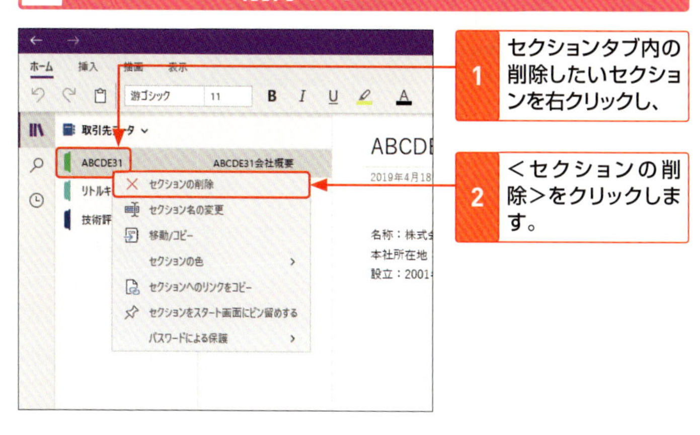

1 セクションタブ内の削除したいセクションを右クリックし、

2 <セクションの削除>をクリックします。

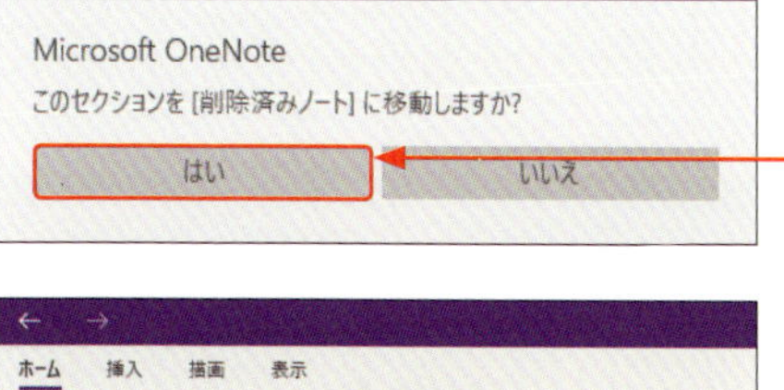

3 確認画面が表示されるので、<はい>をクリックします。

4 セクションが削除されます。

Memo

ノートブックの削除

ノートブックは右クリックメニューから閉じることはできますが、OneNote上から見えなくなっただけで削除されていません。作成したノートブックは、OneDrive上に保存されているので、Sec.75を参照してノートブックを削除してください。

削除したページ／セクションを復元する

削除したページやセクションは、60日以内であれば<表示>タブにある「削除済みノート」から**復元**することができます。ただし、**削除したノートコンテナは復元することができません**。

1 ページを復元する

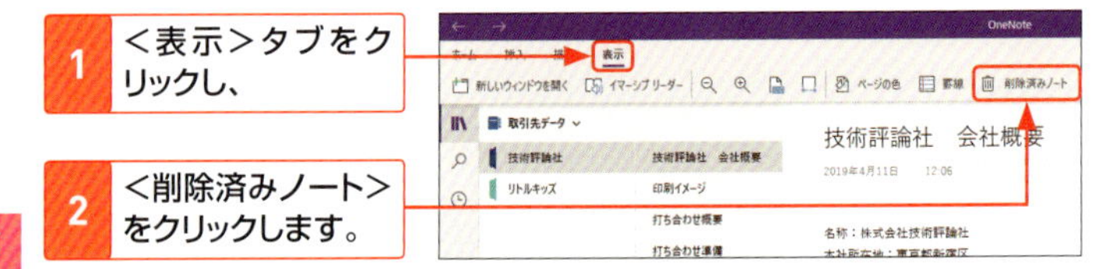

1 <表示>タブをクリックし、

2 <削除済みノート>をクリックします。

3 「削除されたページ」というセクションに削除されたページが表示されます。

4 復元したいページを右クリックし、

5 <復元先>をクリックします。

6 復元先をクリックし、

7 <復元>をクリックします。

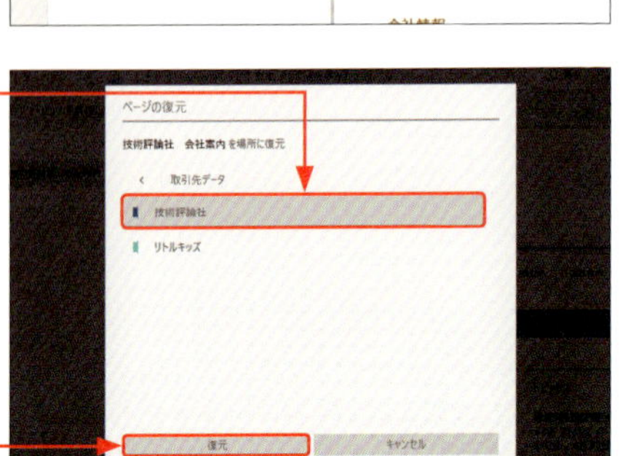

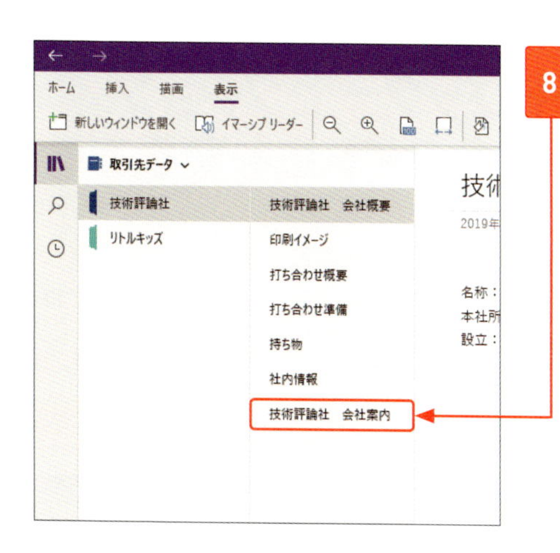

8 ページが復元されます。

Memo

セクションの復元

同様にして、P.84手順**3**の画面で復元したいセクションを右クリックして<復元先>をクリックし、復元先を指定することで、セクションの復元が可能です。

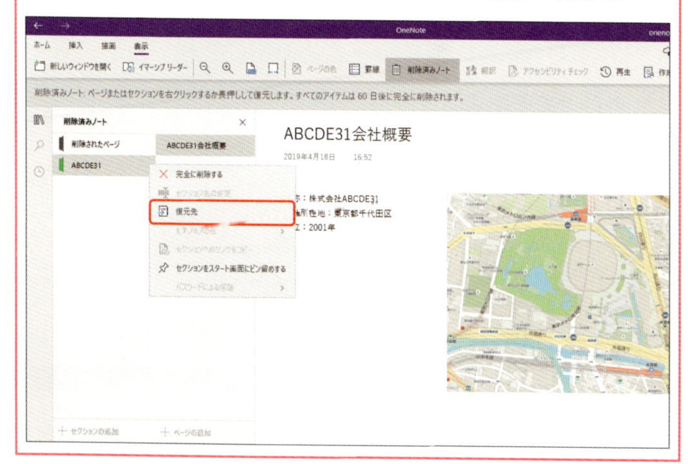

Hint

ノートコンテナの復元

ノートコンテナは削除しても復元することができません。ただし、削除した直後であれば、Ctrlキーを押しながらZキーを押すことで復元することができます。

ノートブック／セクション／ページのタイトルを変更する

作成したノートブックやセクション、ページの**タイトルはあとからいつでも変更する**ことができます。作成、追加したときと同様にわかりやすいタイトルを付けておきましょう。

1 ノートブック名を変更する

1 ノートブックタブをクリックします。

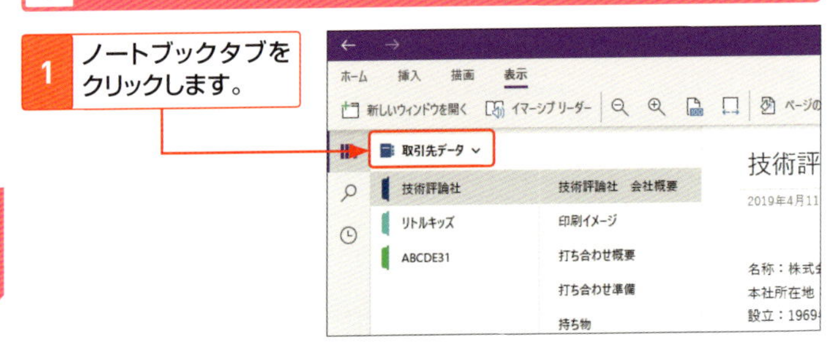

2 タイトルを変更したいノートブックを右クリックし、

3 <ノートブックのニックネームを付ける>をクリックします。

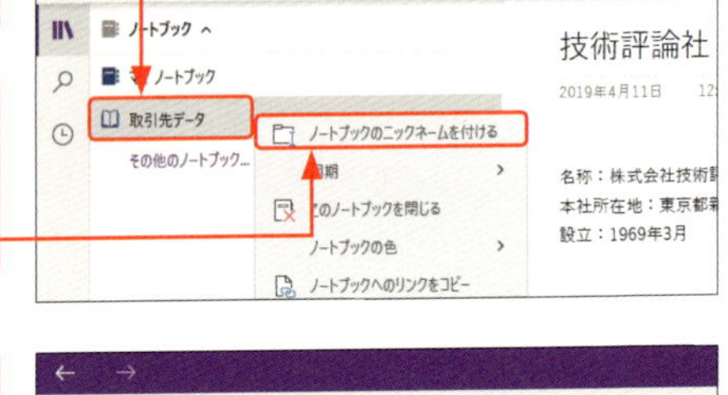

4 ノートブック名を入力し、Enterキーを押すと、ノートブック名が変更されます。

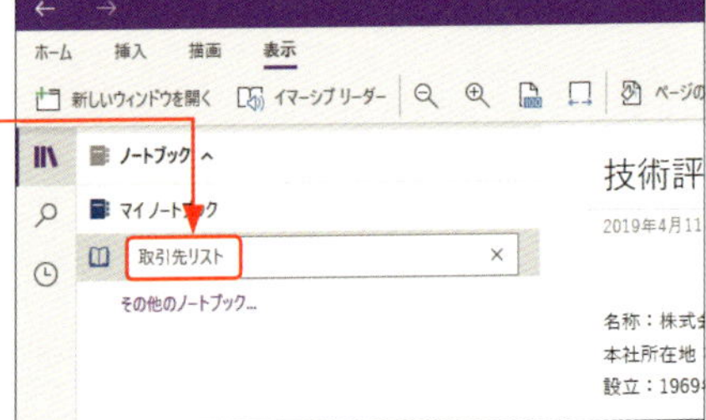

2 セクション名を変更する

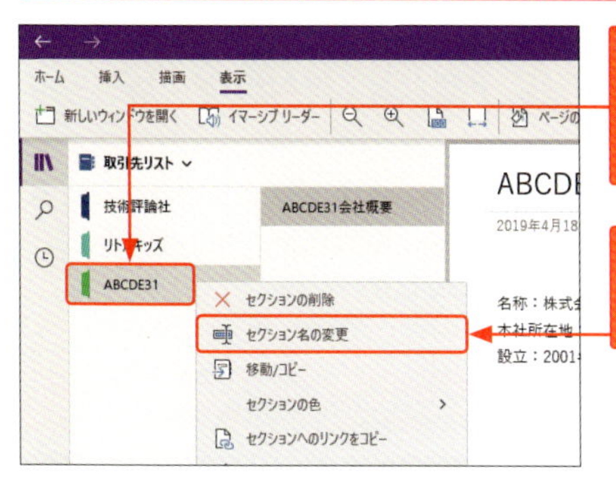

1 セクションタブからタイトルを変更したいセクションを右クリックし、

2 <セクション名の変更>をクリックします。

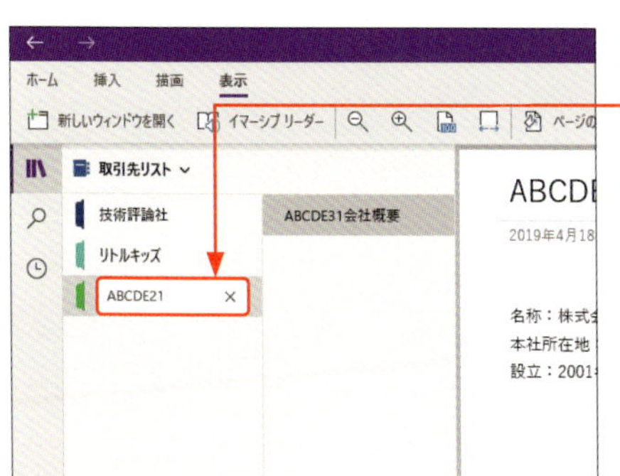

3 セクション名を入力し、Enterキーを押すと、セクション名が変更されます。

3 ページ名を変更する

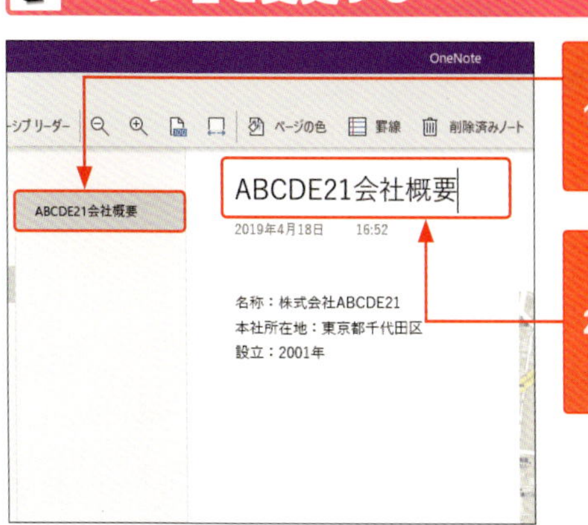

1 ページタブからタイトルを変更したいページをクリックし、

2 ページのタイトルをクリックしてページ名を入力すると、ページ名が変更されます。

サブページを利用してページを階層整理する

ページの内容を別途追記したり、ページの数が増えすぎたりした場合、サブページを利用すると便利です。階層整理することができ、表示／非表示を切り替えることも可能です。

1 サブページを作成する

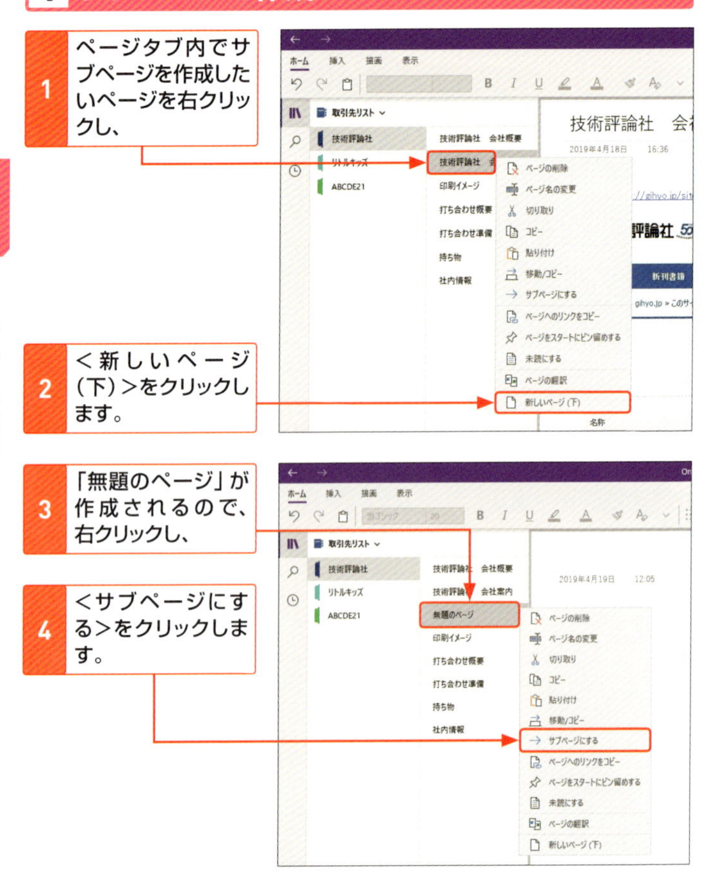

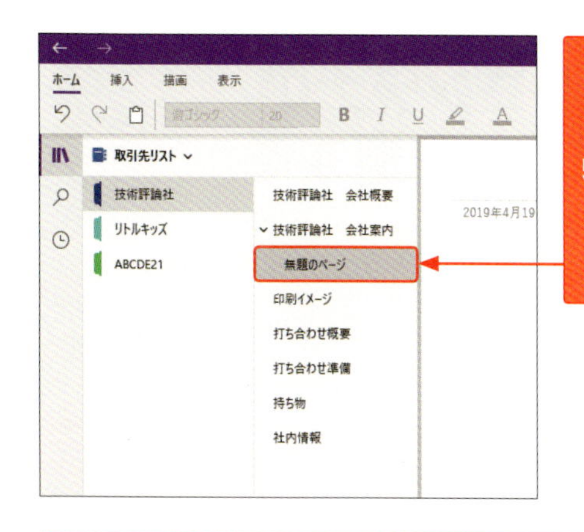

5 「無題のページ」がサブページになり、階層表示されます。あとは、通常のページと同様にページ名を変更したりメモを取ったりすることができます。

2 サブページの表示／非表示を切り替える

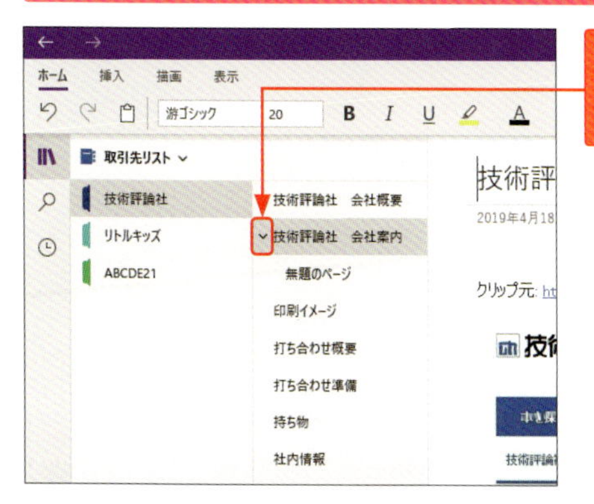

1 サブページのあるページの⌄をクリックします。

2 サブページが折りたたまれて非表示になります。もう一度クリックすると、サブページが表示されます。

ノートコンテナのサイズを変更する

ノートコンテナのサイズは入力した内容によって自動調節されますが、自分で幅を調整することができます。操作方法は、ノートコンテナの端にカーソルを合わせて、マウスを横にドラッグするだけです。

1 ノートコンテナのサイズを変更する

1 ノートコンテナの右端にマウスカーソルを合わせると、マウスカーソルが図のようになります。

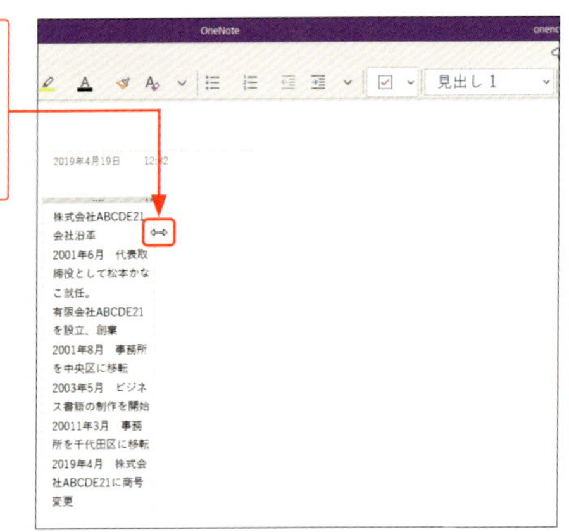

2 右方向にドラッグすると、ノートコンテナの幅が広がります。

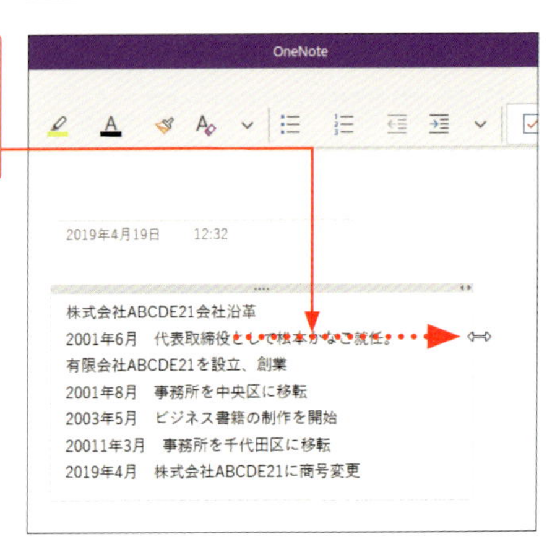

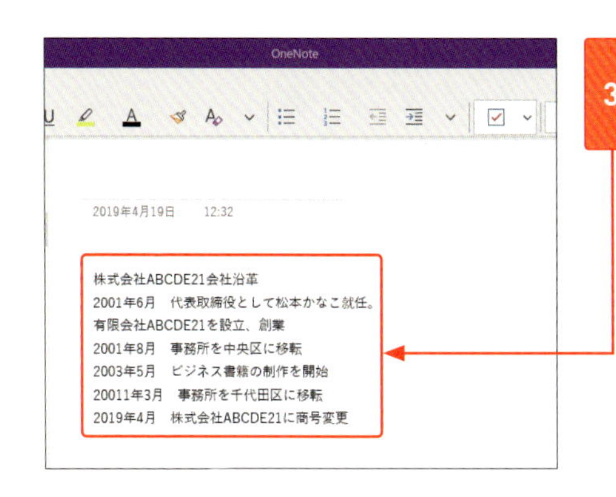

3 マウスボタンから指を離すとサイズが確定されます。

Memo

図形や写真などのサイズ変更

ここでは、テキストが入力されたノートコンテナのサイズ変更について解説しています。図形や写真のサイズ変更については、P.35やP.61の下のMemoを参照してください。

Hint

ノートコンテナを縦に伸ばす

ノートコンテナにあとから追加したいことがある場合などは、改行してスペースを空けておきましょう。ノートコンテナに入力されているメモの末尾をクリックして、Enter キーを押すと、ノートコンテナの下部にスペースが作成されます。

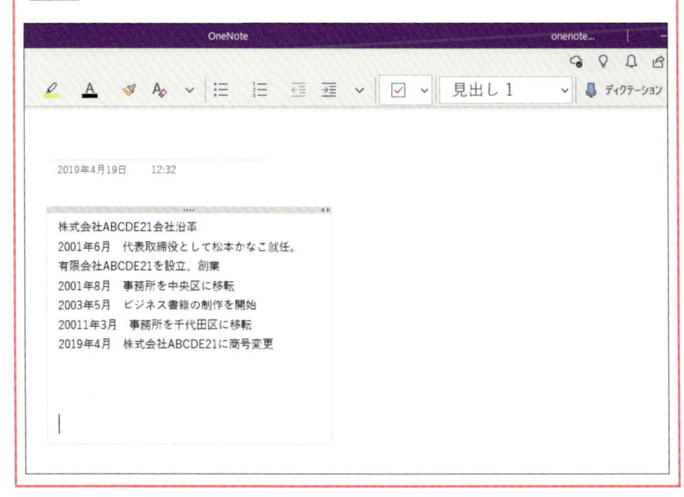

ノートコンテナを結合／分離する

複数のノートコンテナを1つにまとめたり、ノートコンテナの一部を分離したりすることができます。バラバラに書いたメモをまとめる際や、長いメモを分解したいときに便利です。

1 ノートコンテナを結合する

1 移動したいノートコンテナの移動ハンドルをクリックします。

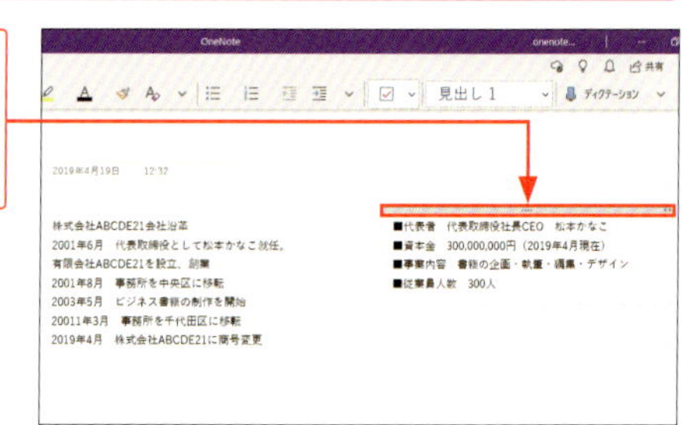

2 Shift キーを押しながら移動先のノートコンテナにドラッグします。

ノートコンテナ内のどこに移動するかも視覚的に確認できます。

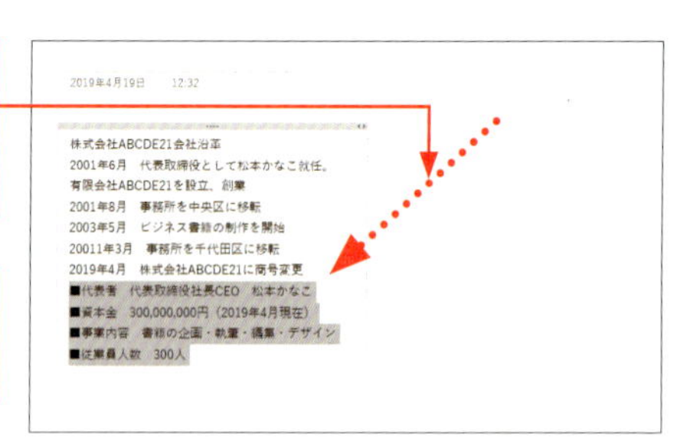

3 目的の位置が決まったら、マウスボタンとキーから指を離すと、ノートコンテナが結合されます。

2 ノートコンテナを分離する

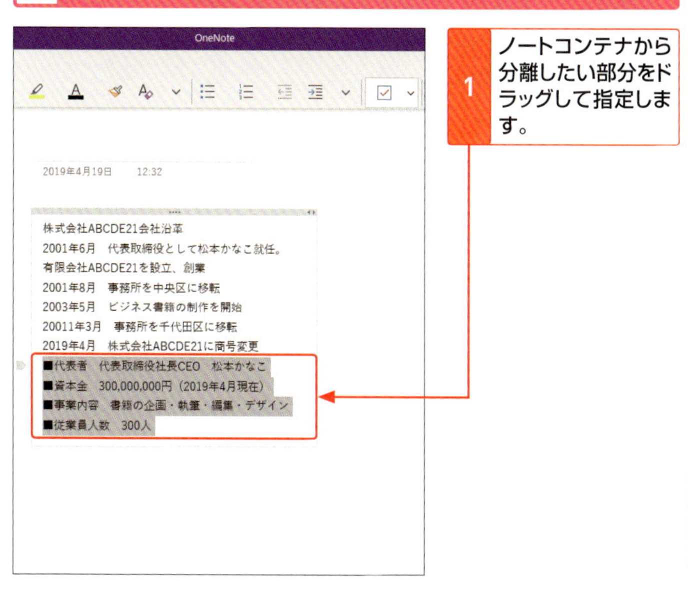

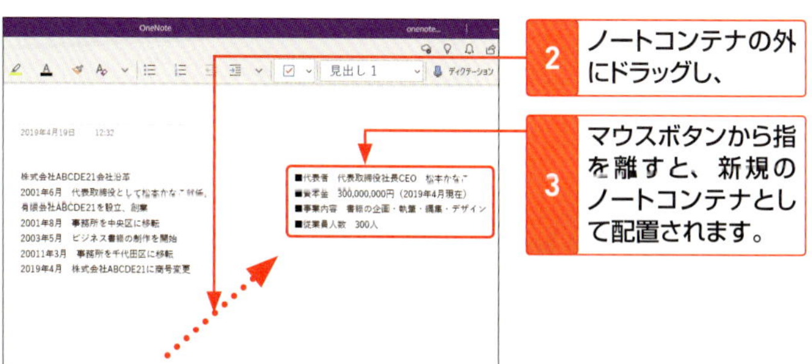

OneNote
見出し 1
2
ノートコンテナの外にドラッグし、
3
マウスボタンから指を離すと、新規のノートコンテナとして配置されます。

第3章 ノートブックの整理

Hint 結合や分離がうまくいかなかった場合

ノートコンテナの結合や分離がうまくいかなかった場合は、Ctrlキーを押しながらZキーを押すことで、1つ前の状態に戻ることができます。1つ前に戻した状態からやり直したい場合はCtrlキーを押しながらYキーを押します。

ノートコンテナをコピー＆ペーストする

ノートコンテナをコピーして、さまざまな場所にペーストすることができます。同じページ内だけでなく、ほかのノートブックやセクションのページにもペースト可能です。

1 ノートコンテナをコピー＆ペーストする

1 コピーしたいノートコンテナのハンドルをクリックします。

2 ノートコンテナを選択したら、右クリックし、

3 <コピー>をクリックします。

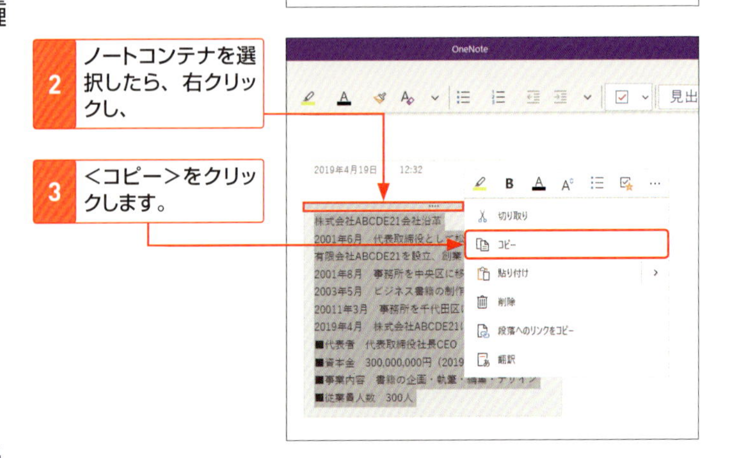

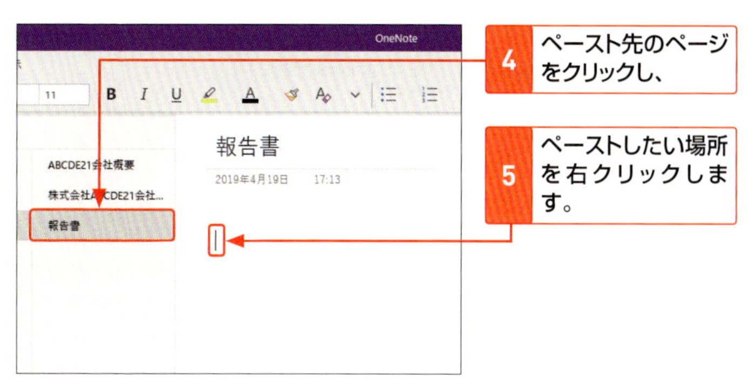

4 ペースト先のページをクリックし、

5 ペーストしたい場所を右クリックします。

6 <貼り付け>をクリックします。

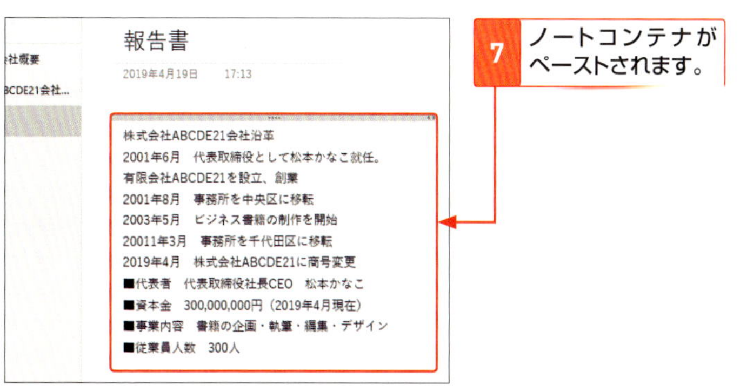

7 ノートコンテナがペーストされます。

Hint

ショートカットキーによるコピー&ペースト

[Ctrl]キーを押しながら[C]キーを押すことでノートコンテナのコピーが、[Ctrl]キーを押しながら[V]キーを押すことでノートコンテナのペーストが行えます。

ノートコンテナの表示順序を変更する

複数のノートコンテナを重ねた際、表示する順序を指定することが可能です。図版のノートコンテナの上にテキストのノートコンテナを重ねることで、どのような図版なのかが、すぐに把握できます。

1 ノートコンテナの表示順序を変更する

1 図版の下に隠れているノートコンテナの移動ハンドルを右クリックします。

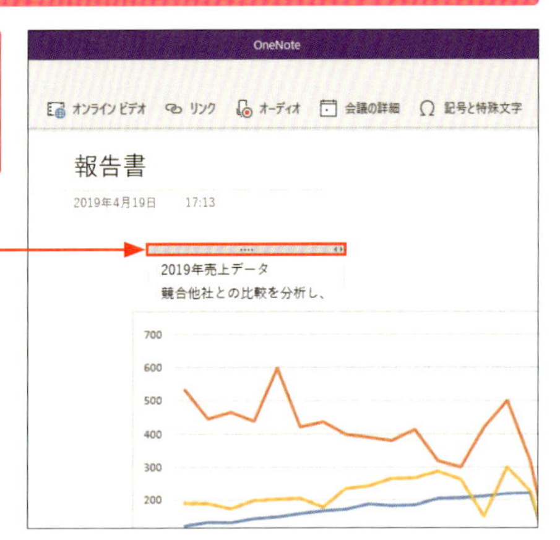

2 <順序>をクリックし、

3 <最前面へ移動>をクリックします。

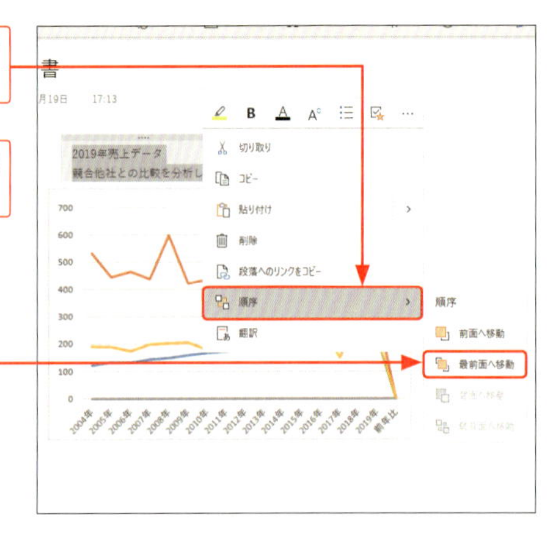

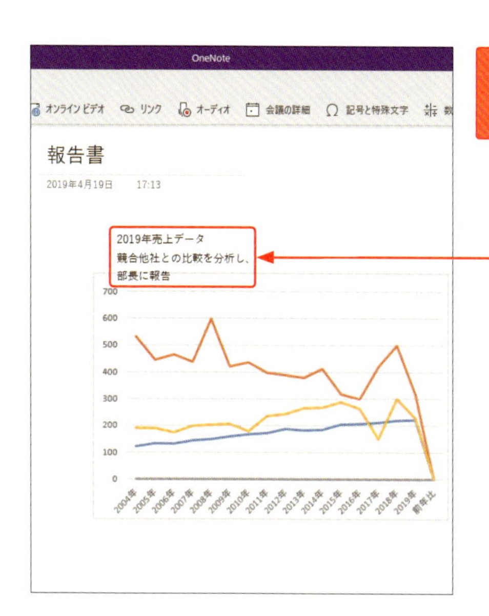

4 テキストのノートコンテナが最前面に表示されます。

Memo

ノートコンテナの表示順序

ノートコンテナは、作成した順が古いほど背面に配置されています。P.96手順**2**～**3**では、表示する順序を指定することが可能で、＜前面へ移動＞＜背面へ移動＞では、表示順を1つ移動し、＜最前面へ移動＞＜最背面へ移動＞では、一気にいちばん前もしくはいちばん後ろに移動します。

Memo

テキストのノートコンテナの背景は透過されていることに注意

手順**4**の図を見てわかるように、テキストのノートコンテナの背景は透過されているため、最前面に配置しても実際には背面の図などは見えてしまいます。ほかのノートコンテナと違って、テキストのノートコンテナは背景にあるものを完全に隠すことはできないので注意してください。

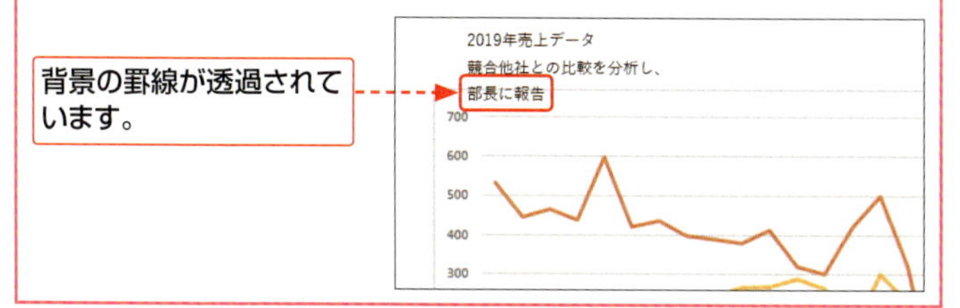

テキストのスタイルを変更する

ノートコンテナ内のテキストには、あらかじめ決められた見出しなどのスタイルを設定することができます。また、フォントの種類やサイズなどを個別に設定することも可能です。

1 テキストのスタイルを変更する

1 スタイルを変更したい箇所をドラッグして選択します。

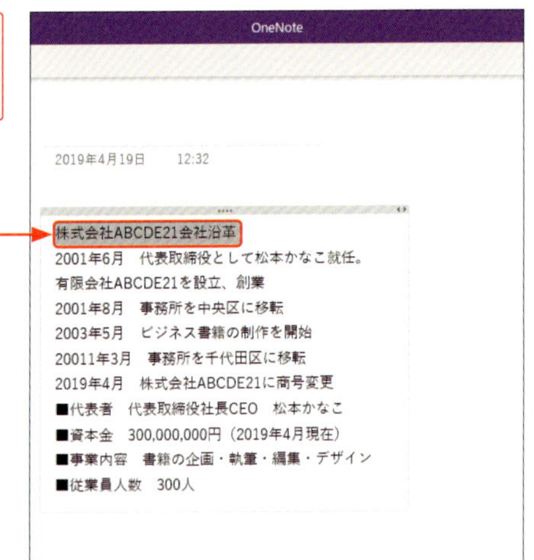

2 <ホーム>タブをクリックし、

3 見出し 1 のプルダウンメニューアイコンをクリックして、

4 適用するスタイル（ここでは<見出し2>）をクリックします。

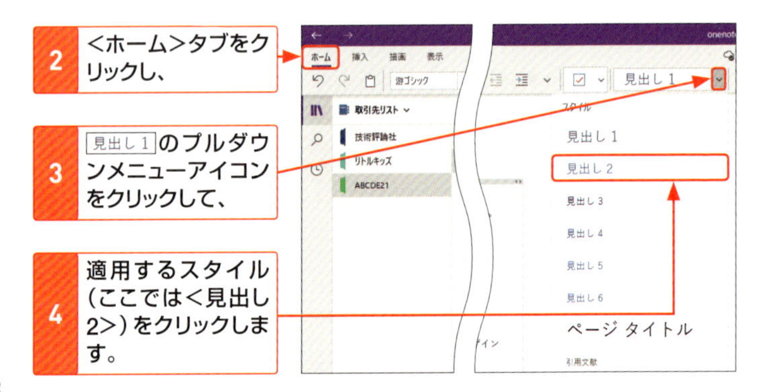

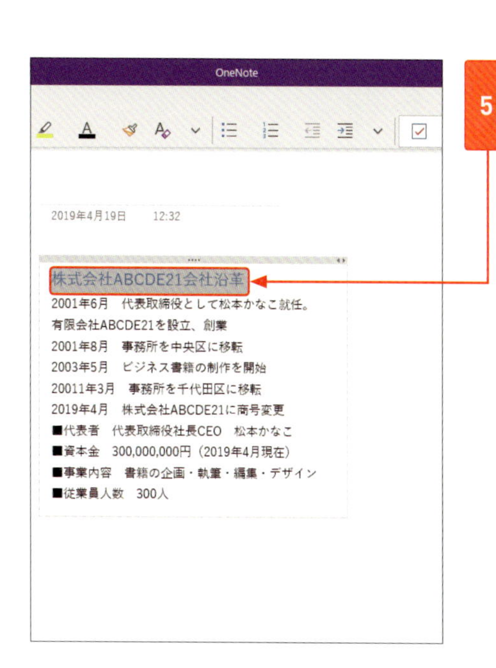

5 選択した箇所を含む文単位にスタイルが適用されます。

Memo

スタイルの種類

OneNoteで用意されているスタイルには、6種類の見出しのほか、引用文献や引用文、プログラムのコードとして使えるものがあります。また、<ホーム>タブ→ をクリックすると、変更したスタイルがもとに戻ります。

Hint

フォントの種類やサイズの変更

フォントの種類やサイズ、色、書式などを個別に指定したい場合は、<ホーム>タブをクリックして表示されるフォントのメニューから行います。

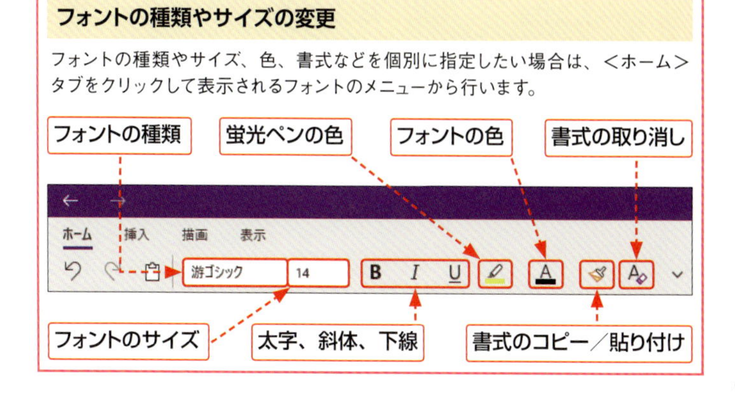

第3章 ノートブックの整理

テキストを箇条書きにする

箇条書き機能を利用すると、ノートコンテナ内のテキストを見やすくまとめることができます。行頭には丸や四角、矢印などのマークが表示可能で、それ以外にも好みのものを選択することができます。

1 テキストを箇条書き表示にする

1 箇条書きにしたい箇所をクリックします。

2 <ホームタブ>→☰（箇条書き）の順にクリックします。

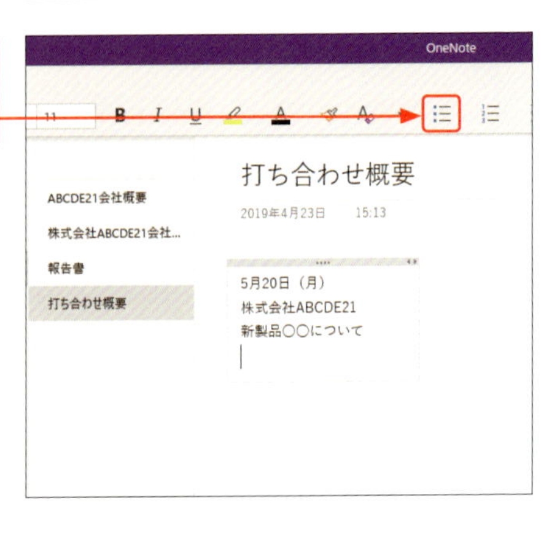

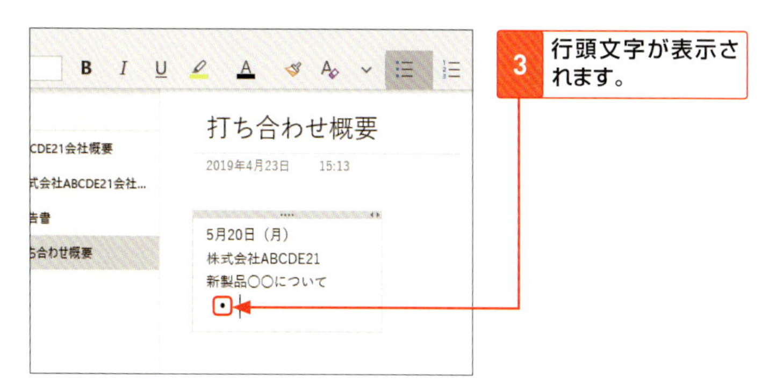

3 行頭文字が表示されます。

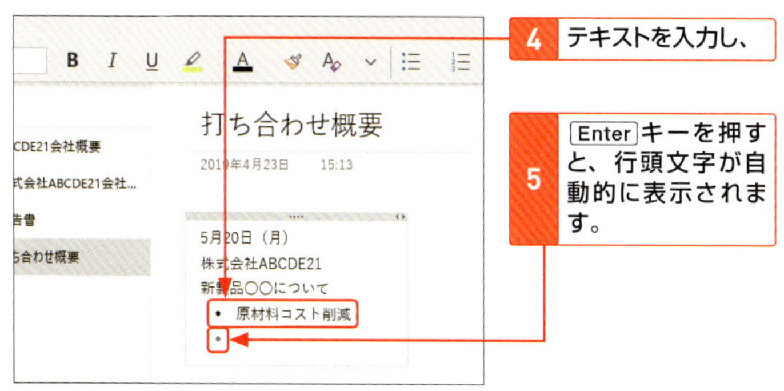

4 テキストを入力し、

5 Enterキーを押すと、行頭文字が自動的に表示されます。

Memo

行頭文字の種類の選択

P.100手順2で☰（段落番号）をクリックすると、連続した番号付きの箇条書きになります。箇条書き、段落番号ともに、隣のプルダウンメニューアイコンをクリックすることで、行頭文字の種類を選択することができます。

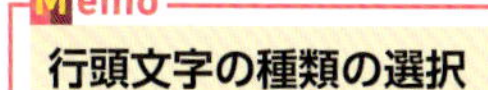

段落番号の行頭文字

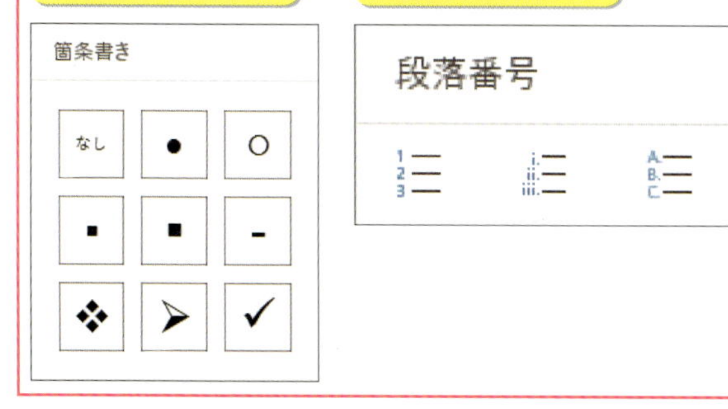

第3章 ノートブックの整理

テキストに ノートシールを貼る

入力したテキストの内容に応じて、「タスク」や「重要」などのノートシールを貼ることができます。アイコンやハイライトなどで目立たせることができるので、ページが見やすくなります。

1 テキストにノートシールを貼る

1 ノートシールを貼りたい箇所をクリックします。

OneNote

2019年4月19日　12:32

株式会社ABCDE21会社沿革
2001年6月　代表取締役として松本かなこ就任。
有限会社ABCDE21を設立、創業
2001年8月　事務所を中央区に移転
2003年5月　ビジネス書籍の制作を開始
20011年3月　事務所を千代田区に移転
2019年4月　株式会社ABCDE21に商号変更
■代表者　代表取締役社長CEO　松本かなこ
■資本金　300,000,000円（2019年4月現在）
■事業内容　書籍の企画・執筆・編集・デザイン
■従業員人数　300人

2 <ホーム>タブ→☑のプルダウンメニューアイコンをクリックします。

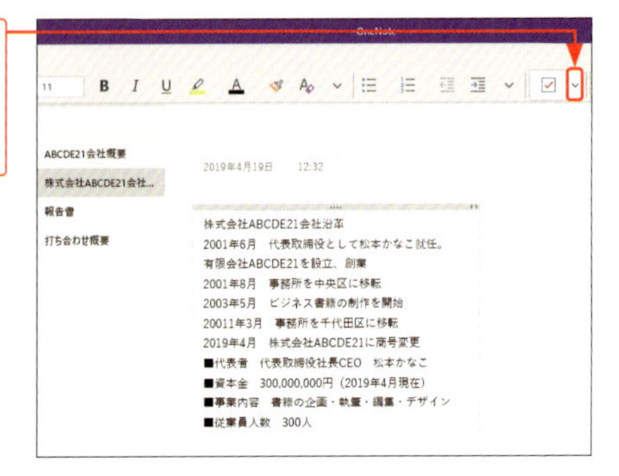

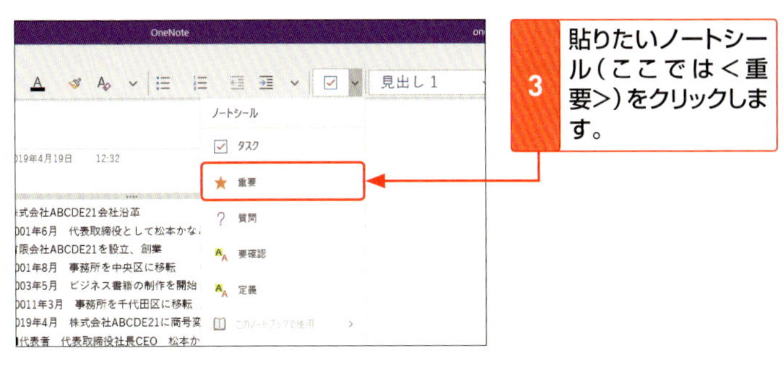

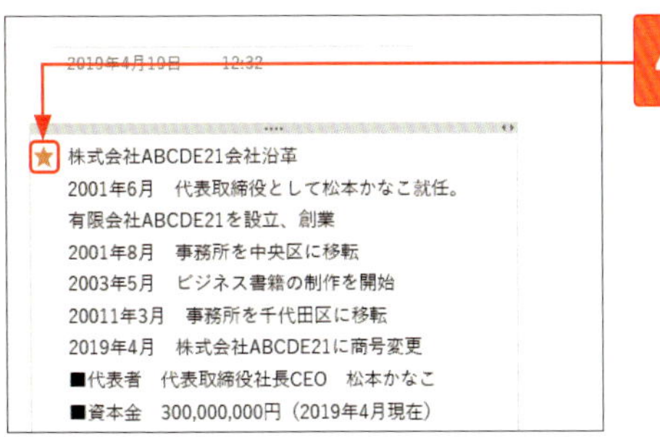

4 ノートシールが貼られます。

Hint

ノートシールの作成

手順**3**で＜新しいノートシールを作成＞をクリックすると、プルダウンメニューにはないオリジナルのノートシールを作成できます。画面右側に「ノートシールの作成」画面が表示されたら、ノートシールの名前を入力し、アイコンを選択して、＜作成＞をクリックすると、新しいノートシールを作成することができます。

ノートシールが貼られた箇所を検索する

検索機能を使って、ノートシールが貼られた箇所を探し出すことができます。たとえば、「重要」のノートシールの一覧を見れば、自分が重要だと感じたメモがひと目で一覧できます。

1 ノートシールを検索する

1 🔍をクリックし、

2 検索欄をクリックして空白にし、

3 「ノートシール」から検索したいノートシールをクリックします。

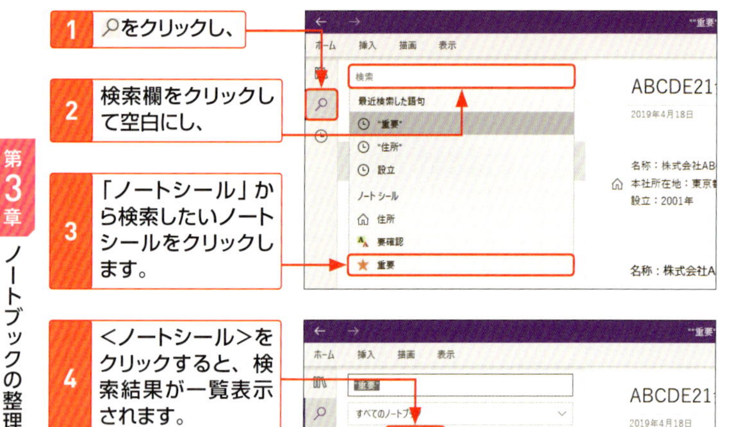

4 <ノートシール>をクリックすると、検索結果が一覧表示されます。

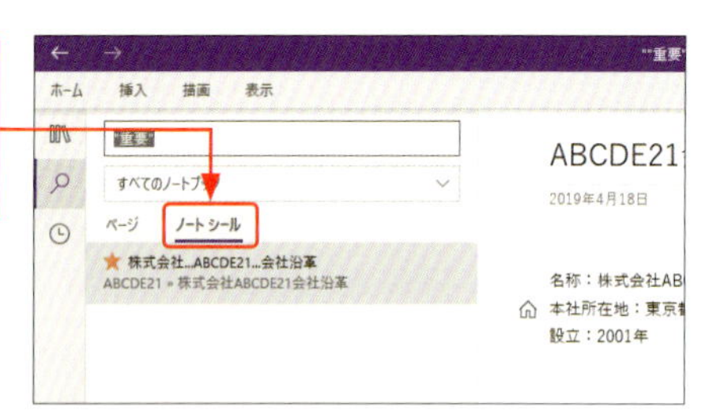

5 検索結果をクリックすると、該当するページが表示されます。

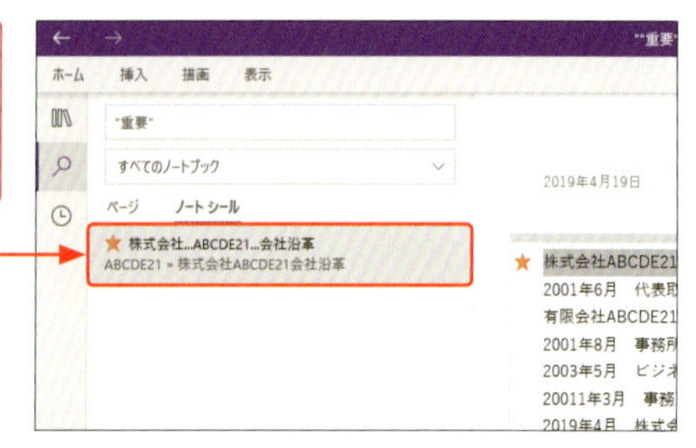

2 ノートシールの検索結果を絞り込む

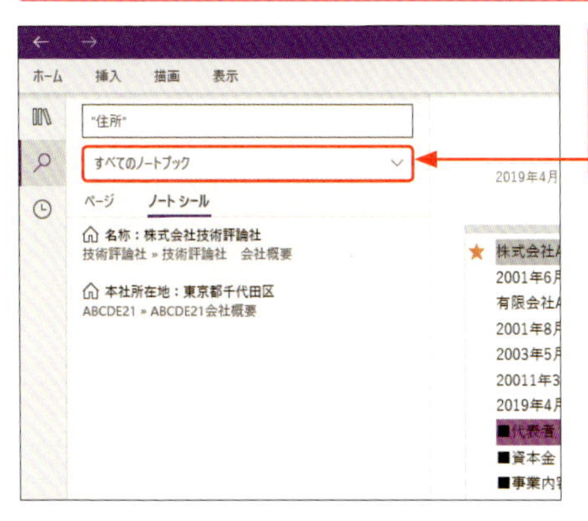

1 P.104手順4の画面で＜すべてのノートブック＞をクリックします。

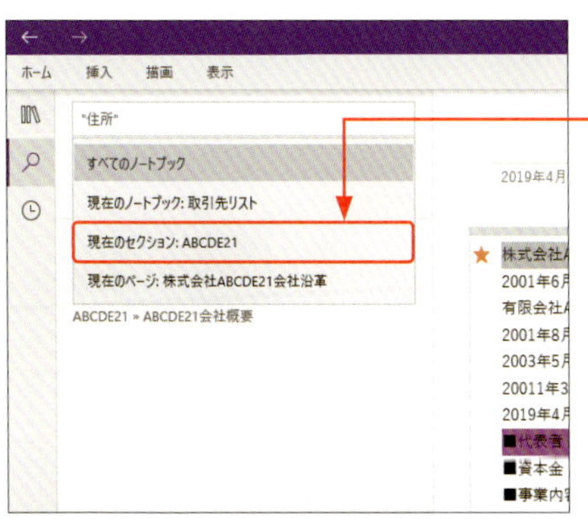

2 ここでは、＜現在のセクション：○○（セクション名）＞をクリックします。

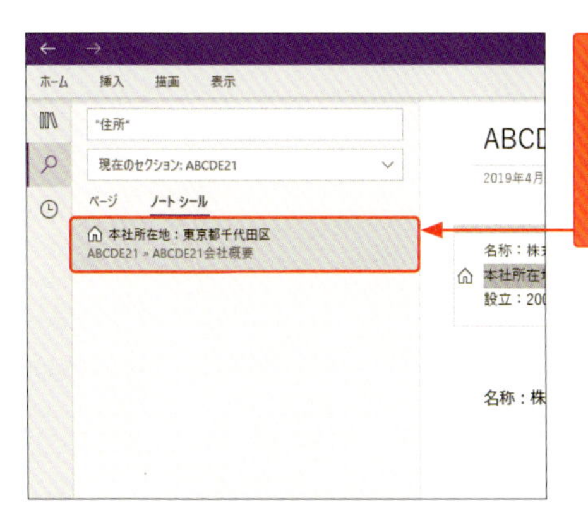

3 指定したセクション内にあるノートシールのみ表示されます。クリックすると、該当するページが表示されます。

テキストにマーカーを引く

紙のノートでは**重要な個所に色の付いたマーカーなどを引く**ことができますが、これと同様のことがOneNote上でも行えます。また、暗記ノートのような活用法も可能です（Sec.64参照）。

1 テキストにマーカーを引く

1 マーカーを引きたい箇所をドラッグして選択します。

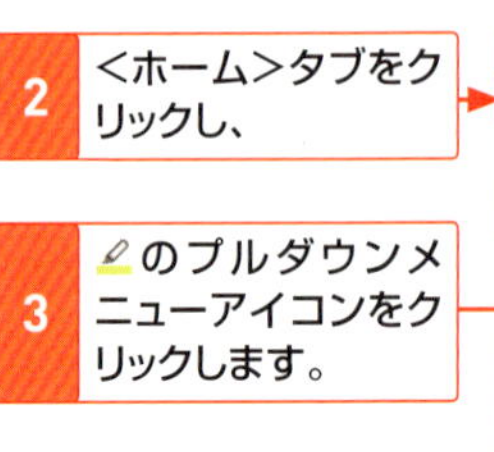

2 <ホーム>タブをクリックし、

3 🖊のプルダウンメニューアイコンをクリックします。

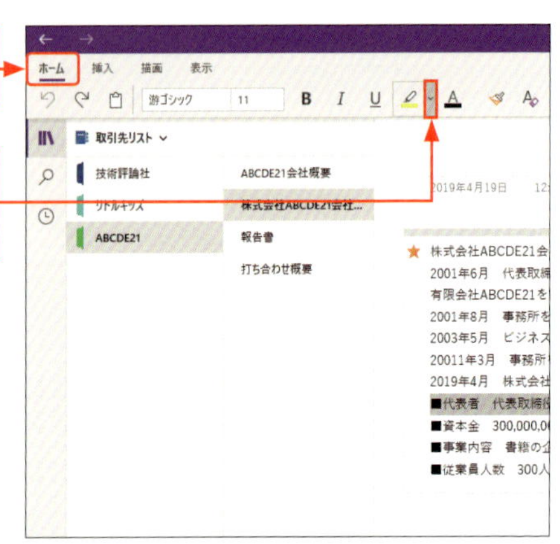

4 蛍光ペンの色をクリックして選択します。

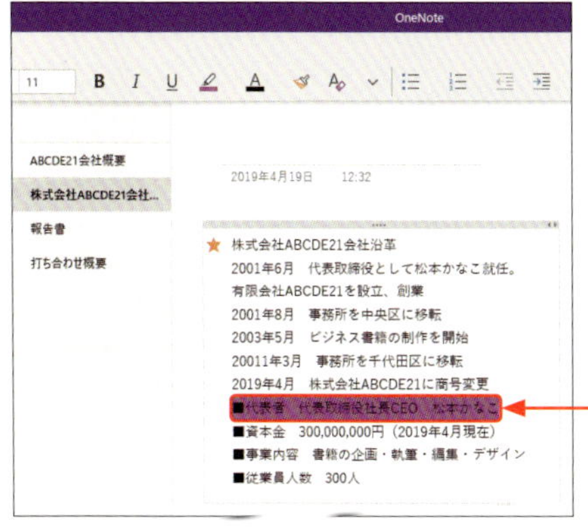

5 蛍光ペンでマーカーが引かれます。

蛍光ペンの種類

蛍光ペンの色は全部で40種類あります。<色なし>をクリックすると、マーカーを解除することができます。

ページの背景に罫線を引く

ページの背景は通常、白紙の状態になっていますが、**方眼線や罫線を引く**ことができます。罫線の種類は多数用意されているので、内容に合わせてページの背景を変更するとよいでしょう。

1 ページの背景に罫線を引く

1 <表示>タブ→<罫線>の順にクリックして、

2 罫線の種類をクリックして選択します。

3 ページの背景に罫線が引かれます。

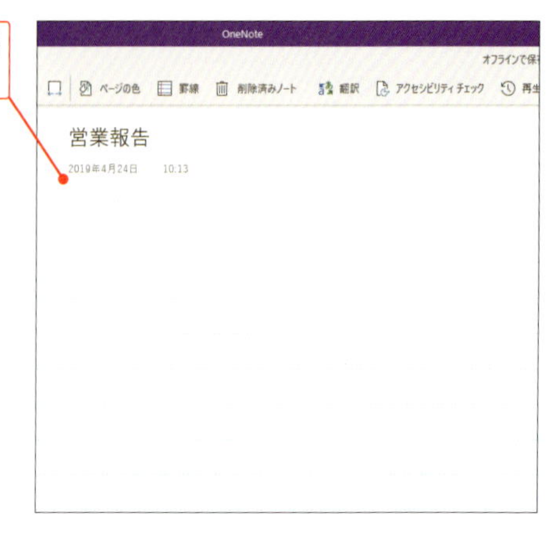

第3章 ノートブックの整理

2 ページの背景に方眼線を引く

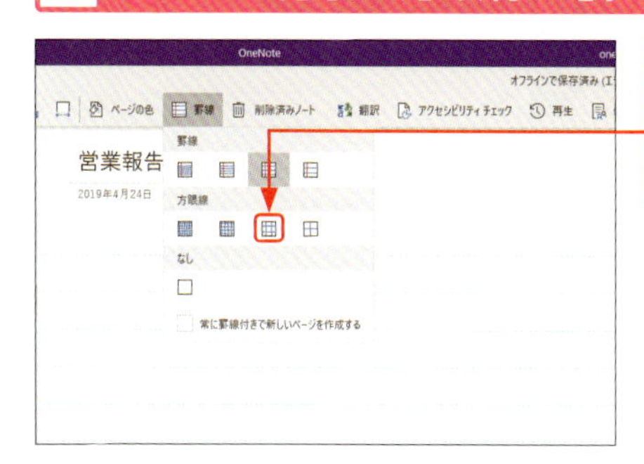

1 P.108手順 **2** で、「方眼線」から方眼線の種類をクリックして選択します。

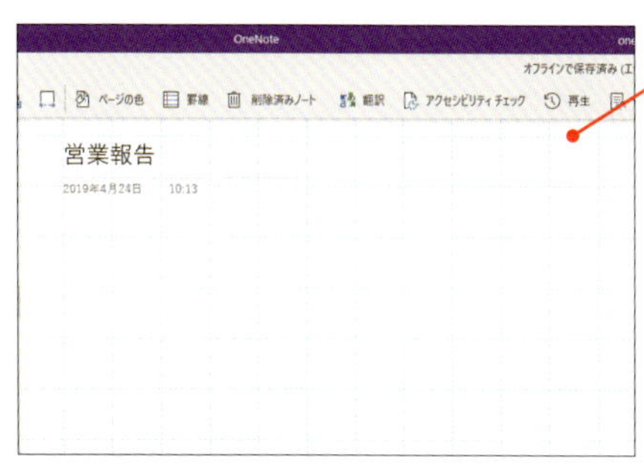

2 ページの背景に方眼線が引かれます。

Memo 罫線と方眼線の種類

P.108手順 **2** やP.109手順 **1** では、間隔の異なる4種類の罫線および方眼線を選択することができます。また、＜なし＞をクリックすると、罫線および方眼線が消えて白紙の状態になります。

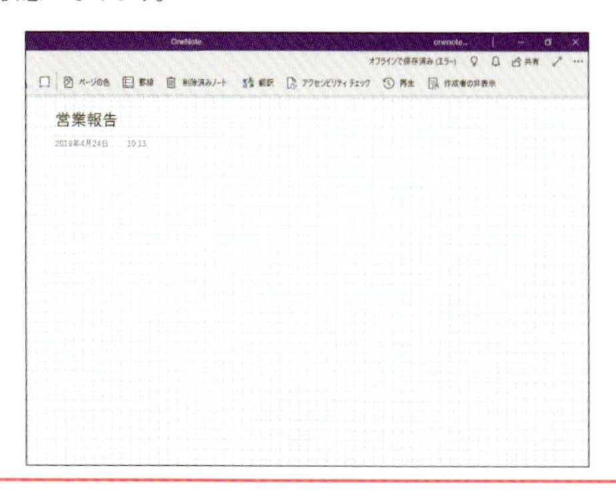

ページの背景色を変更する

ページの背景色を変えると、ページの雰囲気ががらりと変わります。ページの内容に合わせたカラーを選択することで、あとから見返したときにどのような内容だったのかがわかりやすくなるでしょう。

1 ページの背景色を変更する

1 <表示>タブ→<ページの色>の順にクリックして、

2 色をクリックして選択します。

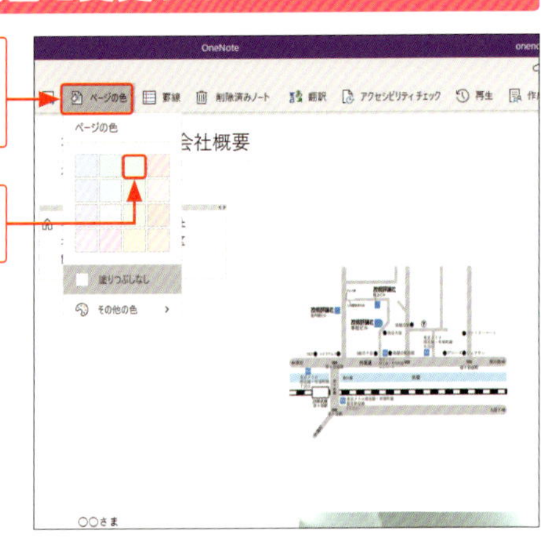

3 ページの背景色が変更されます。

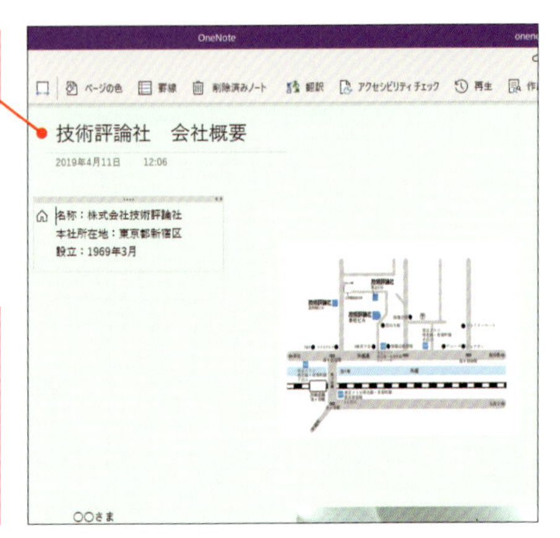

Memo

背景色をもとに戻す

手順3の画面で、<塗りつぶしなし>をクリックすると、背景色をもとの状態に戻すことができます。

ページの表示サイズを変更する

ページの表示サイズは自分が見やすい大きさに変更することができます。また、ページに合わせた幅に設定することもできるので、テキストや画像の大きさに合わせて調整することが可能です。

1 ページの表示サイズを変更する

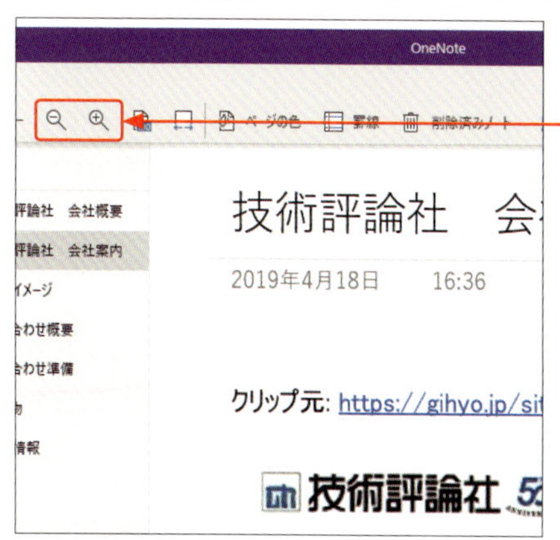

1 <表示>タブをクリックし、🔍またはをクックすると、ページの拡大／縮小ができます。

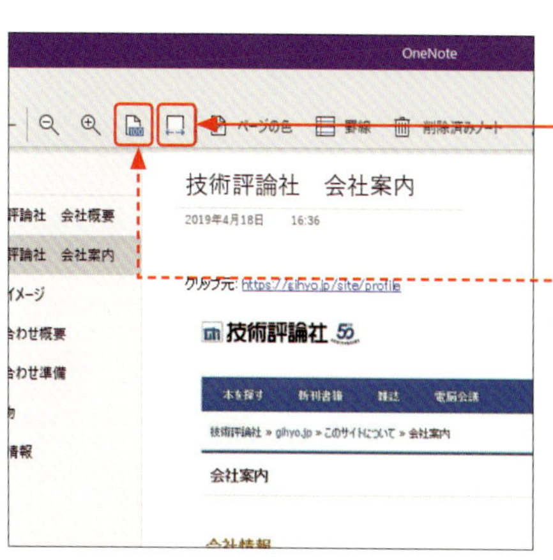

2 をクリックすると、ページ幅にあった大きさに変更できます。

をクリックすると、標準の大きさに戻すことができます。

ノートブックやセクションの色を変更する

ノートブックタブとセクションタブに表示される色は、新規作成時にランダムに決められています。この色は好きな色に変更できるので、それぞれ内容に応じた色に変更してみましょう。

1 ノートブックの色を変更する

1 ノートブックタブをクリックします。

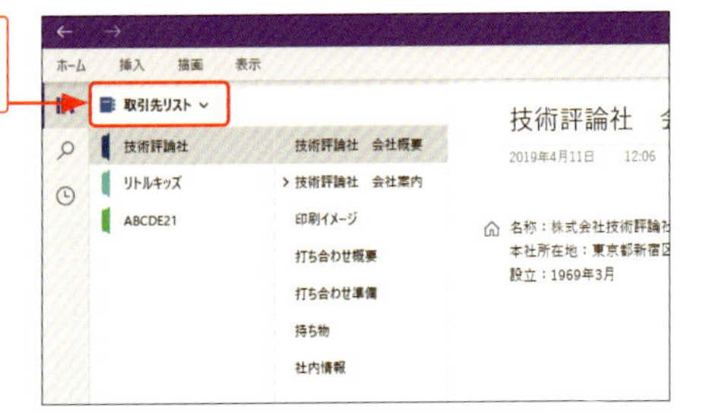

2 色を変更したいノートブックを右クリックし、

3 <ノートブックの色>をクリックします。

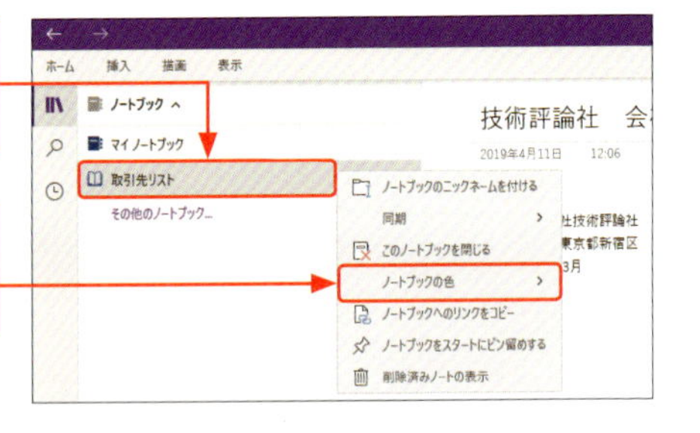

4 色をクリックすると、ノートブックの色が変更されます。

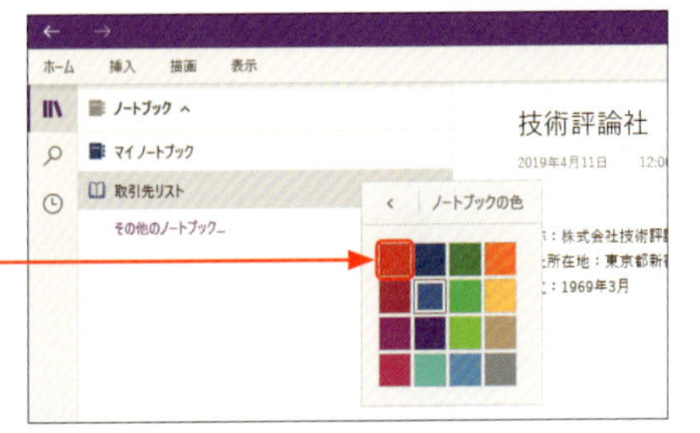

2 セクションの色を変更する

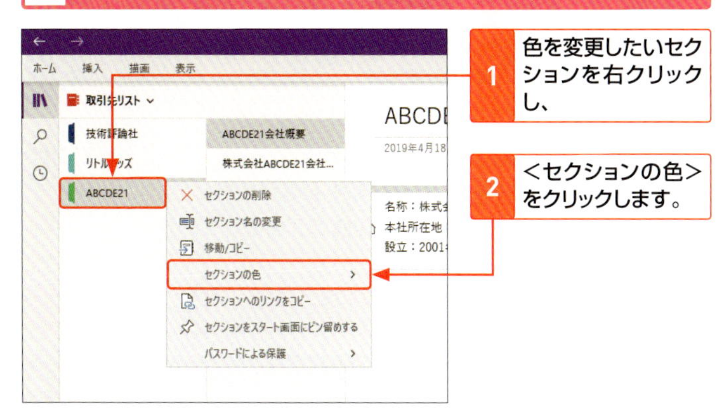

1 色を変更したいセクションを右クリックし、

2 ＜セクションの色＞をクリックします。

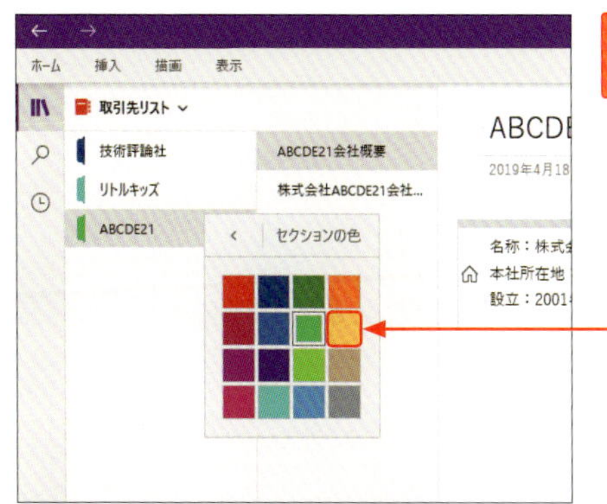

3 色をクリックして選択します。

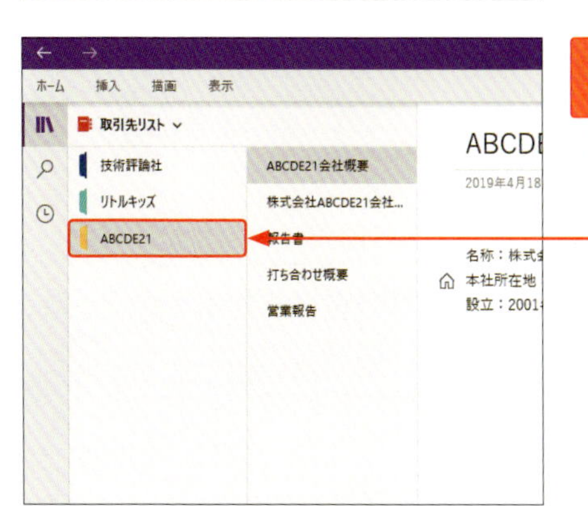

4 セクションの色が変更されます。

ノートブック／セクション／ページをスタートにピン留めする

ノートブックやセクション、ページをスタートに**ピン留め**しておけば、OneNoteを起動していなくても**すばやく呼び出す**ことができます。よく使うページやセクションはピン留めしておきましょう。

1 ノートブックをスタートにピン留めする

1 ノートブックタブをクリックします。

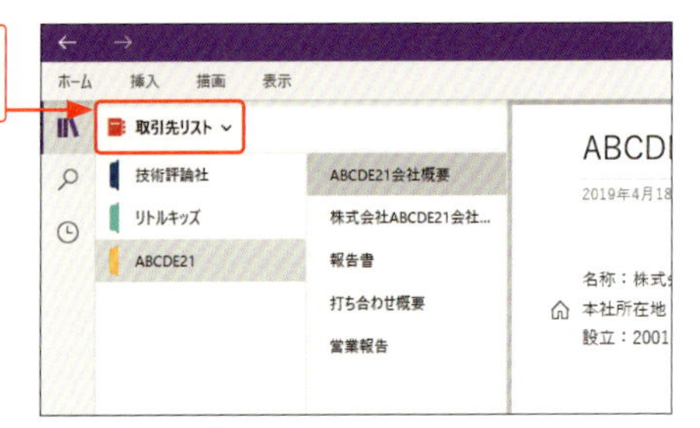

2 ピン留めしたいノートブックを右クリックし、

3 ＜ノートブックをスタートにピン留めする＞をクリックします。

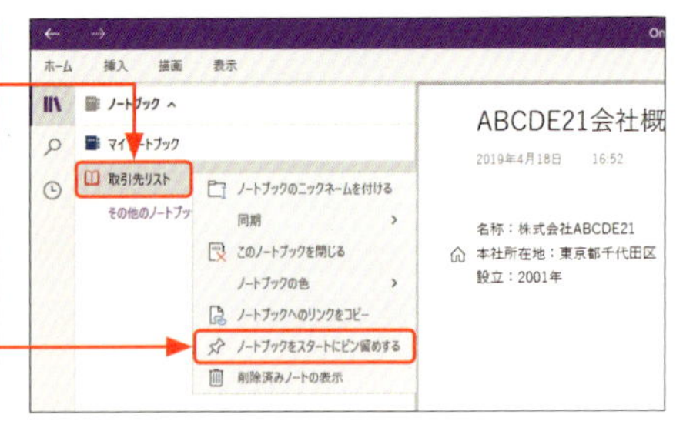

4 確認画面が表示されたら、＜はい＞をクリックします。

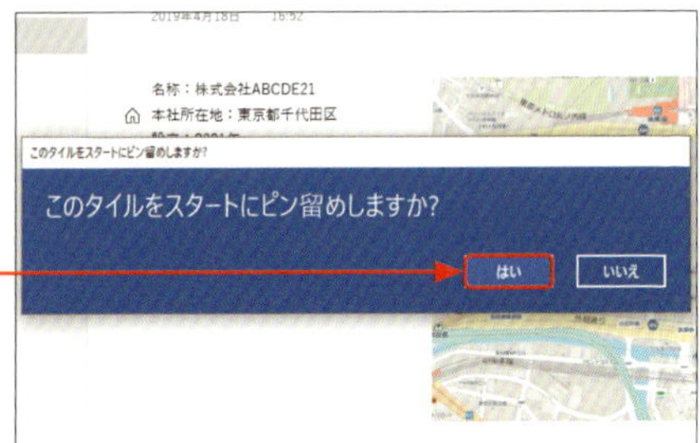

2 セクションやページをスタートにピン留めする

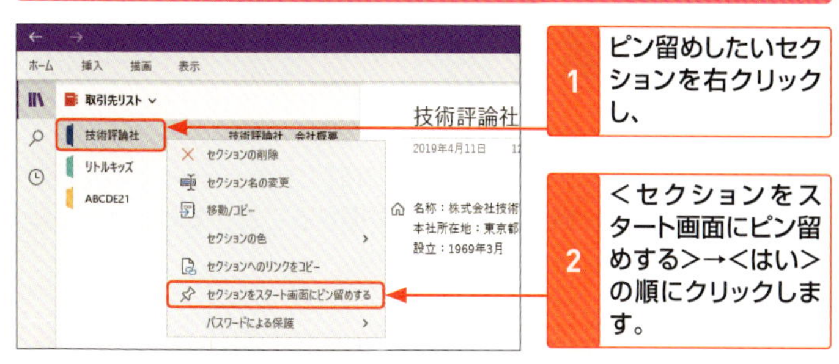

1 ピン留めしたいセクションを右クリックし、

2 ＜セクションをスタート画面にピン留めする＞→＜はい＞の順にクリックします。

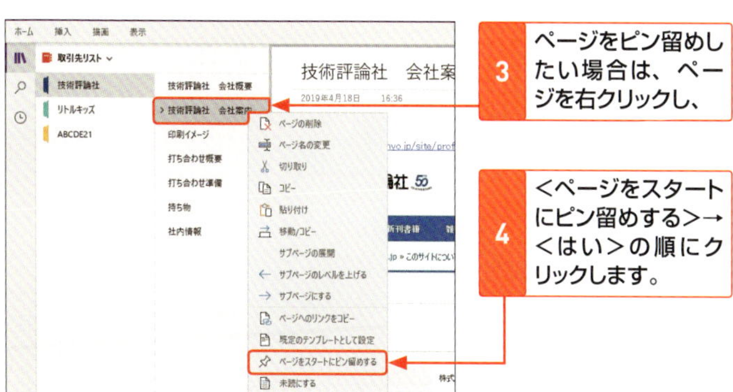

3 ページをピン留めしたい場合は、ページを右クリックし、

4 ＜ページをスタートにピン留めする＞→＜はい＞の順にクリックします。

Memo

スタートから呼び出す

ピン留めしたノートブックやセクション、ページを呼び出したい場合は、デスクトップ画面左下の＜スタート＞をクリックし、呼び出したいノートブックやセクション、ページをクリックします。

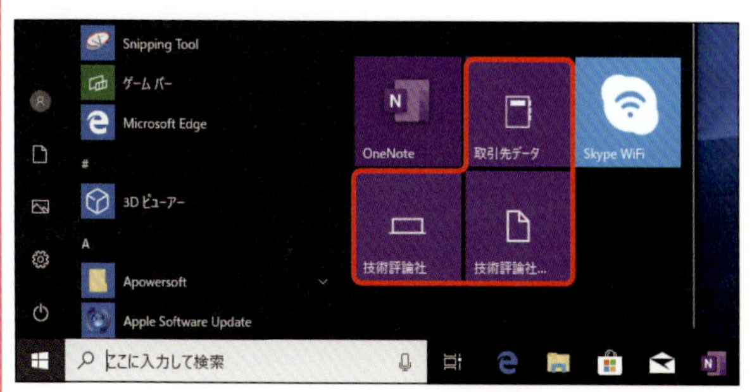

既定のフォントを変更する

初期設定では、フォントは「游ゴシック」「11ポイント」に設定されています。フォントやサイズは随時変更することができますが、既定のフォントを変更することも可能です。

1 既定のフォントを変更する

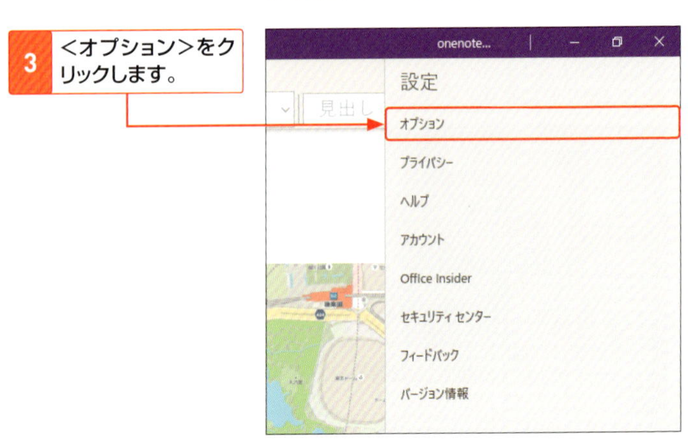

onenote...
オプション
見出し
新規ページ タイルをスタート画面にピン留めする
ナビゲーション
新規ページの作成
選択したページの下
既定のフォント
游ゴシック
11
MS Reference Specialty
MS UI Gothic
MS ゴシック
MS 明朝
MT Extra
4
下方向にスクロールし、
5
「既定のフォント」の<游ゴシック>をクリックして、
6
設定したいフォントをクリックして選択します。
OneNote プレビュー
試験的な機能を有効にする
オフ
ページ プレビューを有効にする
文章校正
10.5
11.5
12
14
7
<11>をクリックし、
8
フォントのサイズをクリックして選択します。
挿入
描画
表示
MS 明朝
取引先リスト
技術評論社
リトルキッズ
ABCDE21
ABCDE21会社概要
株式会社ABCDE21会社...
報告書
打ち合わせ概要
営業報告
2019年4月18日
名称：株式会社A
本社所在地：東京
設立：2001年
名称：株式会社
9
既定のフォントとサイズが変更されます。

第3章
ノートブックの整理

ページを印刷する

作成したページを打ち合わせなどで持ち歩きたい場合は、ページを印刷しておくとよいでしょう。印刷プレビューの画面から、「印刷部数」や「印刷の向き」、「カラー」などを設定して印刷ができます。

1 ページを印刷する

1 画面右上にある･･･をクリックし、

2 <印刷>をクリックします。

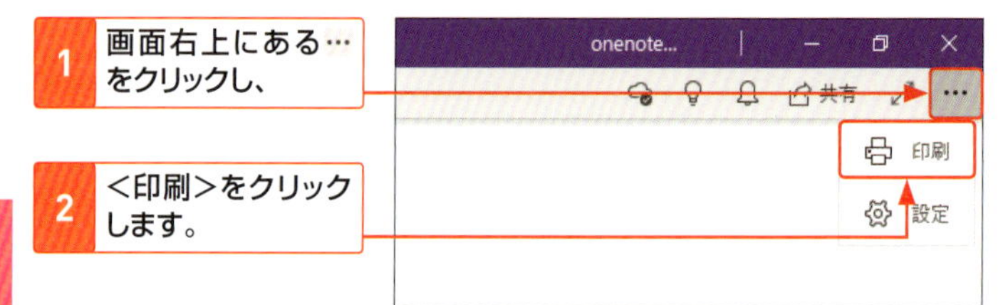

3 印刷するプリンターを指定し、

4 「印刷部数」や「カラーモード」などを設定したら、

5 <印刷>をクリックします。

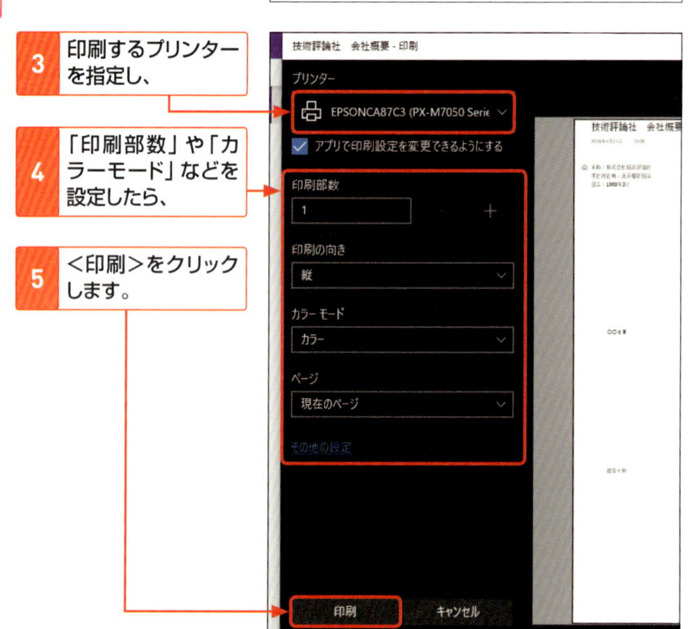

第4章

OneNoteのビジネス活用

53 企画書のネタ帳を作成する
54 メモと音声で議事録を取る
55 リサーチツールを利用して効率よく資料を作成する
56 リンク機能を利用してプレゼンテーションに使う
57 再生機能を利用してプレゼンテーションに使う
58 翻訳機能で英文資料を作成する
59 Surfaceペンを使ってすばやく手書き入力する
60 備忘録を作成する
61 アウトライン入力でレポートを作成する
62 セクショングループを利用して大きなプロジェクトをまとめる
63 数式を入力して複雑な計算を行う
64 暗記用ノートを作成する
65 ファイリングノートを作成する
66 画像からテキストを抽出する
67 ノートブックを共有して共同作業を行う
68 ページをPDFファイルに変換して保存する

企画書のネタ帳を作成する

ふだんから**企画書のネタ帳**としてOneNoteにメモを蓄積しておけば、いざ企画書を書くというときに活用できます。すぐに企画書を作成できるよう、事前に整理しておきましょう。

1 情報を分類してメモを取る

企画書を作成する際、収集した情報をふだんからOneNoteにまとめておけば、知りたい情報を必要なときにすばやく取り出すことができます。その際、検索しやすいように工夫したり、使いやすいようにあらかじめページを分類したりしておくことが大事です。ここでは、セクションやページの分類の一例を紹介します。

1 「企画書メモ」というセクションを作成し、

2 業界ごとの「企画書メモ」ページを作成します。

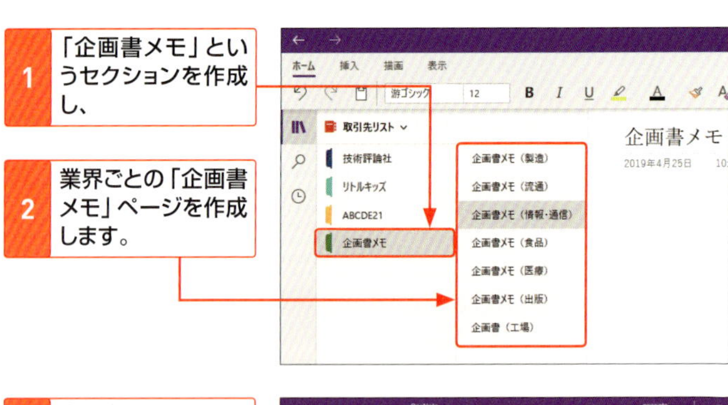

3 企画書に使えそうな情報を入力します。

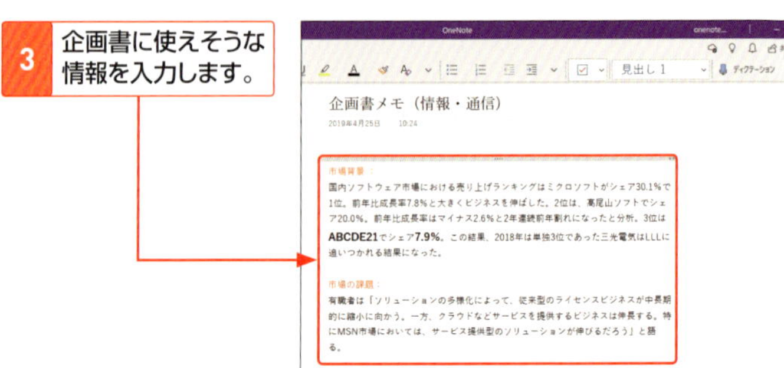

2 企画書を作成する

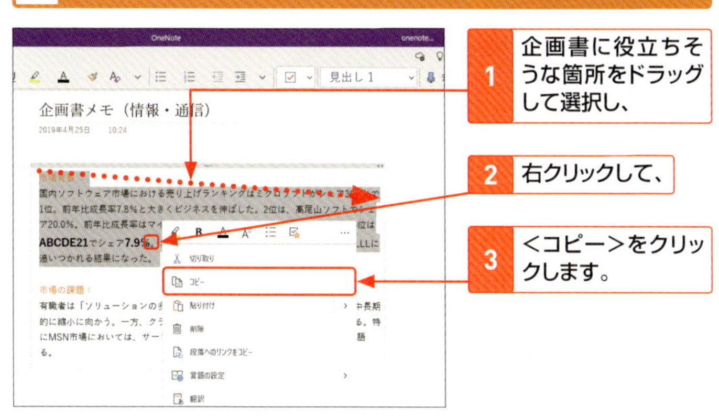

1 企画書に役立ちそうな箇所をドラッグして選択し、

2 右クリックして、

3 <コピー>をクリックします。

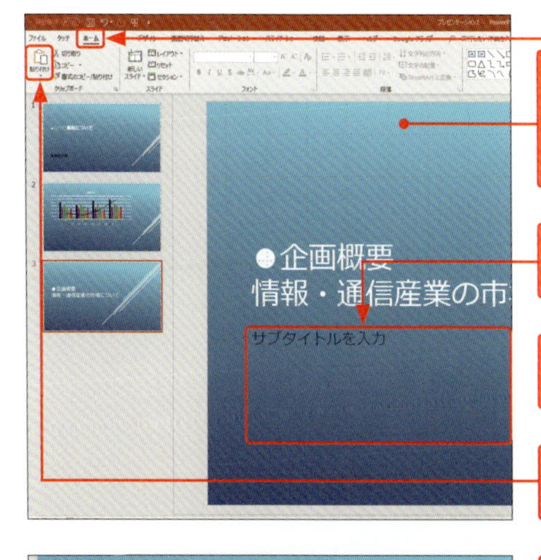

4 ここでは、企画書の作成にPowerPointを起動します。

5 ペーストしたい場所をクリックし、

6 <ホーム>タブをクリックして、

7 <貼り付け>をクリックします。

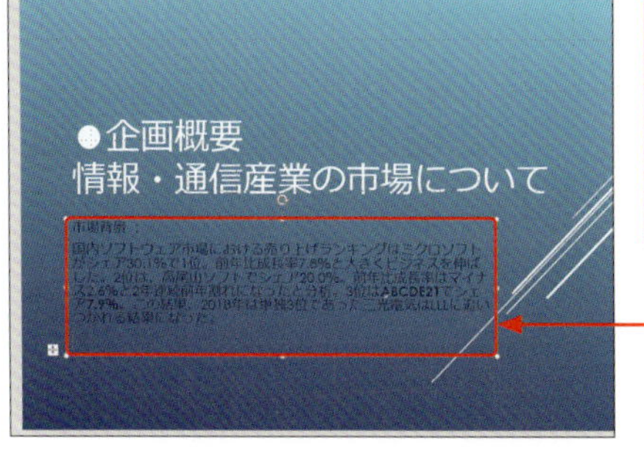

8 OneNoteからコピーした内容がペーストされます。あとは、引き続き企画書を完成させます。

メモと音声で議事録を取る

OneNoteを使えば、**音声の録音とメモの入力が同時に行えます**。音声を再生すると該当する時間に入力したメモが**反転表示**されるので、どのタイミングで発言した内容なのかが、すぐにわかります。

1 メモと音声で議事録を取る

OneNoteでは、音声の録音も可能です。単に音声を録音するだけでなく、そのときに入力したメモも確認できるため、議事録起こしには最適でしょう。なお、音声を録音する際は、あらかじめパソコンにマイクを接続し、使用できるよう設定しておきましょう。

1 音声ファイルを挿入する箇所をクリックし、

2 ＜挿入＞タブ→＜オーディオ＞の順にクリックします。

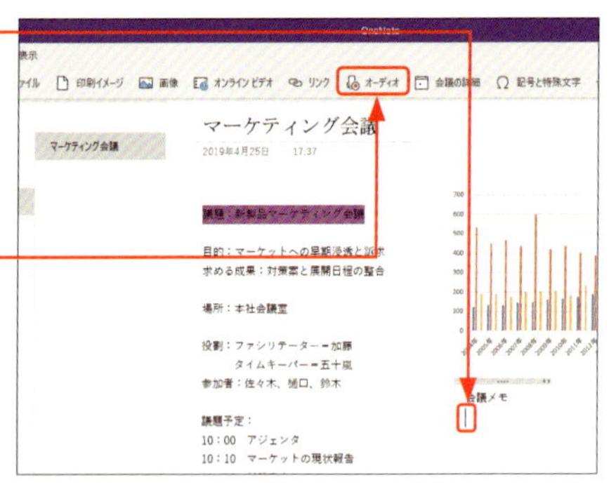

3 音声ファイルが挿入され、録音が始まったら、

4 議事録を入力します。

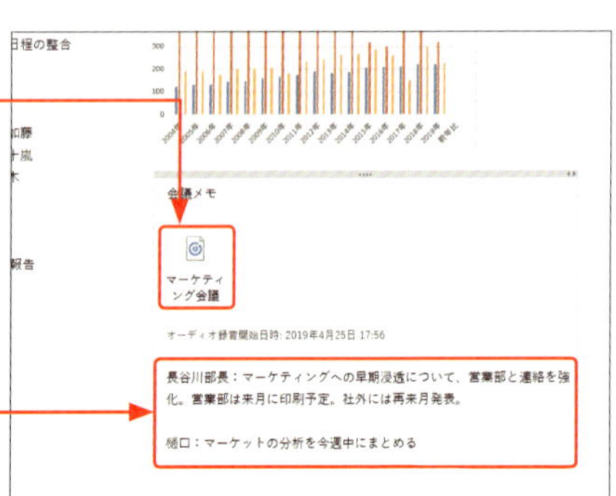

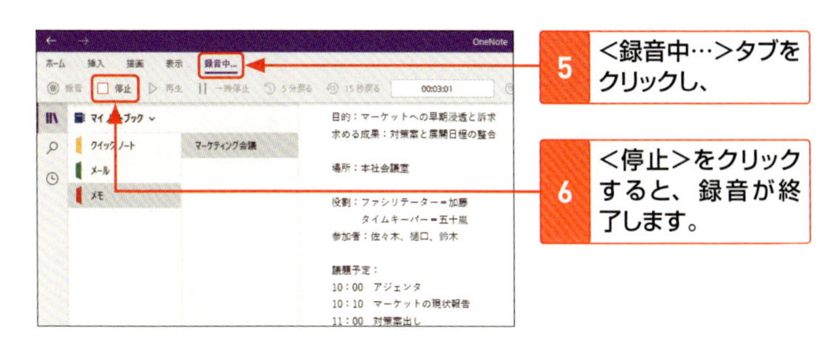

5 ＜録音中…＞タブをクリックし、

6 ＜停止＞をクリックすると、録音が終了します。

2 議事録を聞き返す

1 音声ファイルのアイコンをダブルクリックします。

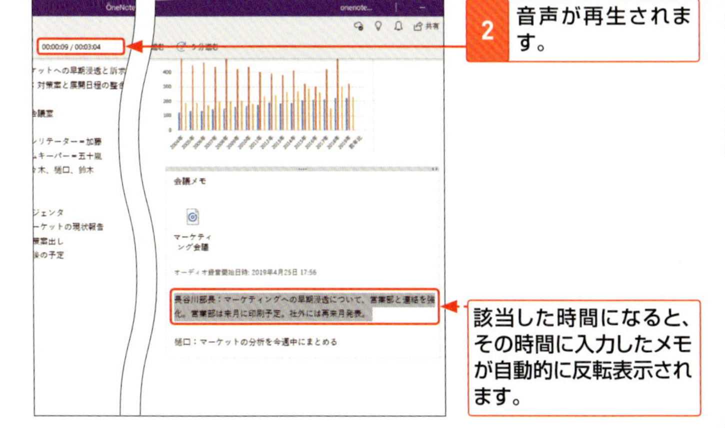

2 音声が再生されます。

該当した時間になると、その時間に入力したメモが自動的に反転表示されます。

リサーチツールを利用して効率よく資料を作成する

OneNoteで資料を作成する際は、**リサーチツール**を使うと効率よく作成できるので便利です。コンテンツやトピックを見つけて、**関係する資料の内容をそのままページに挿入**できます。

1 資料を検索して挿入する

1 資料を作成するページで、<挿入>タブをクリックし、

2 <リサーチツール>をクリックします。

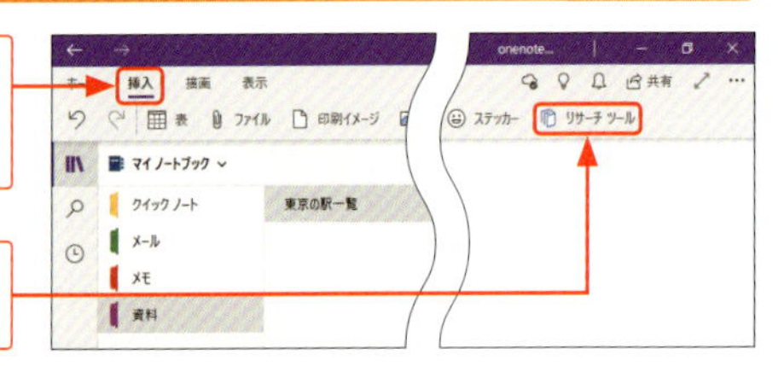

3 「リサーチツール」画面が表示されたら、検索欄に検索したいトピックを入力し、Enterキーを押します。

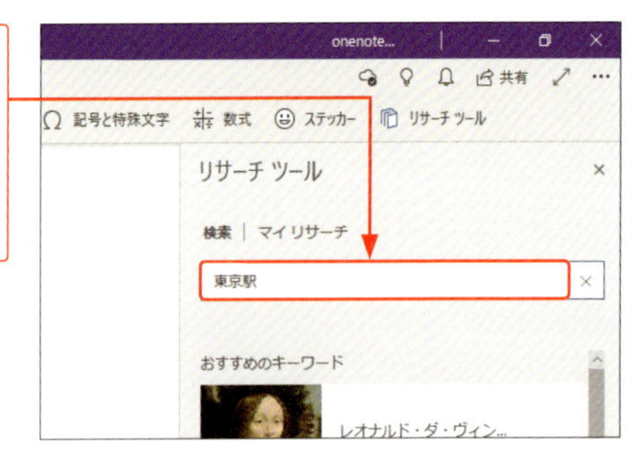

4 検索結果から該当するトピックをクリックします。

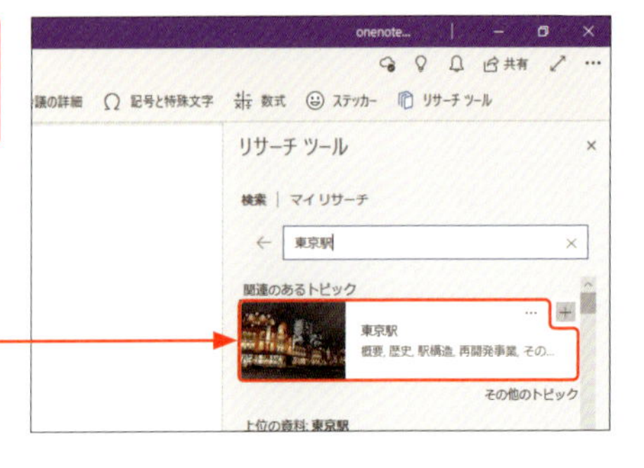

5 内容を確認し、

6 ＋をクリックします。

7 トピックがページに挿入されます。

8 同様の手順で挿入していくと、かんたんに資料を作成できます。

リンク機能を利用してプレゼンテーションに使う

OneNoteのリンク機能を利用すると、クリック1つでほかのページを表示することができます。また、画像にリンクを設定しておけば、OneNoteをプレゼンテーションに使うことができます。

1 プレゼンテーション用のページを作成する

プレゼンテーションといえばPowerPointの利用が定番ですが、OneNoteでページを順番に見せることでもかんたんなプレゼンテーションが行えます。さらにリンク機能を利用すれば、画像をクリックすることで対応するページを表示できるので、動きのあるプレゼンテーションが可能です。リンクは画像だけでなく、テキストに対しても設定できます。関連する項目のリンクをつないでおくと、あとで参照する際に便利です。

1 あらかじめリンク先に設定したいページを右クリックし、

2 <ページへのリンクをコピー>をクリックしてコピーしておきます。

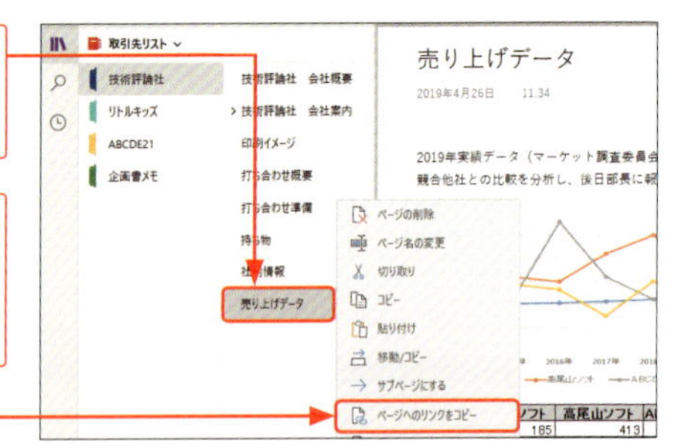

3 プレゼンテーションの内容をごとにページを作成したら、画像をクリックし、

4 <挿入>タブ→<リンク>の順にクリックします。

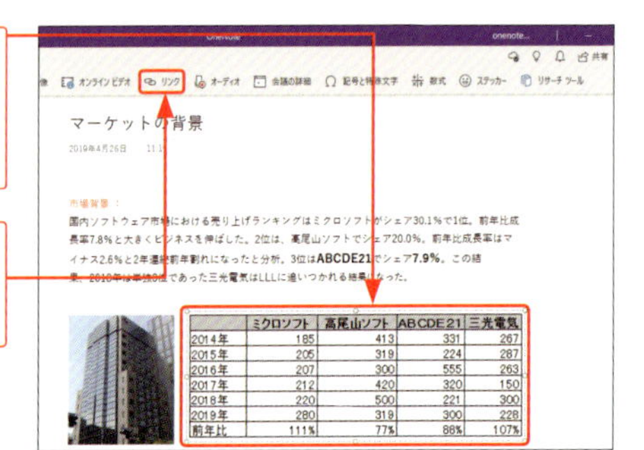

	ミクロソフト	高尾山ソフト	ABCDE21	三光電気
2014年	185	413	331	267
2015年	205	319	224	287
2016年	207	300	555	263
2017年	212	420	320	150
2018年	220	500	221	300
2019年	280	319	300	228
前年比	111%	77%	88%	107%

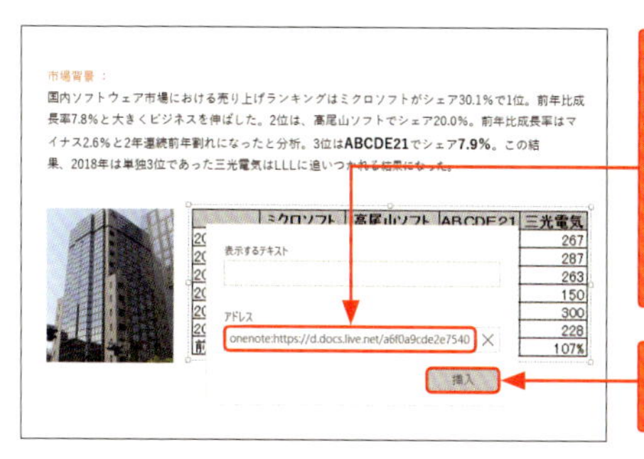

5 「アドレス」の入力欄をクリックし、Ctrlキーを押しながらVキーを押してコピーしたページのリンクを貼り付けたら、

6 <挿入>をクリックします。

2 参照ページへのリンクを活用してプレゼンを行う

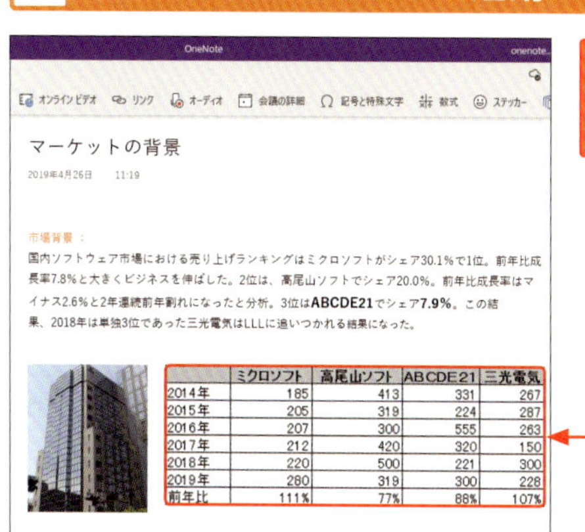

	ミクロソフト	高尾山ソフト	ABCDE21	三光電気
2014年	185	413	331	267
2015年	205	319	224	287
2016年	207	300	555	263
2017年	212	420	320	150
2018年	220	500	221	300
2019年	280	319	300	228
前年比	111%	77%	88%	107%

1 Ctrlキーを押しながら画像をクリックします。

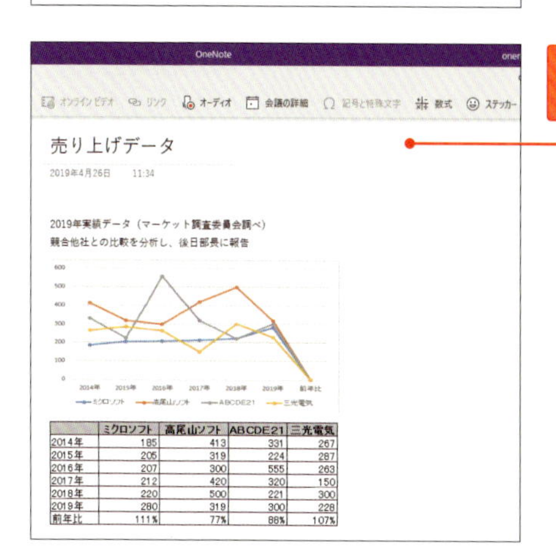

	ミクロソフト	高尾山ソフト	ABCDE21	三光電気
2014年	185	413	331	267
2015年	205	319	224	287
2016年	207	300	555	263
2017年	212	420	320	150
2018年	220	500	221	300
2019年	280	319	300	228
前年比	111%	77%	88%	107%

2 リンク先のページが表示されます。

再生機能を利用してプレゼンテーションに使う

OneNoteで手書き入力したメモは、再生機能を利用すると、インクストロークを巻き戻して再生できます。この機能により、効率よくプレゼンテーションを行うことが可能です。

1 インクストロークを再生する

再生機能を利用すると、手書きで入力したメモを時系列順に再生することができます。再生する範囲は、ページ全体またはドラッグで選択した部分のどちらかを選択できます。制作過程や自分が思い付いたアイデアが具体化されるまでをほかの人に紹介したり、プレゼンテーションを行ったりすることが可能です。なお、再生機能はOffice 365を利用しているユーザーのみ利用できます。

1 手書きメモがあるページで<表示>タブをクリックします。

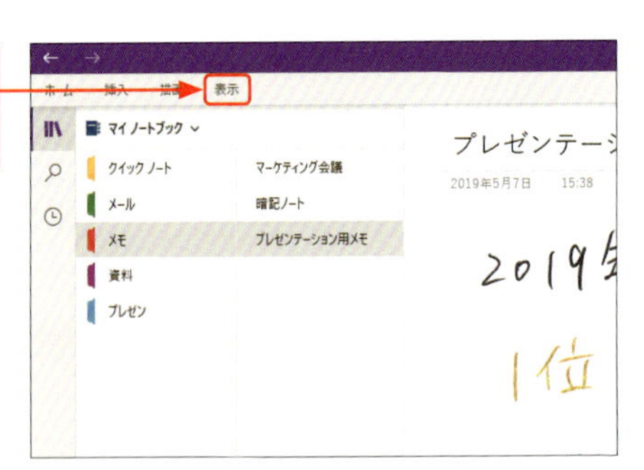

2 <再生>をクリックします。

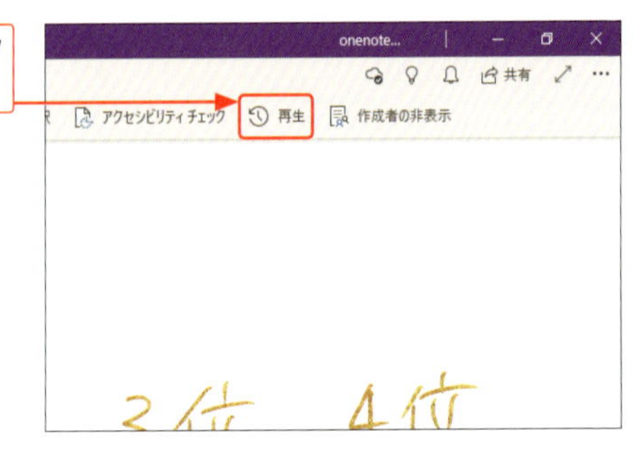

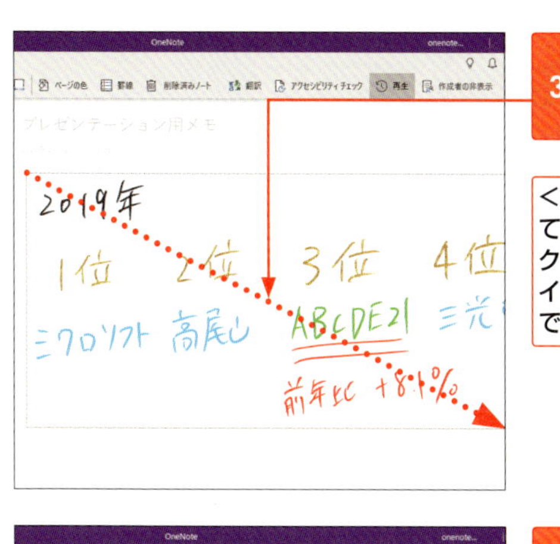

3 再生する範囲をドラッグして選択します。

<またはページ上のすべてを再生する>をクリックすると、ページ全体のインクストロークを再生できます。

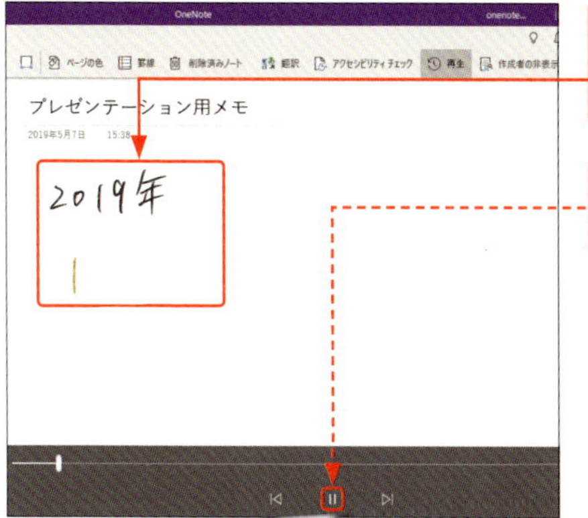

4 インクストロークが時系列順に再生されます。

⏸をクリックすると、一時停止できます。

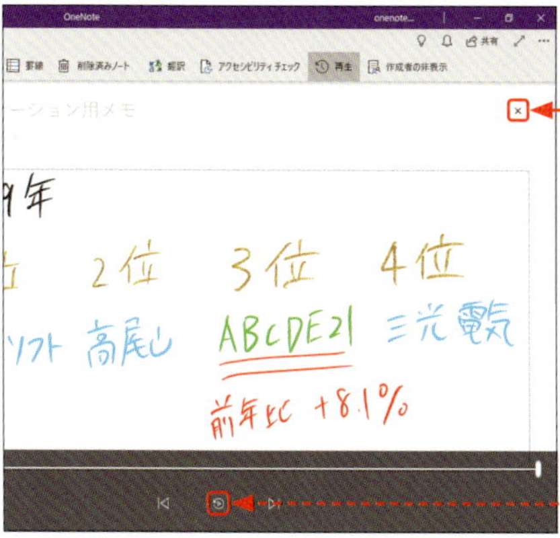

5 再生が終了したら、×をクリックすると、P.128手順**2**の画面に戻ります。

🔄をクリックすると、先頭から再生することができます。

翻訳機能で英文資料を作成する

OneNoteの**翻訳機能**を使うと、**英文を日本語に翻訳**したり、**日本語の文章を英文に翻訳**したりすることができます。また、翻訳する際の言語は62か国語から選択することができます。

1 テキストを翻訳する

1 翻訳したい部分をドラッグして選択し、

2 <表示>タブ→<翻訳>の順にクリックします。

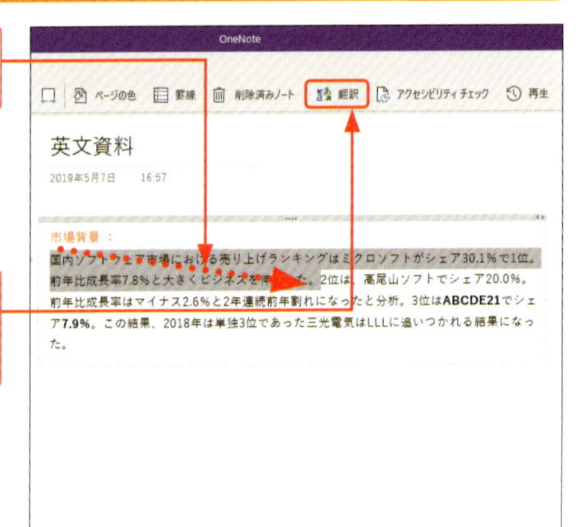

3 <選択した部分>をクリックします。

<ページ>をクリックすると、自動で翻訳されたページが新しく作成されます。

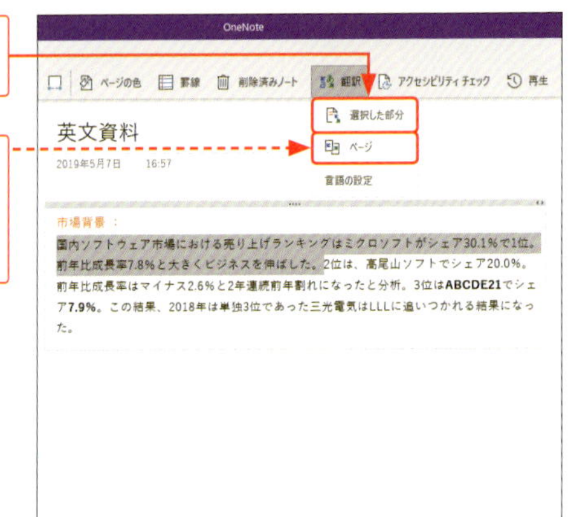

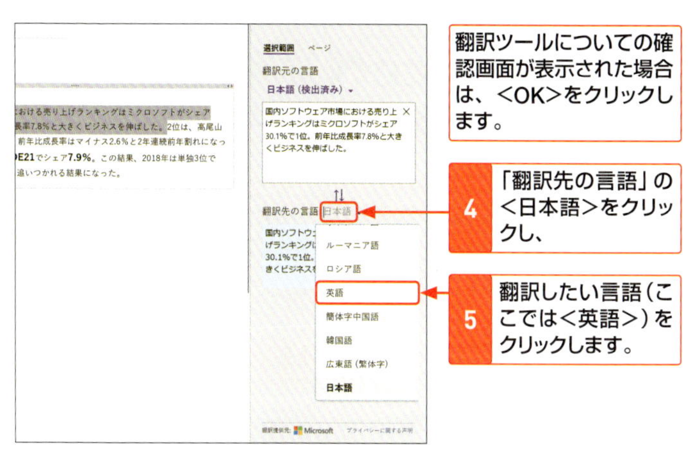

翻訳ツールについての確認画面が表示された場合は、<OK>をクリックします。

4 「翻訳先の言語」の<日本語>をクリックし、

5 翻訳したい言語（ここでは<英語>）をクリックします。

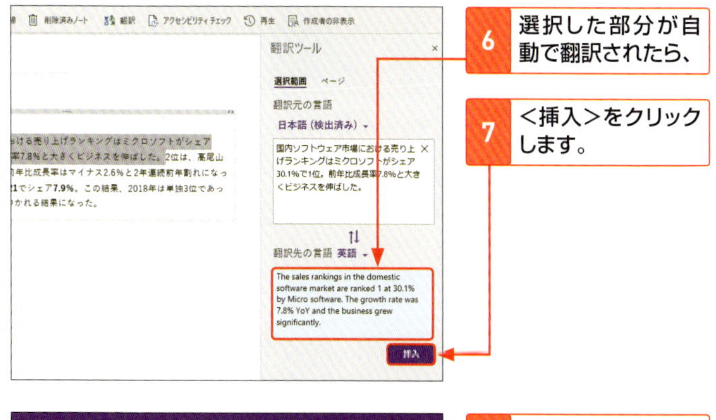

6 選択した部分が自動で翻訳されたら、

7 <挿入>をクリックします。

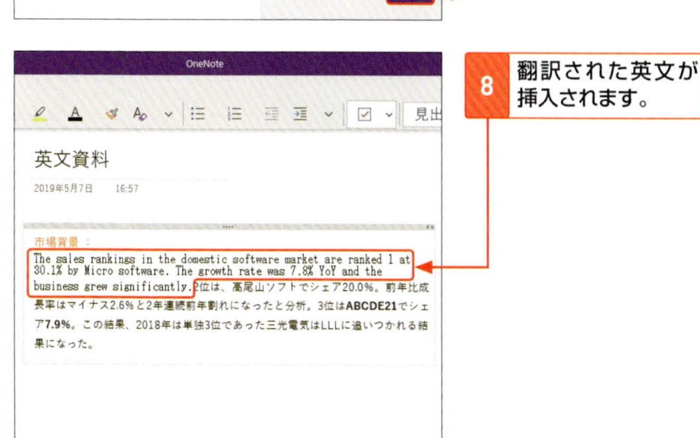

8 翻訳された英文が挿入されます。

Surfaceペンを使って すばやく手書き入力する

MicrosoftのSurfaceシリーズのパソコンを使用している場合、Surfaceペンを使うと**ノック1つでOneNoteを起動**し、すばやくメモを取ることができます。

1 Surfaceペンを設定する

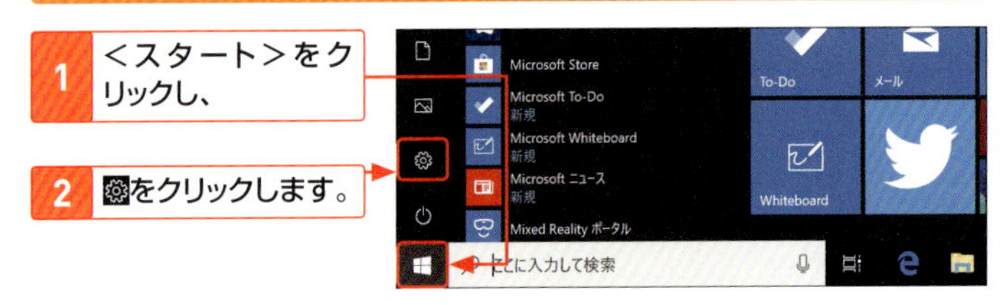

1 ＜スタート＞をクリックし、

2 ⚙をクリックします。

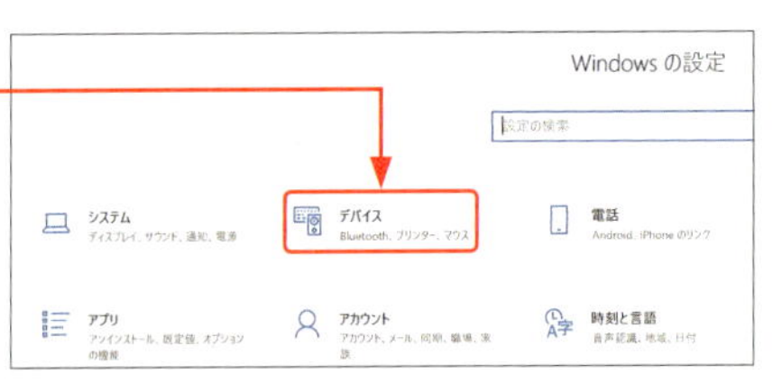

3 ＜デバイス＞をクリックします。

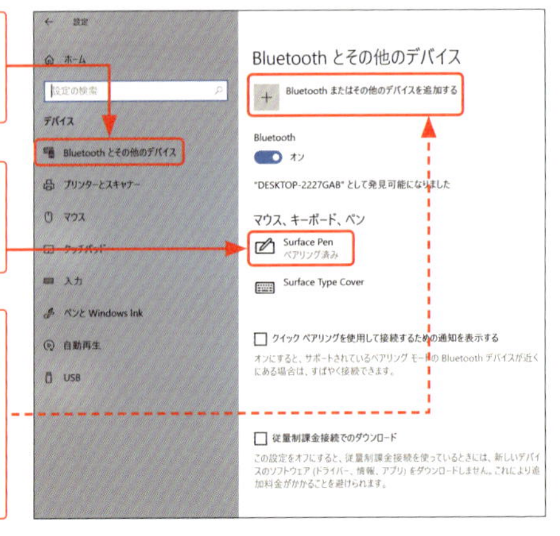

4 ＜Bluetoothとその他のデバイス＞をクリックし、

5 Surfaceペンが接続されていることを確認します。

接続されていない場合は、＜Bluetoothまたはその他のデバイスを追加する＞→＜Bluetooth＞の順にクリックして、接続します。

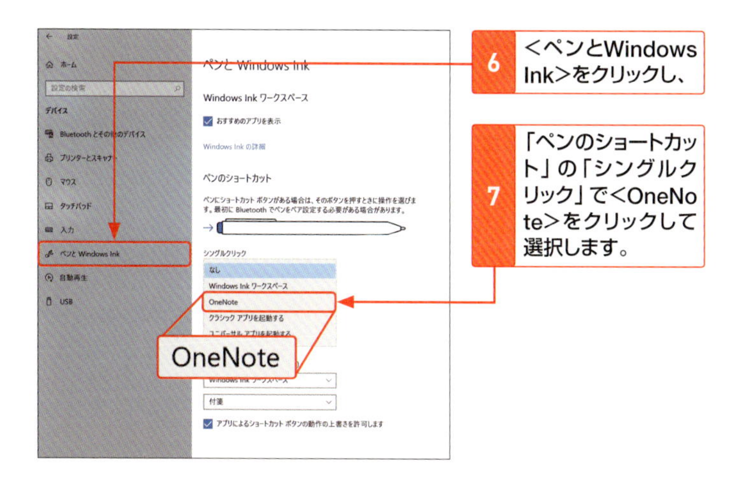

6 <ペンとWindows Ink>をクリックし、

7 「ペンのショートカット」の「シングルクリック」で<OneNote>をクリックして選択します。

2 SurfaceペンでOneNoteを起動する

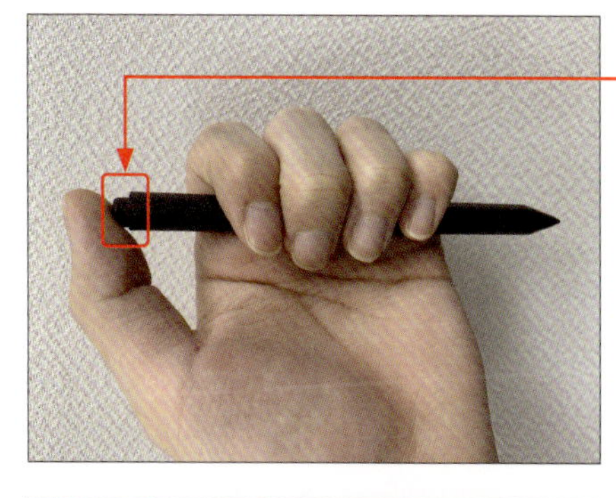

1 Surfaceペンのトップボタンをノックします。

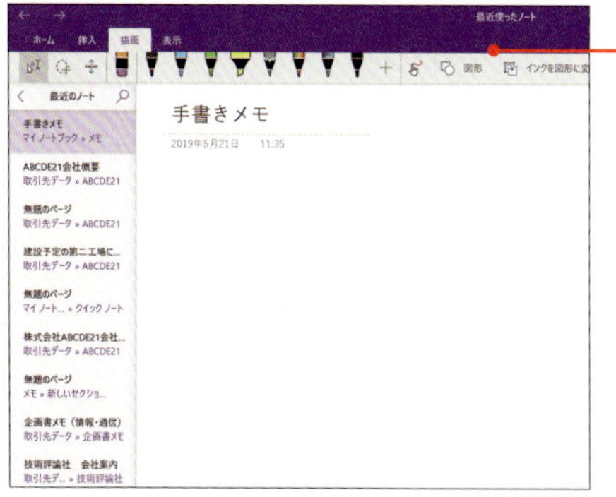

2 OneNoteが起動します。

3 Surfaceペンで手書き入力する

1 P.133手順1を参考にOneNoteを起動し、

2 ペンを選択したら、

3 文字や図形を描きます。

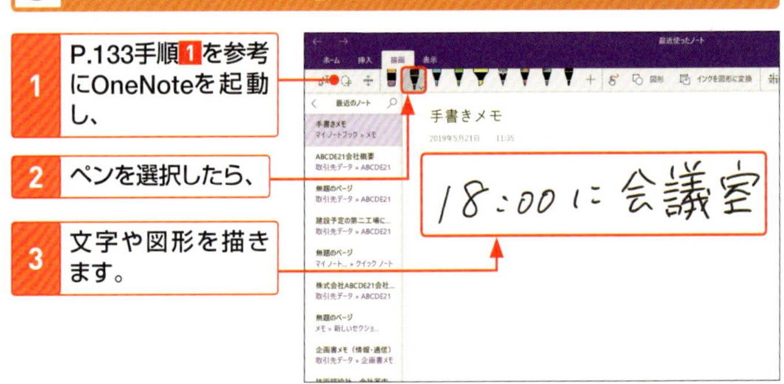

4 SurfaceペンでかんたんにスクリーンショットをOneNoteに送る

1 P.132～133を参考に「ペンとWindows Ink」画面を表示し、

2 「ペンのショートカット」の「ダブルクリック」で<スクリーンショットをOneNoteに送る>をクリックして選択します。

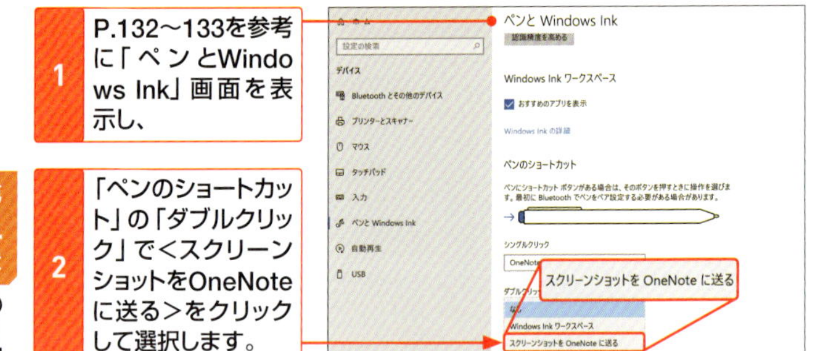

3 Surfaceペンのトップボタンをダブルノックすると、スクリーンショットが撮影されます。

4 OneNoteに挿入したい領域をペンで選択します。

なお、スクリーンショット画面全体を挿入したい場合は、手順3のあとに<全体を取り込む>をペンで選択します。

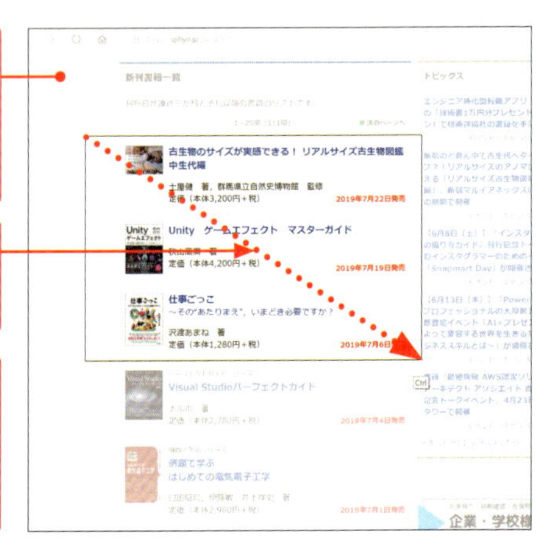

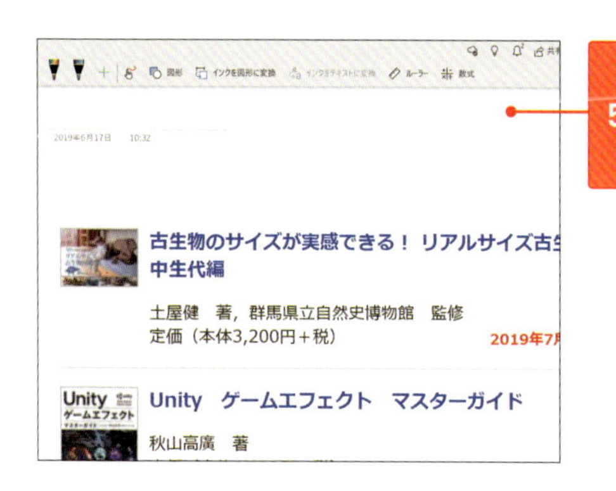

5 選択した領域がOneNoteの新規ページに挿入されます。

Memo

SurfaceとOneNoteの連携

Surfaceペンのトップボタンをノックするだけで OneNoteが起動する機能は、SurfaceとSurfaceペンの組み合わせならではの機能となっています。また、手書きでメモを取る機能は、タッチスクリーンが搭載されているパソコンやタブレットからでも行えますが、Surfaceペンを利用することですばやく起動したり、より細かい図形や文字を描いたりすることが可能です。Microsoftの公式サイトにBluetooth接続に対応しているペンや使い方などが詳しく記載されているので、起動しない場合などは下記URLから確認しましょう。

▶Microsoft 公式（Surfaceペンの使い方）
https://support.microsoft.com/ja-jp/help/4036281/surface-how-to-use-your-surface-pen

▼Surface Pro 6とSurfaceペン

備忘録を作成する

どうしても忘れてしまいそうな用件は、備忘録を作って管理しておきましょう。項目ごとにチェックボックスを用意し、完了したものにチェックを入れれば、進捗状況がすぐにわかります。

1 備忘録を作成する

忘れてしまいそうな用件がある場合は、OneNote のノートシールを使ったチェック機能付きの備忘録を作るとよいでしょう。必要な用件をかんたんに管理することができます。

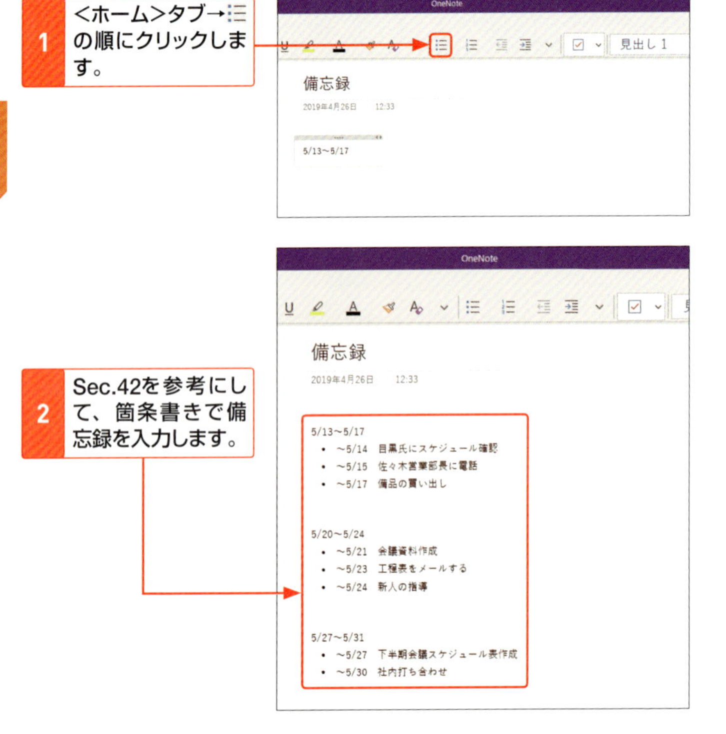

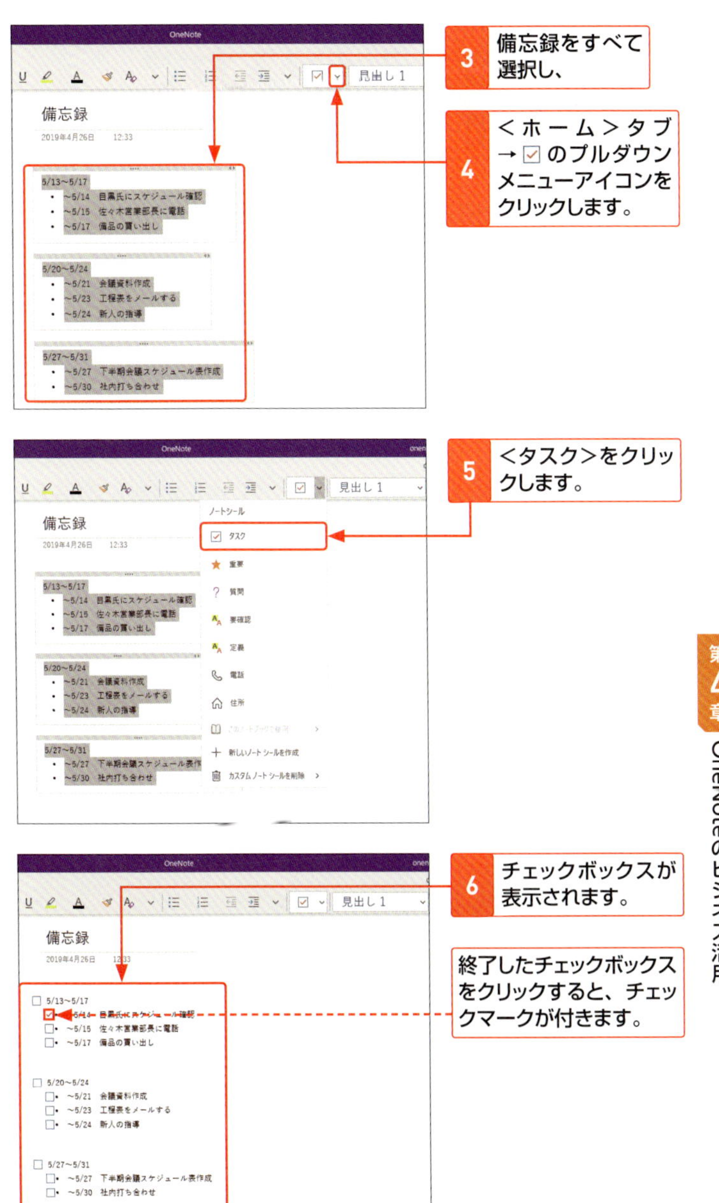
3
備忘録をすべて選択し、
4
<ホーム>タブ→☑のプルダウンメニューアイコンをクリックします。
5
<タスク>をクリックします。
6
チェックボックスが表示されます。
終了したチェックボックスをクリックすると、チェックマークが付きます。
OneNote
備忘録
2019年4月26日 12:33
見出し 1
5/13~5/17
~5/14 目黒氏にスケジュール確認
~5/15 佐々木営業部長に電話
~5/17 備品の買い出し
5/20~5/24
~5/21 会議資料作成
~5/23 工程表をメールする
~5/24 新人の指導
5/27~5/31
~5/27 下半期会議スケジュール表作成
~5/30 社内打ち合わせ
ノートシール
タスク
重要
質問
要確認
定義
電話
住所
新しいノート シールを作成
カスタム ノート シールを削除

アウトライン入力でレポートを作成する

全体の段落構成を考えながら文章を作成する場合、**アウトライン機能**を使うと便利です。OneNoteでは各段落に**レベル**が割り当てられ、レベルごとにまとめて表示したり、選択したりすることが可能です。

1 アウトライン機能を利用して入力する

テキスト入力時に をクリックすると、文章を階層表示にすることができます。このような、「章」「節」「項」といった階層を持たせた文章の記述方法をアウトライン入力と呼びます。長文の段落構成を考えながら入力したり、アイデアをまとめたりする際に便利です。

1 文章の大きな見出しをいくつか入力します。

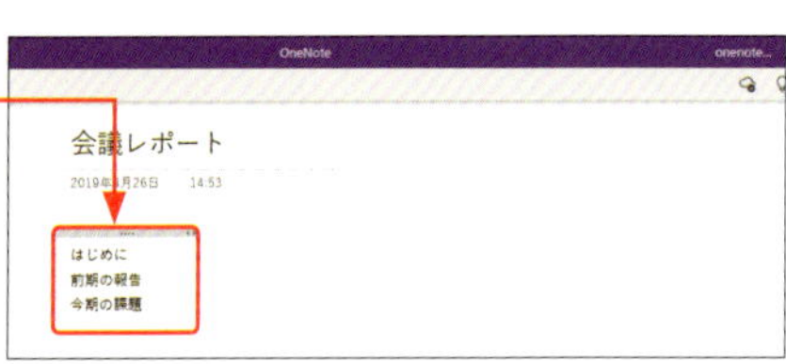

2 <ホーム>タブ→ の順にクリックすると、

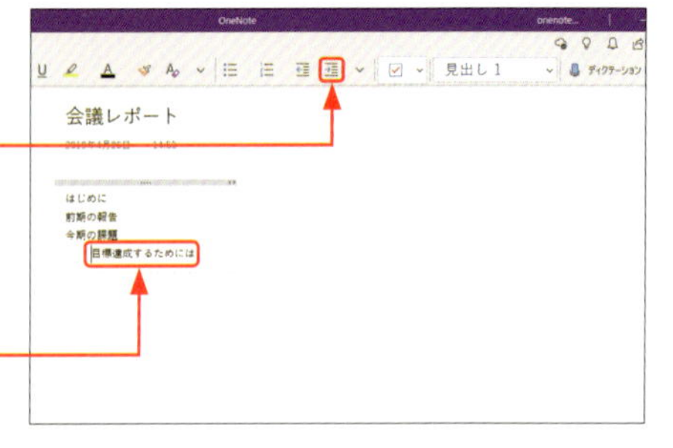

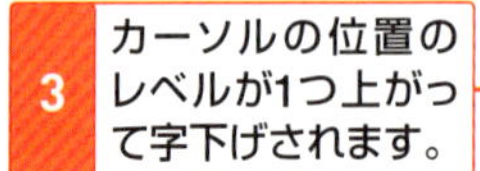

3 カーソルの位置のレベルが1つ上がって字下げされます。

4 同様にして、レベルを自由に設定して入力することができます。

会議レポート
2019年4月26日 14:53
はじめに
前期の報告
今期の課題
目標達成するためには
営業部との連携
印刷所への対応
終わりに

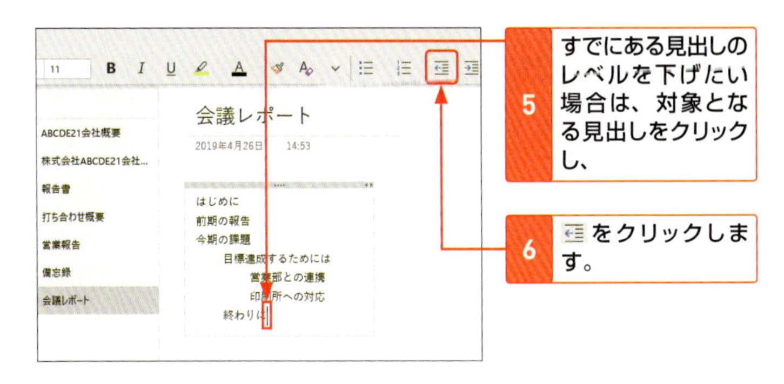

5 すでにある見出しのレベルを下げたい場合は、対象となる見出しをクリックし、

6 をクリックします。

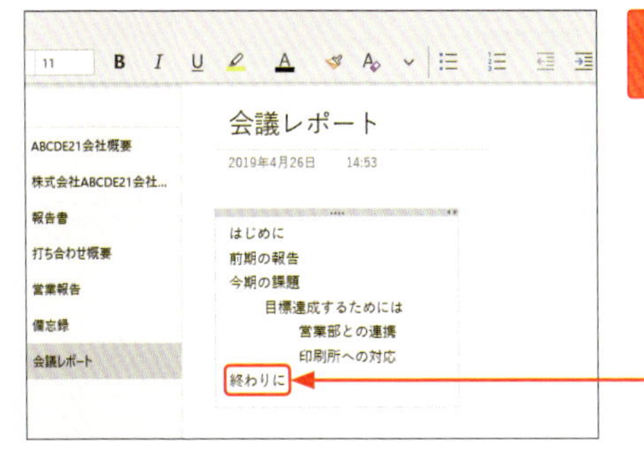

7 レベルが1つ下がって表示されます。

Hint

アウトライン表示の便利な機能

特定のレベルをクリックすると、そのレベルの行をすべて選択することが可能です。ダブルクリックすると、それ以上のレベルを非表示にすることができます。また、箇条書きや段落番号のスタイルを設定すると、アウトラインの構造がより見やすくなります。

ダブルクリックで特定のレベルを非表示

会議レポート
2019年4月26日 14:53
はじめに
前期の報告
今期の課題
目標達成するためには
終わりに

スタイルを設定して構造を見やすく表示

会議レポート
2019年4月26日 14:53
1. はじめに
2. 前期の報告
3. 今期の課題
A (目標達成するためには
I. 営業部との連携
II. 印刷所への対応
4. 終わりに

セクショングループを利用して大きなプロジェクトをまとめる

セクションの数が増えすぎてわかりにくくなったら、セクショングループを活用しましょう。関連するセクションを1つにまとめておくことで、あとから目的のページが探しやすくなります。

1 セクショングループを作成する

複数のセクションをまとめたものがセクショングループです。OneNoteでは、セクションをどのように管理するかで、見やすさや探しやすさが変わってきます。多くのセクションを扱う場合は、積極的にセクショングループを活用しましょう。ただし、作りすぎるとかえって構造がわかりにくくなってしまうので、少しずつ自分の管理できる範囲で作成してください。

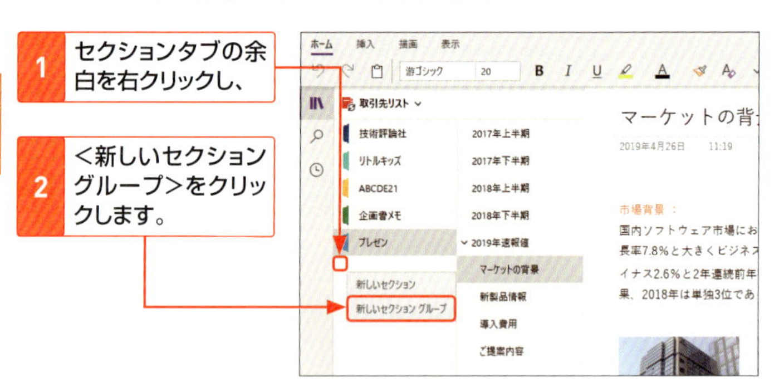

3 新しいセクショングループが追加されたら、名前を入力し、Enterキーを押すと、セクショングループが作成されます。

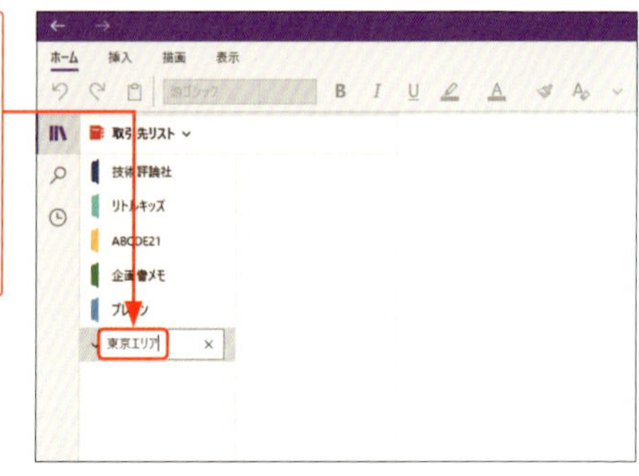

2 セクションをセクショングループに移動する

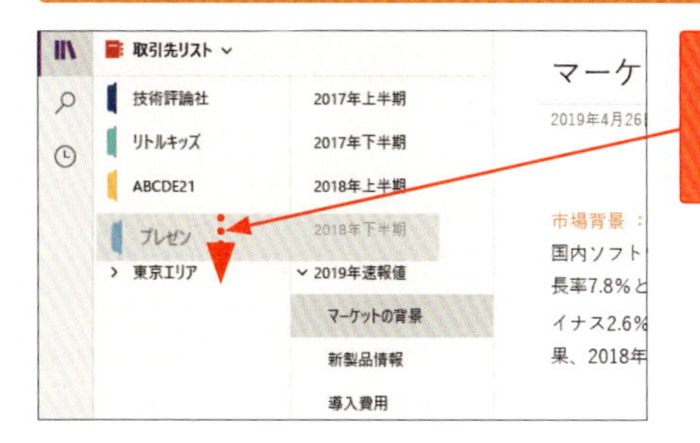

1 移動したいセクションをセクショングループにドラッグします。

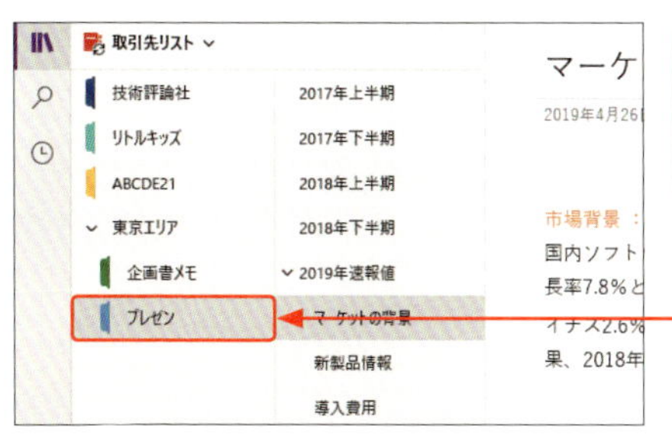

2 セクションがセクショングループに移動し、表示が変わります。

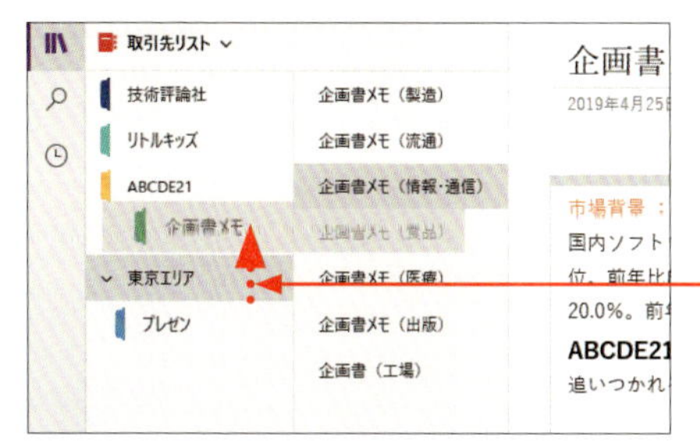

3 セクショングループから外したいセクションをドラッグします。

4 通常のセクション一覧表示の場所に戻ります。

数式を入力して複雑な計算を行う

OneNoteでは、ノートコンテナ内で**数式を入力**するだけで**自動的に計算結果が表示されます**。この機能は、たくさんの計算が必要なページで活用できます。

1 四則演算を行う

OneNoteでは、ノートコンテナ内での計算が可能です。基本的には、数式を入力して、直後に（=）を入力し、Spaceキーを押すだけです。四則演算のほか、一部の数学関数なども使用可能です。

1 「30000+100000-50000=」と入力し、Spaceキーを押します。

・月初仕掛品原価　¥30000
・当月製造費用　¥100000
・月末仕掛品原価　¥50000
製品原価　30000+100000-50000=

2 計算結果が表示されます。

・月初仕掛品原価　¥30000
・当月製造費用　¥100000
・月末仕掛品原価　¥50000
製品原価　30000+100000-50000=80000

Memo

おもな算術演算子

OneNoteでは、以下の算術演算子を使用することができます。

算術演算子	意味
+	加算
-	減算
*	乗算
X（大文字または小文字のx）	乗算

算術演算子	意味
/	除算
%	パーセント
^	べき算
!	乗算

2 数学関数の計算を行う

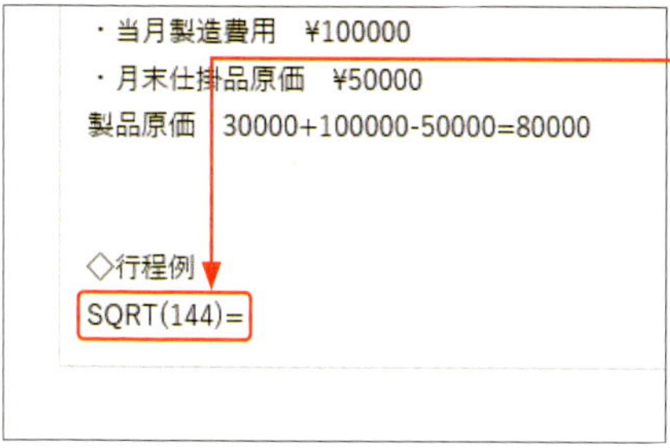

・当月製造費用　¥100000
・月末仕掛品原価　¥50000
製品原価　30000+100000-50000=80000

◇行程例
SQRT(144)=

1 「SQRT(144)=」と入力し、Space キーを押します。

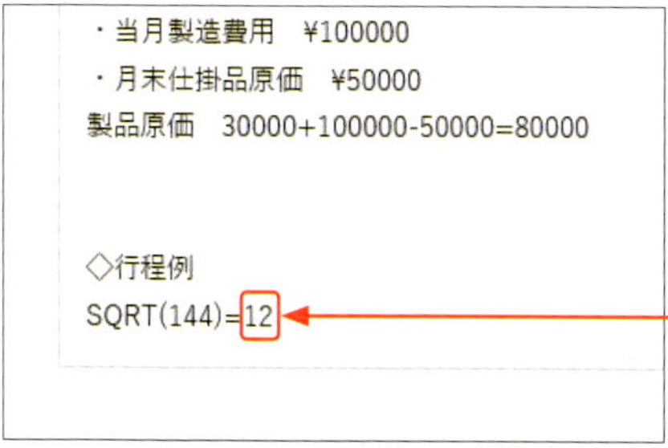

・当月製造費用　¥100000
・月末仕掛品原価　¥50000
製品原価　30000+100000-50000=80000

◇行程例
SQRT(144)=12

2 計算結果が表示されます。

Memo

おもな数学関数

OneNoteでは、以下の数学関数を使用することができます。

関数	説明	構文
ABS	数値の絶対値を返します。	ABS(数値)
COS	数値のコサインを返します。	COS(数値)
DEG	度数（ラジアン単位）を角度に変換します。	DEG(数値)
LOG	数値の自然対数を返します。	LOG(数値)
LOG2	数値の2を底とする対数を返します。	LOG2(数値)
LOG10	数値の10を底とする対数を返します。	LOG10(数値)
MOD	除算の剰余を返します。	(数値)MOD(数値)
PI	πの値を定数として返します。	PI
RAD	角度（度単位）をラジアンに変換します。	RAD(数値)
SIN	数値のサインを返します。	SIN(数値)
SQRT	正の平方根を返します。	SQRT(数値)
TAN	数値のタンジェントを返します。	TAN(数値)

暗記用ノートを作成する

資格試験の勉強や英単語の暗記など、ノートを学習用に使う機会もあると思います。ここでは、蛍光ペンの機能を利用して、OneNoteを暗記マーカー風に使用する方法を紹介します。

1 テキストの一部をマスクする

OneNoteには暗記マーカーの機能はありませんが、テキストの「フォントの色」（Sec.41参照）と「蛍光ペンの色」（Sec.45参照）を同じにすることで、テキストをマスクして擬似的に暗記マーカー風にすることができます。マスクされた部分を確認するには、マウスで範囲選択して反転表示します。

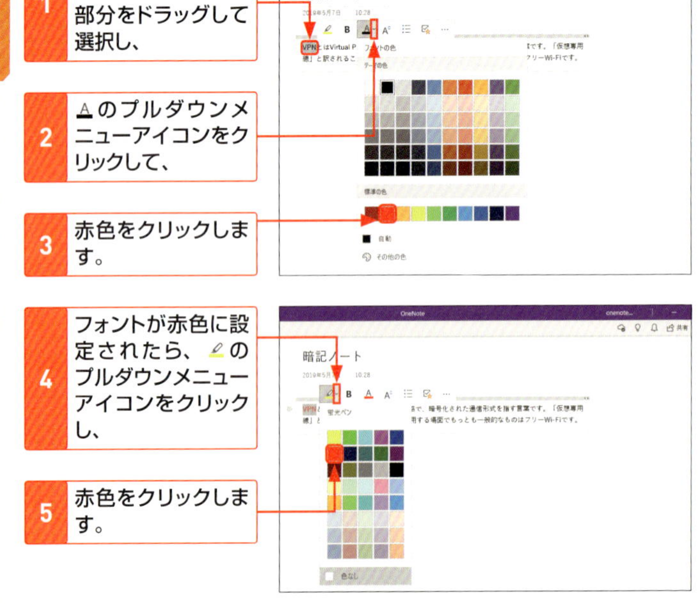
1 ノートコンテナのテキストから覚えたい部分をドラッグして選択し、
2 A のプルダウンメニューアイコンをクリックして、
3 赤色をクリックします。
4 フォントが赤色に設定されたら、 のプルダウンメニューアイコンをクリックし、
5 赤色をクリックします。
OneNote
暗記ノート
フォントの色
テーマの色
標準の色
自動
その他の色
蛍光ペン
色なし

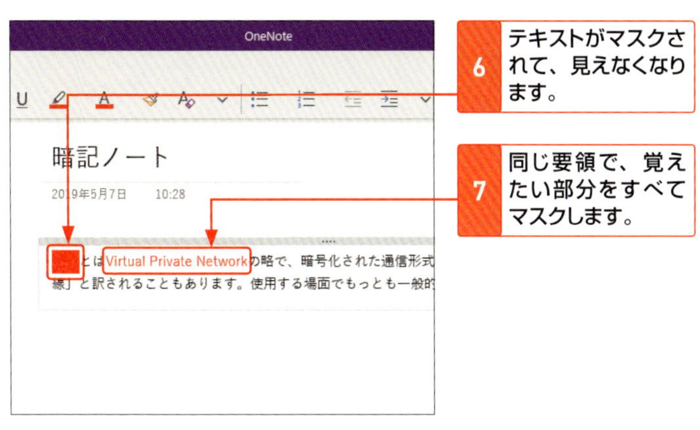

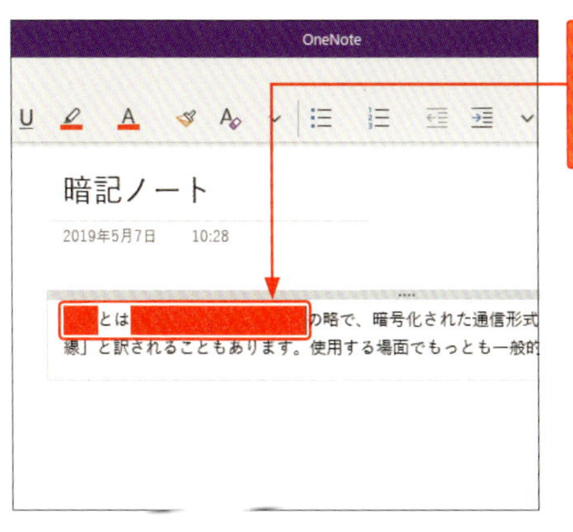

8 見えなくなった内容を確認するには、マウスで範囲選択します。

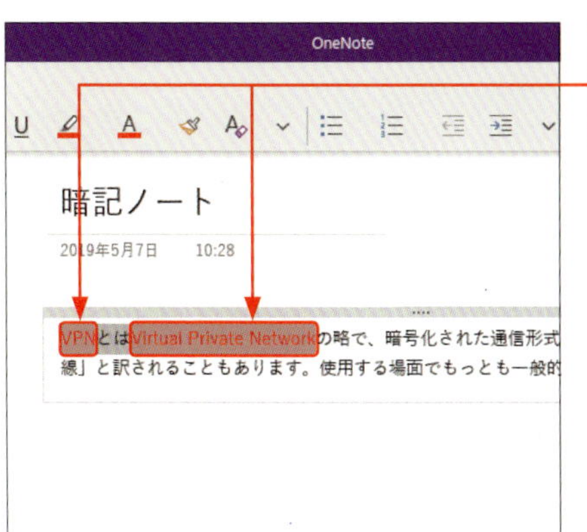

9 テキストが反転表示され、内容が確認できます。

ファイリングノートを作成する

レポートや課題など、提出が完了したものを残しておきたい場合、紙で残しておくと、かさばるので整理も大変です。OneNoteでファイリングノートを作成すれば、見やすく整理することができます。

1 ファイリングノートを作成する

OneNote でファイリングノートを作成すると、ファイルの添付や表の作成などが行えるので、紙のファイリングノートよりも見やすく整理できます。また、検索機能も利用できるので、あとから見返したいレポートなども瞬時に見つけ出すことが可能です。

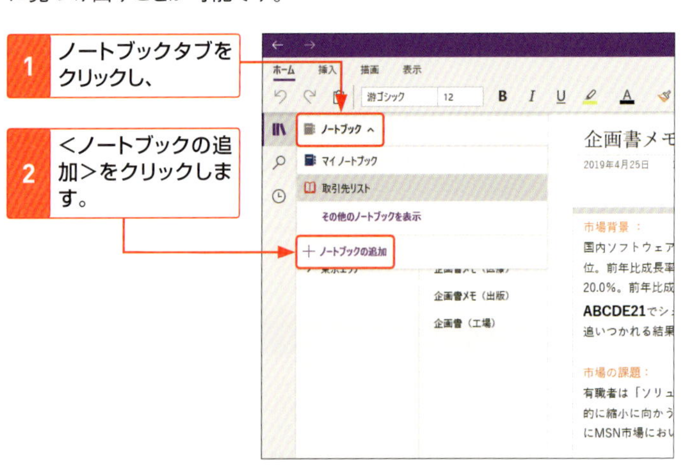

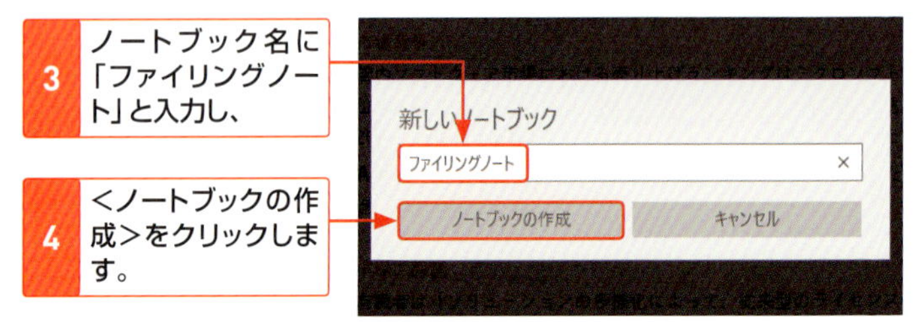

3 ノートブック名に「ファイリングノート」と入力し、
4 ＜ノートブックの作成＞をクリックします。
新しいノートブック
ファイリングノート
ノートブックの作成
キャンセル

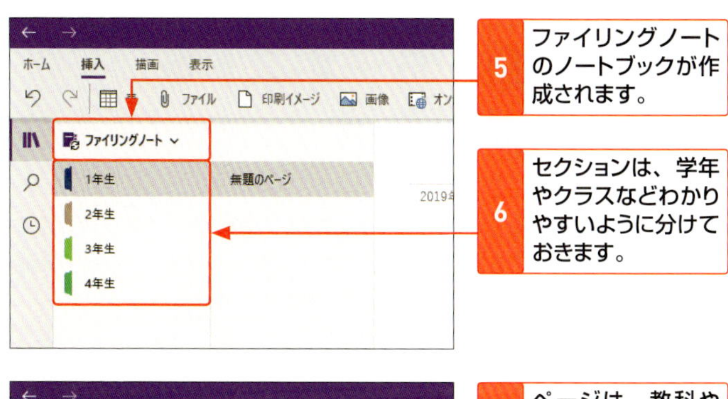
ホーム
挿入
描画
表示
ファイル
印刷イメージ
画像
ファイリングノート
1年生
2年生
3年生
4年生
無題のページ
5 ファイリングノートのノートブックが作成されます。
6 セクションは、学年やクラスなどわかりやすいように分けておきます。

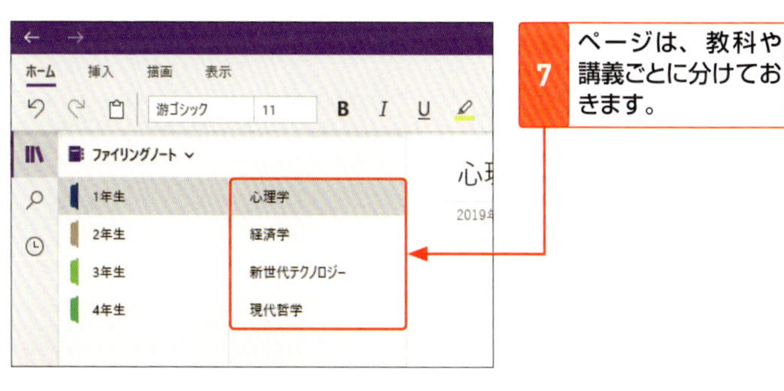
ホーム
挿入
描画
表示
游ゴシック
11
ファイリングノート
1年生
2年生
3年生
4年生
心理学
経済学
新世代テクノロジー
現代哲学
7 ページは、教科や講義ごとに分けておきます。

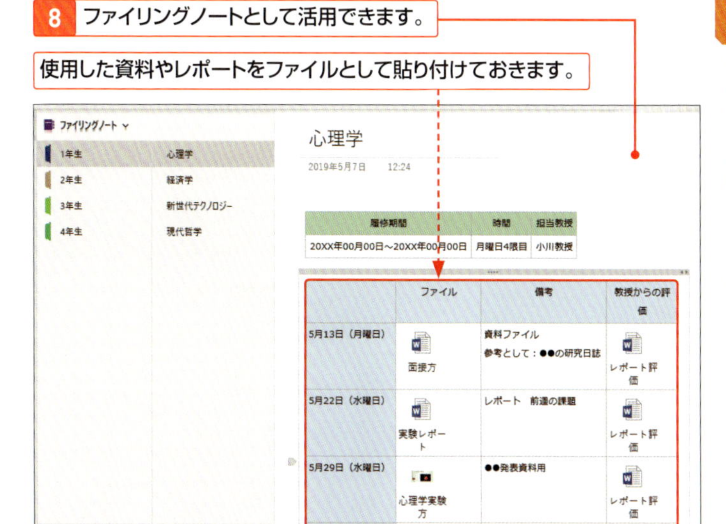
8 ファイリングノートとして活用できます。
使用した資料やレポートをファイルとして貼り付けておきます。
ファイリングノート
1年生
2年生
3年生
4年生
心理学
経済学
新世代テクノロジー
現代哲学
セクションの追加
ページの追加
心理学
2019年5月7日 12:24
履修期間
時間
担当教授
20XX年00月00日～20XX年00月00日
月曜日4限目
小川教授
ファイル
備考
教授からの評価
5月13日（月曜日）
面接方
資料ファイル
参考として：●●の研究日誌
レポート評価
5月22日（水曜日）
実験レポート
レポート　前週の課題
レポート評価
5月29日（水曜日）
心理学実験方
●●発表資料用
レポート評価
○月○日（曜日）

画像からテキストを抽出する

OneNoteでは、ページに貼り付けた画像内の文字を自動で認識し、テキストとして抽出することができます。なお、手書きメモや撮影した写真内のテキストはうまく認識できない場合があります。

1 チラシの画像からテキストを抽出する

OneNote が情報収集ツールとしてすぐれている点の 1 つとして、画像内の文字認識機能があります。わざわざテキストで入力しなくても、画像から文字を取り出すことができるので、たいへん便利です。

1 テキストが表示された画像を貼り付けます。

2 画像を右クリックし、

3 <画像からテキストをコピー>をクリックします。

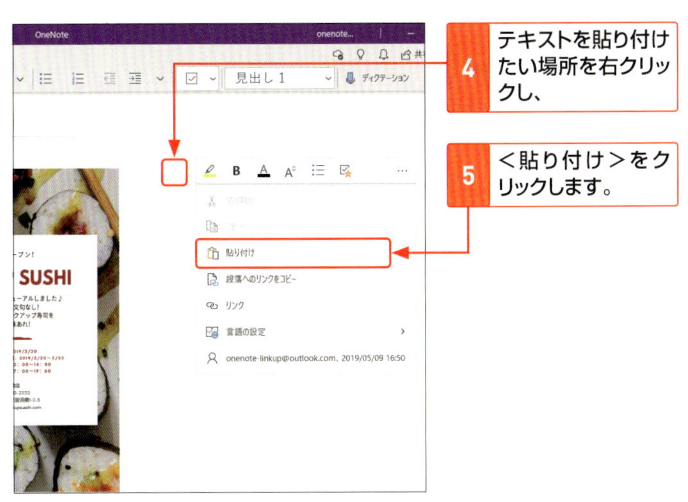

Memo

抽出可能なテキスト

Webページから保存した画像や高精度でスキャンされた画像などは、比較的正しく文字が認識されますが、手書き文字やデジタルカメラで撮影した写真の場合は、うまく文字が認識されないことがあります。また、画像が小さかったり、レイアウトが複雑だったりする場合も、うまく文字が認識されないことがあります。抽出結果は、必ず内容を確認してから再利用しましょう。

ノートブックを共有して共同作業を行う

OneNoteのノートブックは、ほかのユーザーと共有することができます。メールを送信することで招待が可能です。共有した相手は、ノートブックの閲覧だけでなく編集を行うこともできます。

1 ノートブックを共有する

OneNote のノートブックを共有すると、共有した相手とノートブックの共同作業を行うことができます。なお、共有されたノートブックは Web ブラウザ版 OneNote（第 5 章参照）で編集を行います。

1 共有したいノートブックを開き、

2 ＜共有＞をクリックします。

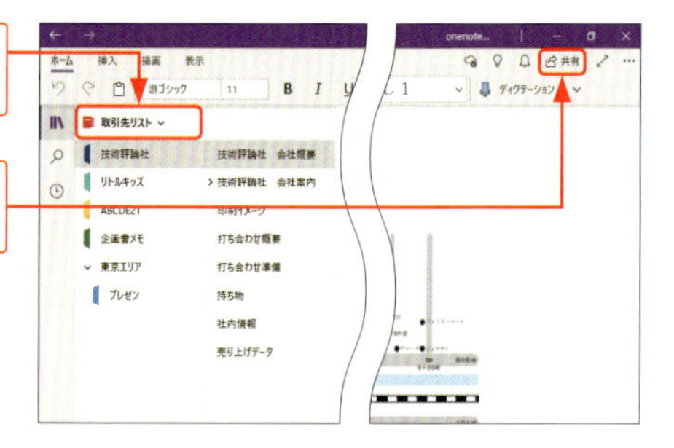

3 「共有」画面が表示されたら、共有したい相手のメールアドレスを入力し、

4 「編集可能」または「閲覧可能」を指定して、

5 ＜共有＞をクリックすると、手順3で入力したメールアドレス宛てに招待メールが送信されます。

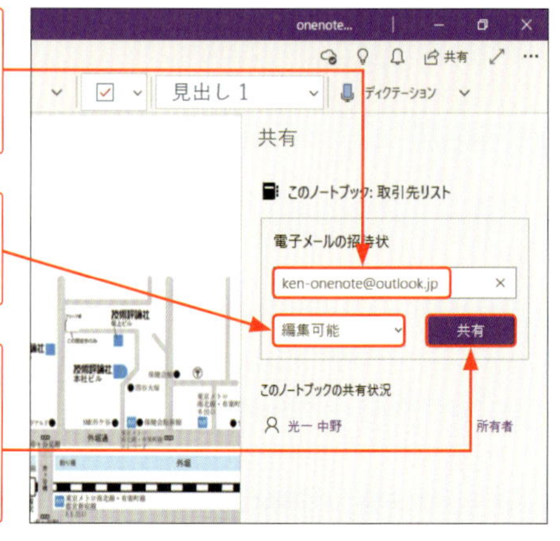

2 招待されたノートブックに参加する

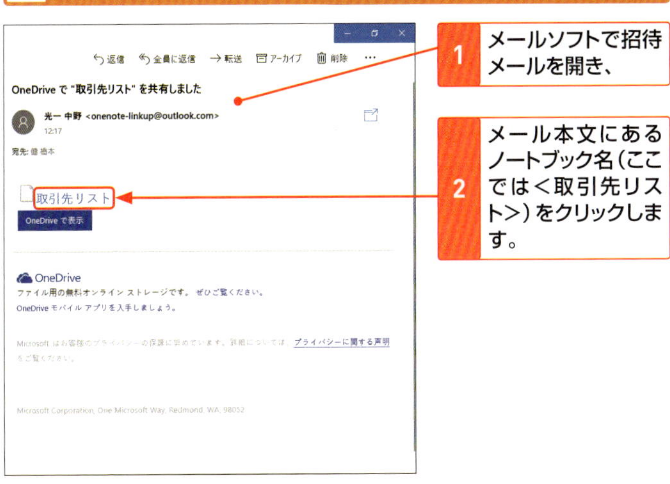

1 メールソフトで招待メールを開き、

2 メール本文にあるノートブック名（ここでは<取引先リスト>）をクリックします。

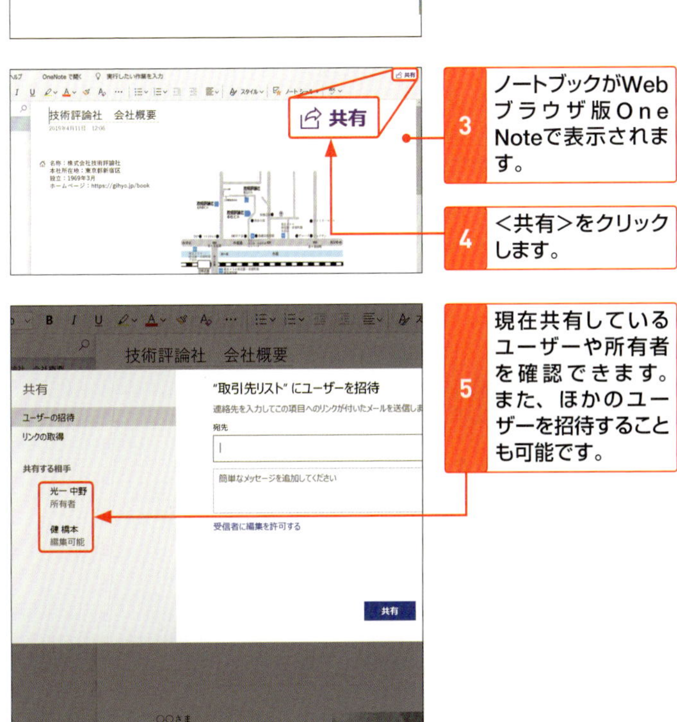

3 ノートブックがWebブラウザ版OneNoteで表示されます。

4 <共有>をクリックします。

5 現在共有しているユーザーや所有者を確認できます。また、ほかのユーザーを招待することも可能です。

3 共同作業を行う

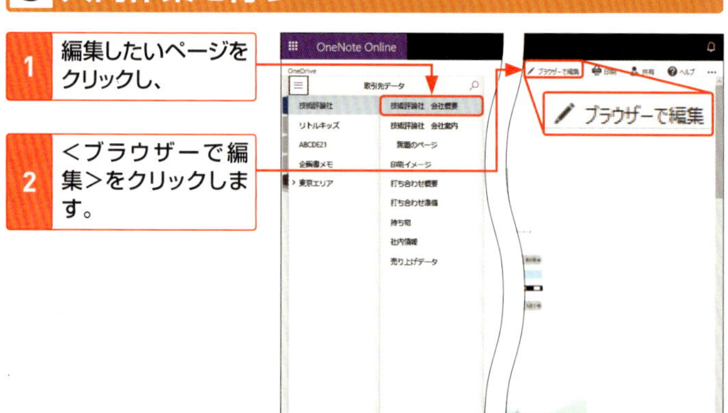

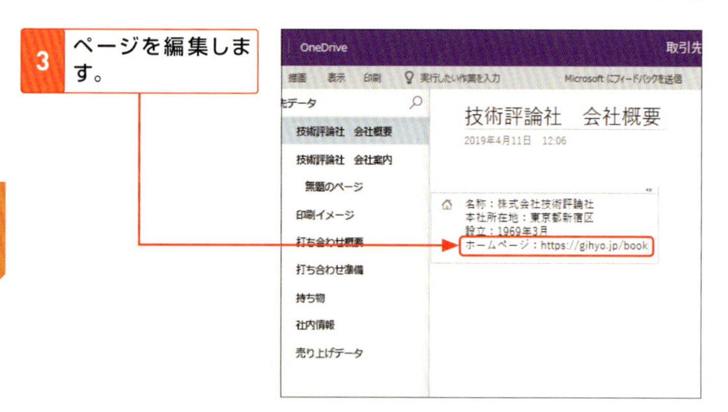

4 編集した内容は、共有しているほかのユーザーのページにも反映されます。

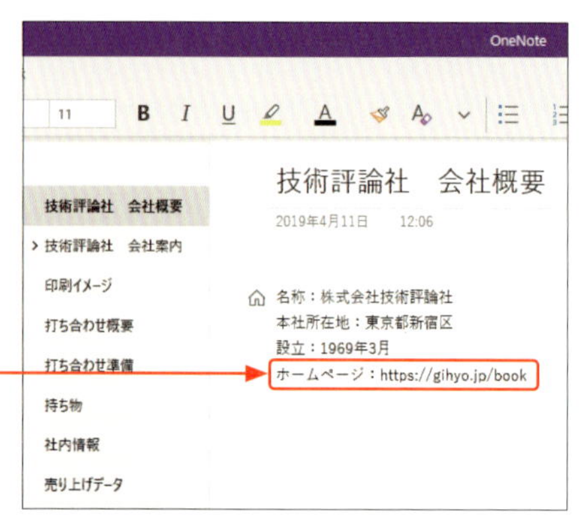

4 ノートブックの共有を解除する

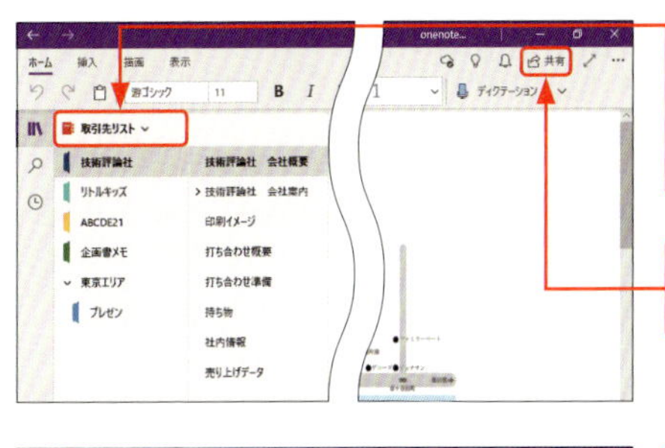

1 共有を解除したいユーザーが含まれるノートブックを開き、

2 <共有>をクリックします。

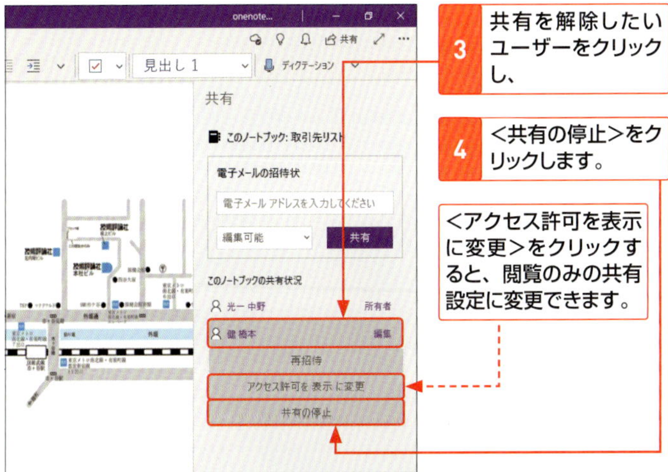

3 共有を解除したいユーザーをクリックし、

4 <共有の停止>をクリックします。

<アクセス許可を表示に変更>をクリックすると、閲覧のみの共有設定に変更できます。

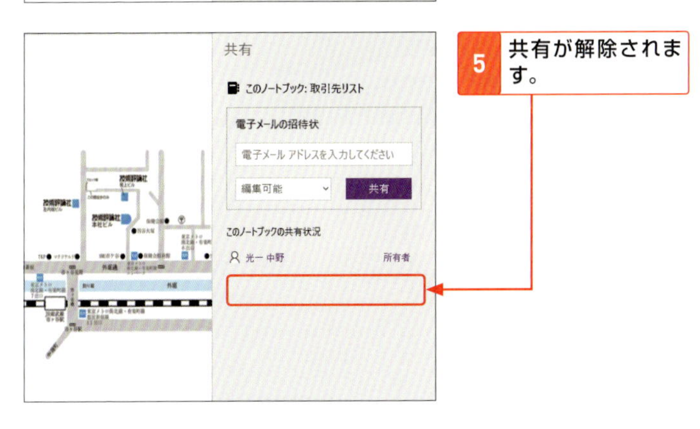

5 共有が解除されます。

ページをPDFファイルに変換して保存する

OneNoteで作成したページを**PDFファイルで保存**することで、OneNoteをインストールしていないパソコンでも閲覧できます。作成したノートをファイルとして保存したい場合などに便利です。

1 ページをPDFファイルで保存する

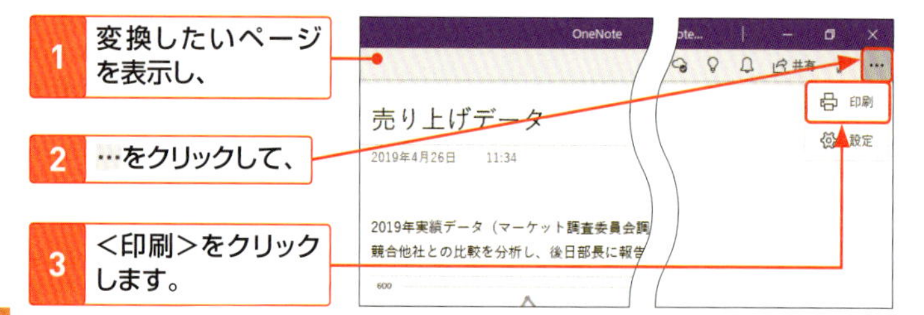

1 変換したいページを表示し、

2 …をクリックして、

3 ＜印刷＞をクリックします。

4 「プリンター」を＜Microsoft Print to PDF＞に指定し、

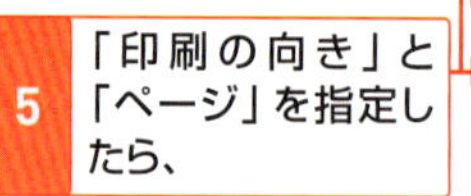

5 「印刷の向き」と「ページ」を指定したら、

6 ＜印刷＞をクリックします。

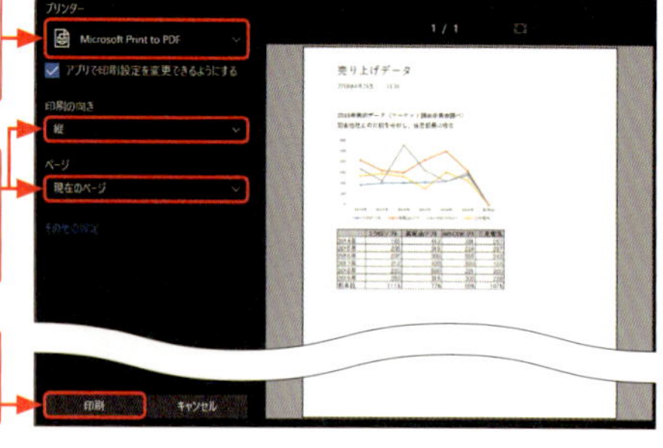

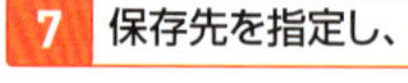

7 保存先を指定し、

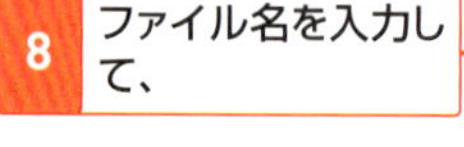

8 ファイル名を入力して、

9 ＜保存＞をクリックします。

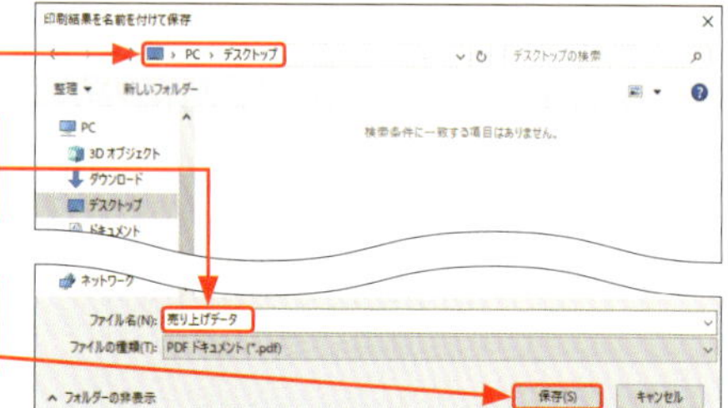

第5章

Webブラウザ版 OneNoteの利用

Webブラウザで OneNoteを使う

Webブラウザ版OneNoteは、Webブラウザ上でOneNoteを利用できるMicrosoftのサービスです。Microsoftアカウントを持っていれば無料で利用することが可能です。

1 Webブラウザ版OneNoteの特徴

Webブラウザで利用

Webブラウザ版OneNoteとは、Webブラウザで利用できるOneNoteのことです。一部の機能が異なるものの、OneNote for Windows 10とほぼ同じように操作ができます。

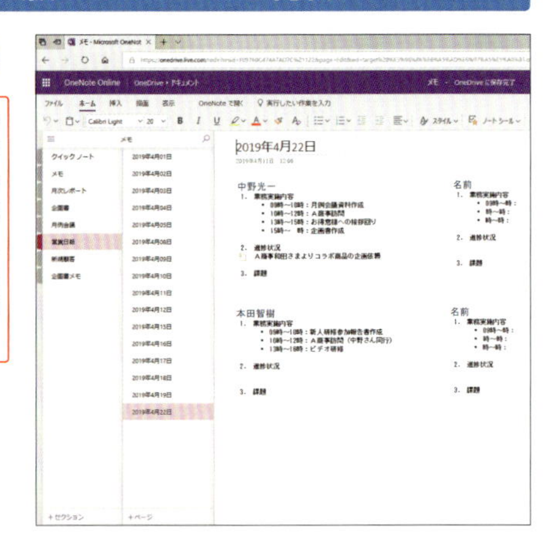

ノートブックの共有

Webブラウザ版OneNoteは無料でノートブックの閲覧や編集、新規作成が行えます。また、ほかのユーザーとノートブックを共有して閲覧／編集してもらうこともできます。

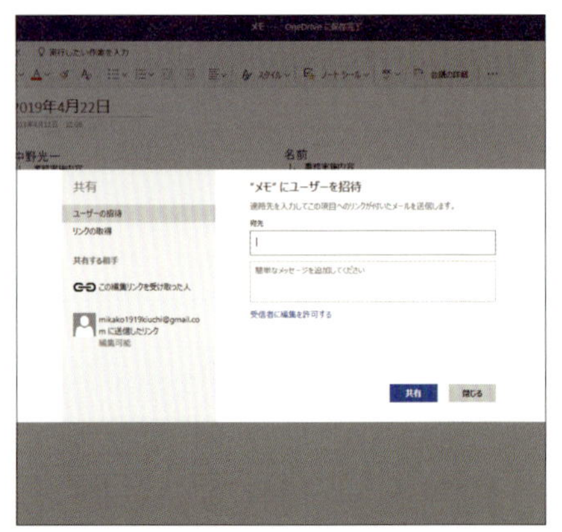

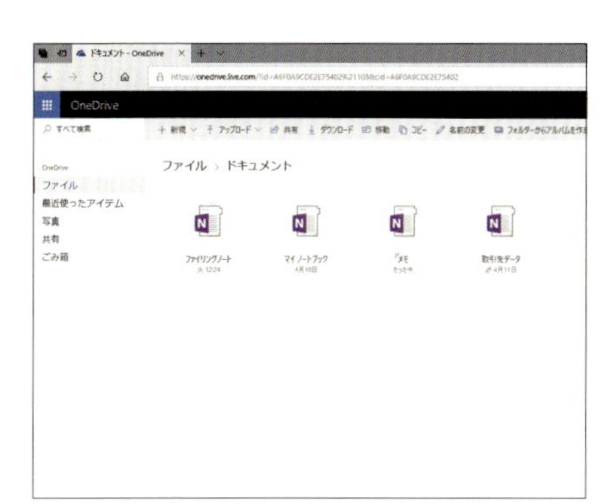

OneDriveから直接扱える

Webブラウザ版OneNoteはOneDriveと連携しています。保存されたOneNoteのファイルを整理したり、新規ノートブックを作成したりすることができます。

2 Webブラウザ版OneNoteの活用例

Web ブラウザ版 OneNote では、インターネット環境と Web ブラウザ、Microsoft アカウントさえあれば、いつでもどこでもノートブックの閲覧、編集が行えます。そのため、異なる Microsoft アカウントでログインされているパソコンや、学校や図書館など公共のパソコンからでも自分の OneNote の編集が可能です。また、Web ブラウザ版 OneNote はノートブックの共有もできるので、外出先から共有ページに書き込んでほかのユーザーとアイデアを共有したい場合に役立ちます。

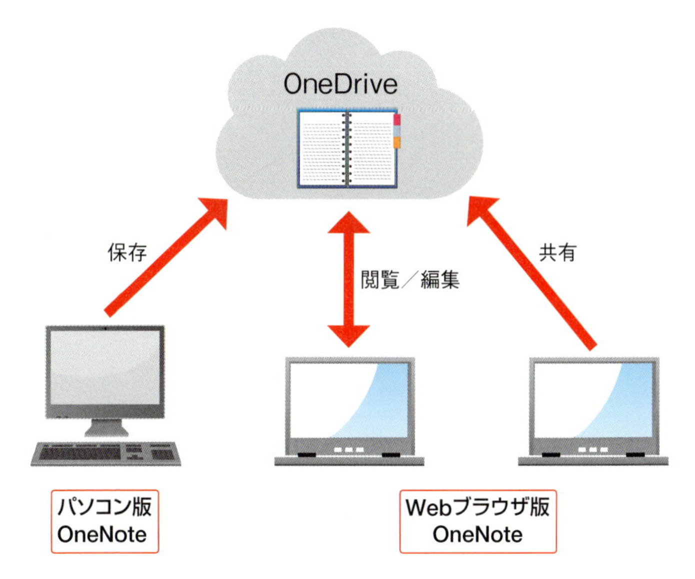

Webブラウザ版OneNoteの画面構成

Webブラウザ版OneNoteの画面は基本的にOneNote for Windows 10と似ていますが、リボンの表示などが異なります。ここでは、Webブラウザ版OneNoteの画面構成について解説します。

1 Webブラウザ版OneNoteのメニュー項目

＜ホーム＞タブ

＜ホーム＞タブでは、OneNote for Windows 10と同様にテキストを入力して、フォントやスタイルの変更、ノートシールの付加などが行えます。

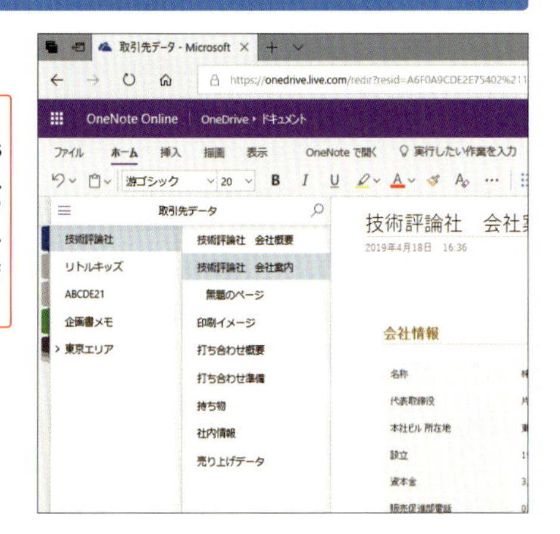

＜挿入＞タブ

＜挿入＞タブでは、表や画像、リンク、音声などの挿入が行えます。

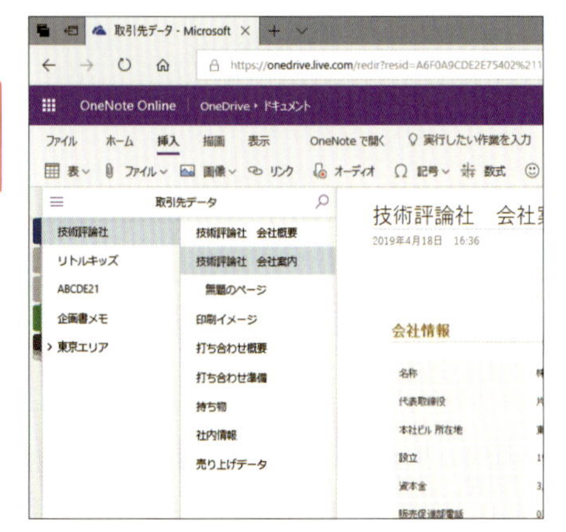

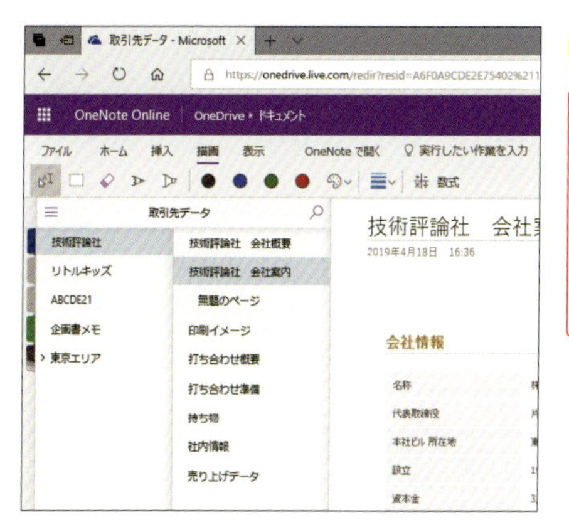

<描画>タブ

<描画>タブでは、マウスなどによる自由な描画が行えます。タッチスクリーンが搭載されているパソコンの場合、指でなぞってストロークを描くこともできます。

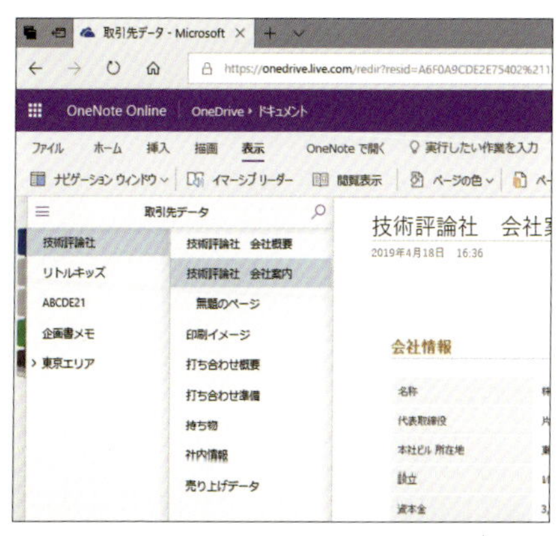

<表示>タブ

<表示>タブでは、ページの閲覧方式やページの色を変更することができます。「シンプルリボン」のチェックをはずすと、「クラシックリボン」の表示になり、コマンドが変化します。

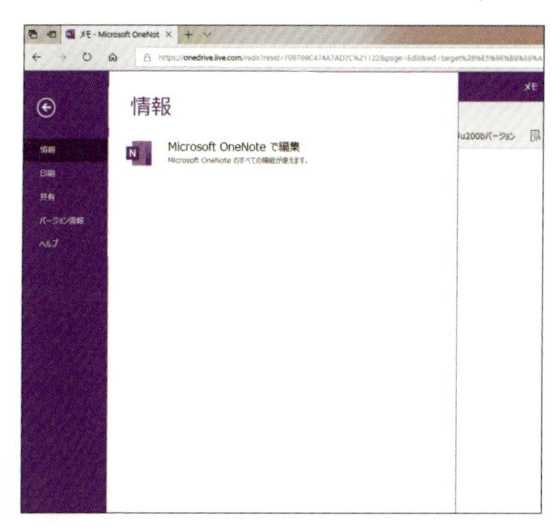

<ファイル>タブ

<ファイル>タブでは、ファイルの操作に関するメニューが表示されます。<情報>では、OneNote for Windows 10を開いてファイルの編集の続きが行えます。<印刷>ではページの印刷が行えます。

ノートブックを閲覧する

Webブラウザ版OneNoteでは、Webブラウザから**ノートブックを閲覧**することができます。なお、Webブラウザ版OneNoteで対応していないアイテムは表示されない場合があります。

1 ノートブックを閲覧する

1 あらかじめWebブラウザでWebブラウザ版OneNoteのサイト（https://www.onenote.com/）にアクセスし、パソコン版と同じMicrosoftアカウントでサインインします。

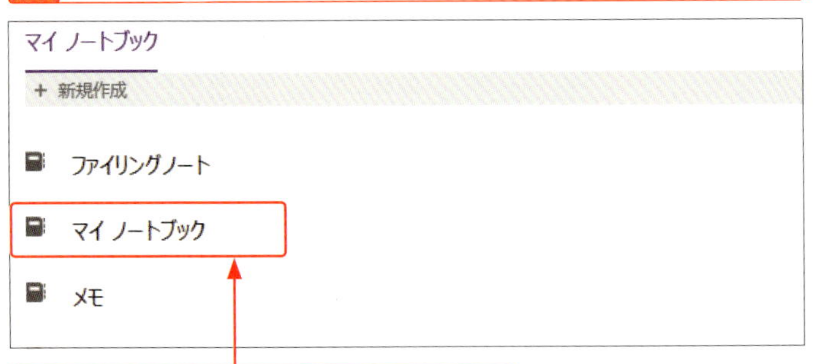

2 閲覧したいノートブックをクリックします。

3 Webブラウザ版OneNoteでノートブックが表示されます。

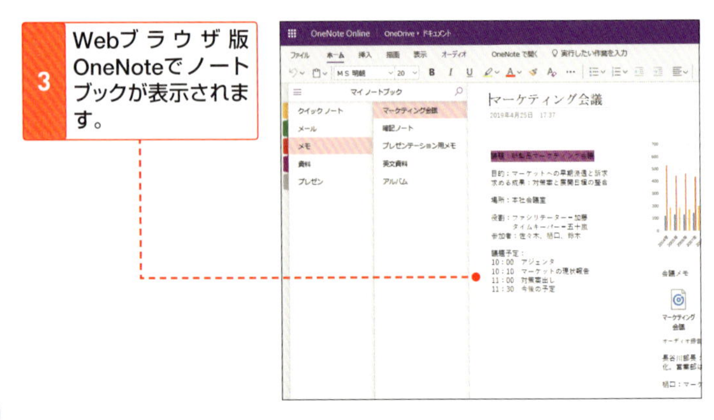

2 ほかのセクションやページを閲覧する

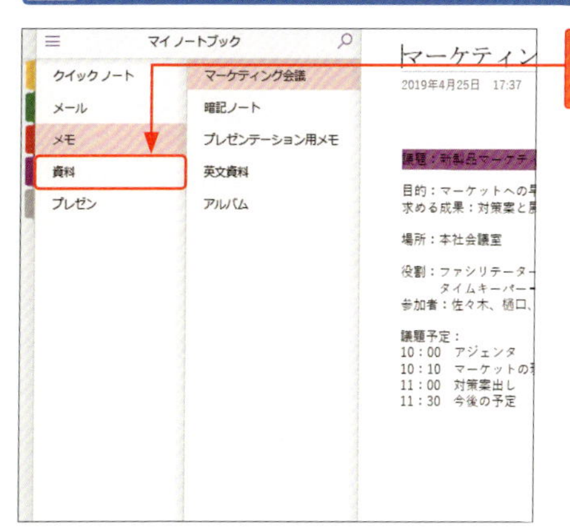

1 閲覧したいセクションをクリックします。

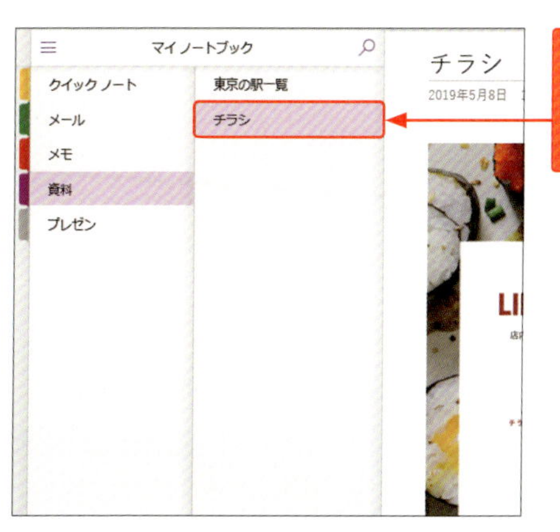

2 ページの一覧が表示されるので、閲覧したいページをクリックします。

Memo

ノートブックとセクションの一覧が表示されない場合

ノートブックとセクションの一覧が表示されない場合は、画面左の≡をクリックすると表示されます。「ノートブックを読み込めませんでした」と表示され、ほかのノートブックが一覧に表示されない場合は、<その他のノートブック>をクリックするとP.160手順1の画面が表示されるので、表示したいノートブックをクリックします。

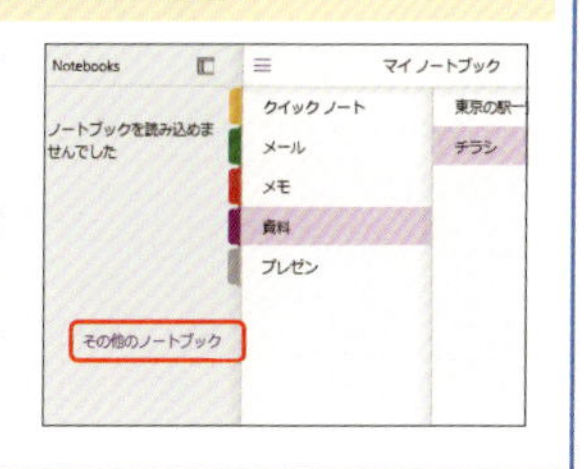

第5章 Webブラウザ版OneNoteの利用

ノートブックを編集する

Webブラウザ版OneNoteでは、ノートブックの閲覧だけでなく、内容を編集することも可能です。編集結果は自動的に保存され、OneNote for Windows 10にも反映されます。

1 Webブラウザ版OneNoteで編集する

1 編集したいノートブックのページをWebブラウザ版OneNoteで開きます。

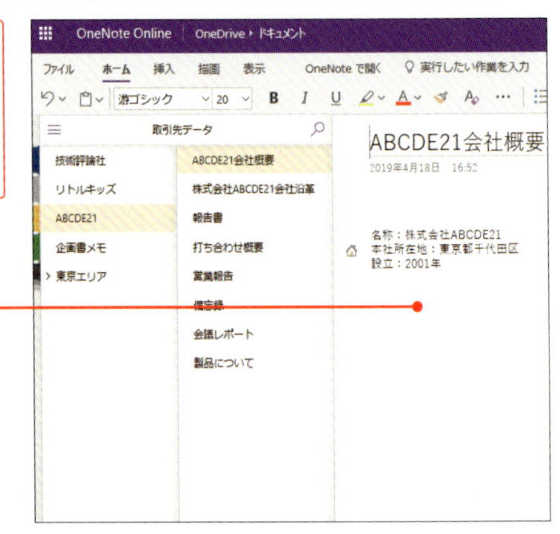

2 内容を入力／編集すると、

3 OneDriveに自動的に保存されます。

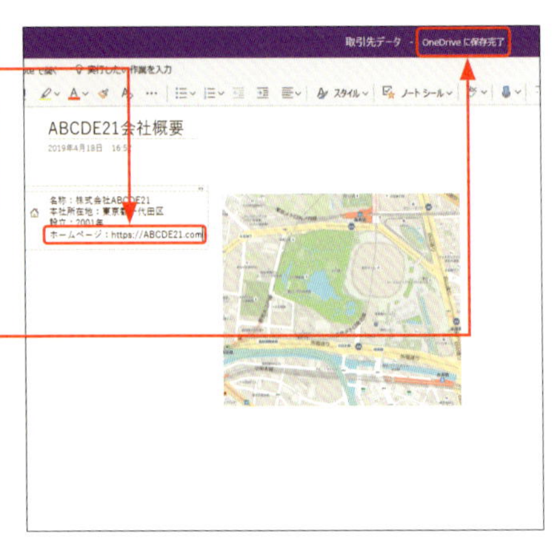

2 OneNote for Windows 10で編集結果を確認する

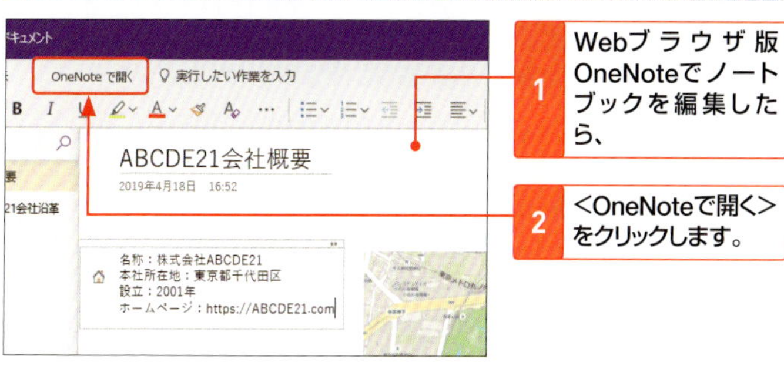

1 Webブラウザ版OneNoteでノートブックを編集したら、

2 <OneNoteで開く>をクリックします。

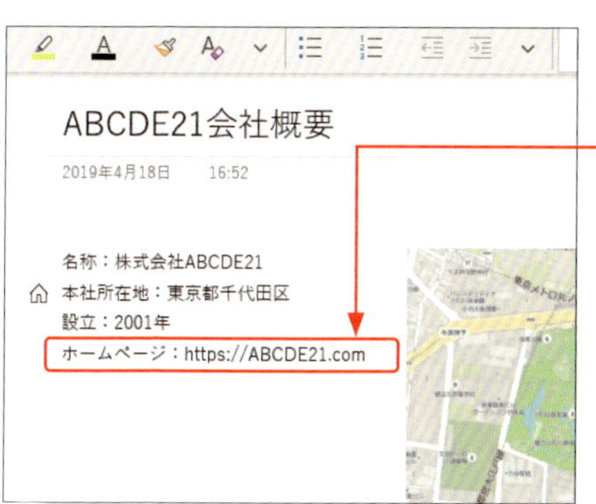

3 OneNote for Windows 10でノートブックが表示され、編集結果が反映されていることがわかります。

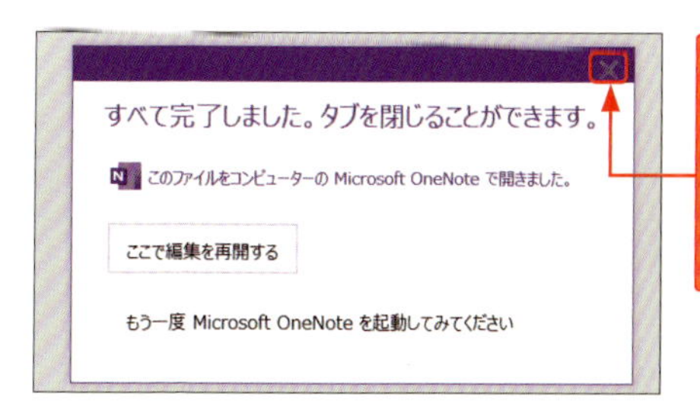

4 Webブラウザ版OneNoteに戻ったときに、左図のような画面が表示された場合は、×をクリックします。

Memo

「どのアプリで開きますか?」と表示された場合

OneNote for Windows 10とデスクトップ版OneNote 2016／2013の両方がパソコンにインストールされている場合、手順2のあとに「どのアプリで開きますか？」と表示されることがあります。このような表示が出た場合には、バージョン名が付いていない<OneNote>を選択し、<OK>をクリックします。

OneNote for Windows 10にない機能を利用する

Webブラウザ版OneNoteでは、OneNote for Windows 10にはないノートシールを利用できたり、オンラインであることを生かしてOfficeアドインという拡張機能が使えたりします。

1 豊富なノートシールを使う

1 ノートシールを挿入したい場所をクリックし、

2 <ホーム>タブの<ノートシール>をクリックして、

3 挿入したいノートシールをクリックします。

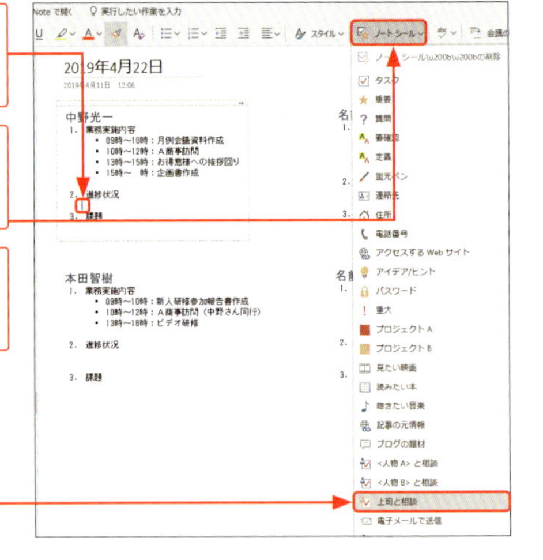

4 ノートシールが挿入されます。

必要に応じて、文字を入力します。

2. 進捗状況
A商事和田さまよりコラボ商品の企画依頼
3. 課題

> **Memo**
>
> **Webブラウザ版OneNoteはノートシールの種類が多い**
>
> OneNote for Windows 10と比べ、Webブラウザ版OneNoteでは始めから利用できるノートシールがたくさん用意されています。目的に応じたノートシールを使い分けてみましょう。

2 Officeアドインを使う

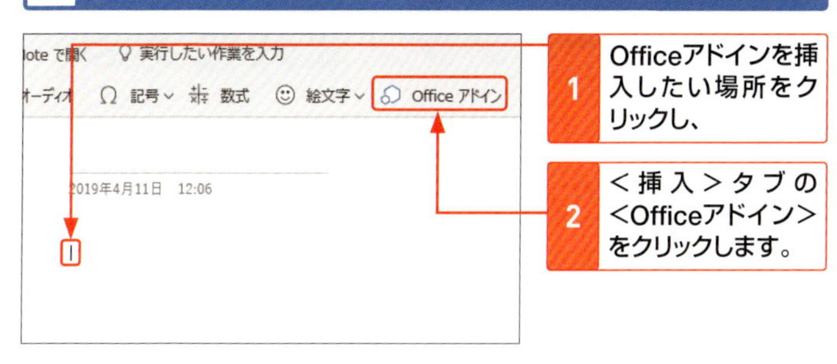

1 Officeアドインを挿入したい場所をクリックし、

2 <挿入>タブの<Officeアドイン>をクリックします。

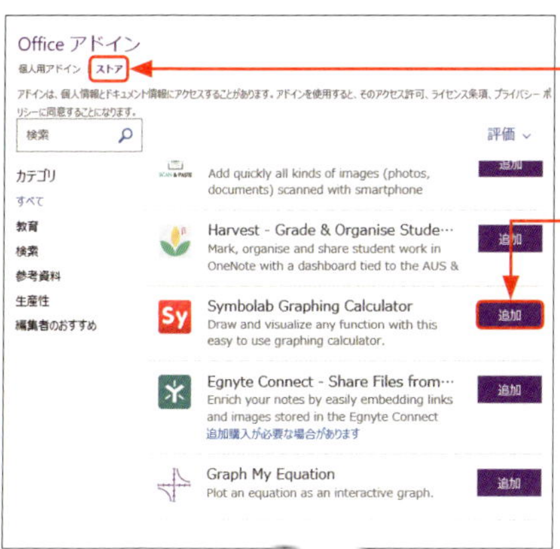

3 <ストア>をクリックし、

4 挿入するアドイン（ここでは、グラフ作成アドインの「Symbolab」）の<追加>をクリックします。

5 アドインが挿入されます。数式を入力すると、グラフが作成されます。

Keyword

Officeアドイン

Officeアドインとは、WordやExcel、OneNoteなどのOfficeアプリの拡張機能のことです。ここではグラフを挿入しましたが、絵文字を追加するアドインなどもあります。

ノートブックを共有する

Webブラウザ版OneNoteから**ノートブックをほかのユーザーと共有**することができます。**メールを送信して招待**できるほか、**URLを取得して相手に知らせる**ことも可能です。

1 ノートブックを共有する

1. 共有したいノートブックをWebブラウザ版OneNoteで開き、
2. 画面右上の<共有>をクリックします。
3. 共有相手のメールアドレスを入力し、
4. 必要に応じてメッセージを入力したら、
5. <共有>をクリックします。

共有相手にはメールが届きます。メール内のリンクをクリックすると、共有されたノートブックが表示されます。なお、初期設定では共有相手がMicrosoftアカウントを持っていなくても共有ができます。

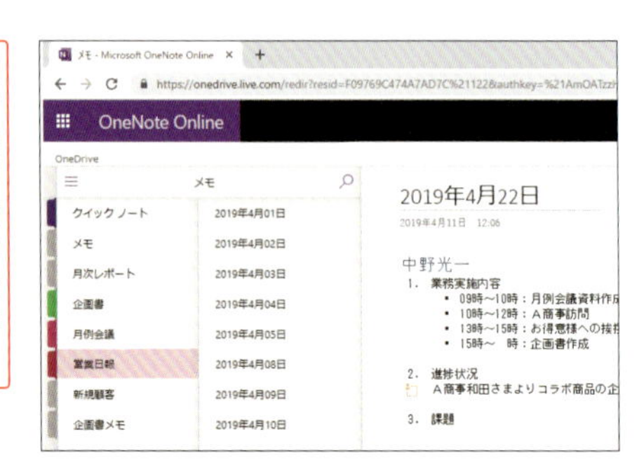

StepUp

共有相手にノートブックの表示だけを許可する場合

ここでは、共有相手はノートブックの閲覧と編集が行えますが、閲覧のみを許可するように設定することもできます。P.166手順3の画面で＜受信者に編集を許可する＞をクリックし、「受信者に編集を許可する」の右側にある∨をクリックして、＜受信者は表示のみ可能＞をクリックして選択します。

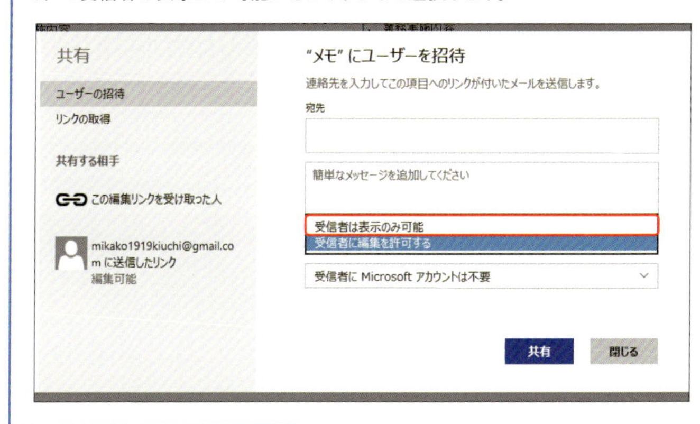

Hint

リンクを取得して知らせる

ここでの方法は、相手のメールアドレスを知っていることが必要ですが、相手がメールアドレスを持っていない場合はリンクを取得してメッセンジャーアプリなどで通知することもできます。P.166手順3の画面で＜リンクの取得＞をクリックし、表示されるURLをコピーして相手に通知します。なお、＜別のリンクを作成＞をクリックすると、表示のみ可能なURLが作成されます。

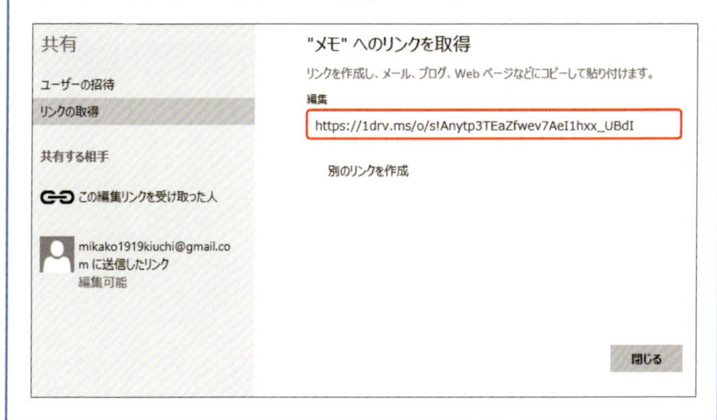

ノートブックを削除する

Webブラウザ版OneNoteでノートブックを削除するには、OneDriveから削除します。なお、同期エラーが発生した場合は、OneNote for Windows 10でノートブックを閉じることで解消されます。

1 OneDriveからノートブックを削除する

1 Webブラウザ版OneNoteでOneDrive上の保存先をクリックします。

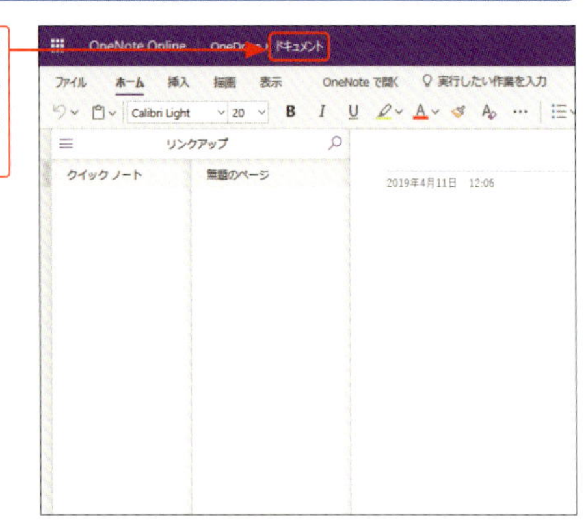

2 削除したいノートブックにカーソルを合わせ、

3 右上にある○をクリックして✓にしたら、

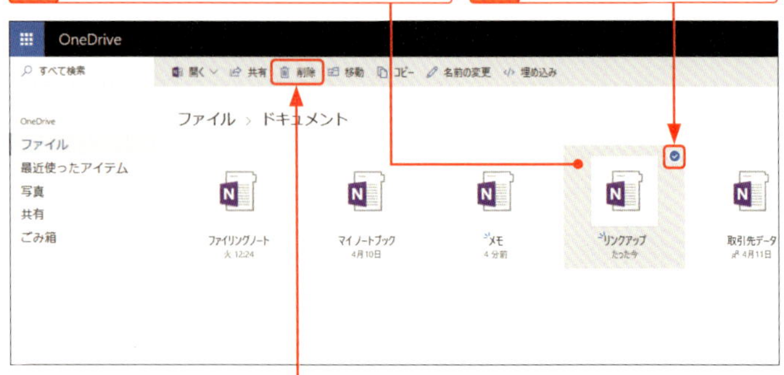

4 <削除>をクリックします。

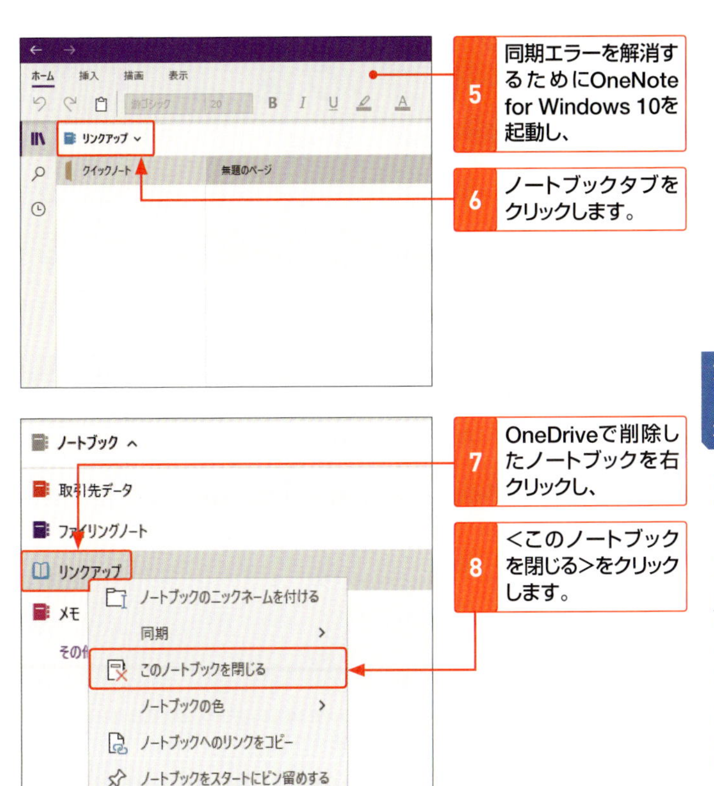

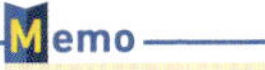

Memo

ノートブックの共有を停止する

共有していたノートブックを削除する場合、あらかじめ共有を停止したほうがよいでしょう。メールを送信して共有していた場合は、P.168手順2の画面で、画面右上のⓘをクリックし、<アクセス許可の管理>をクリックして、共有相手の<編集可能>→<共有を停止>の順にクリックすると共有を停止することができます。

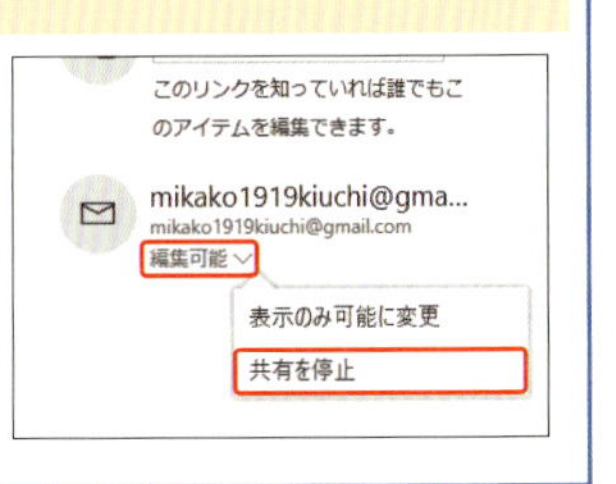

Section 76

ノートブックを新規作成する

外出先で急にノートブックを作成する必要があるときは、Webブラウザ版OneNoteからノートブックを新規作成することができます。その場ですぐに編集を始めることも可能です。

1 Webブラウザ版OneNoteでノートブックを新規作成する

1 P.161のMemoを参考にノートブックの一覧ページを表示し、

2 ＜新規作成＞をクリックします。

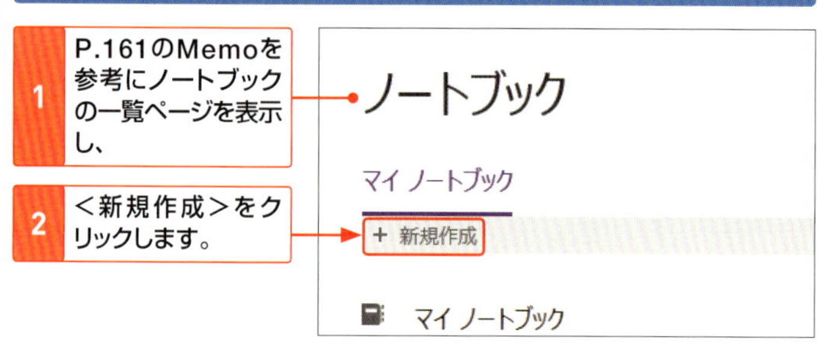

3 ノートブック名を入力し、

4 ＜作成＞をクリックします。

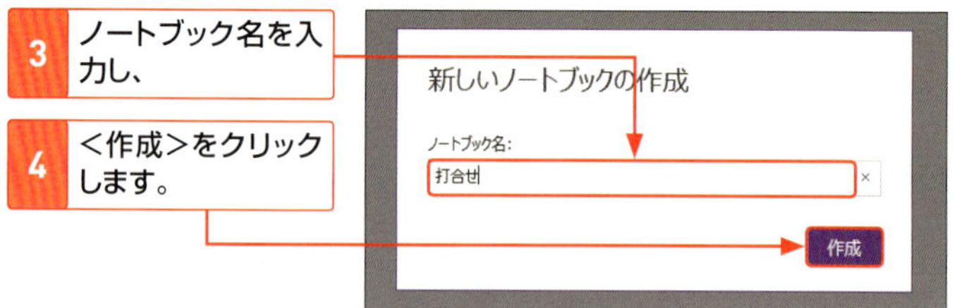

5 新規作成したノートブックが表示され、編集が行えます。

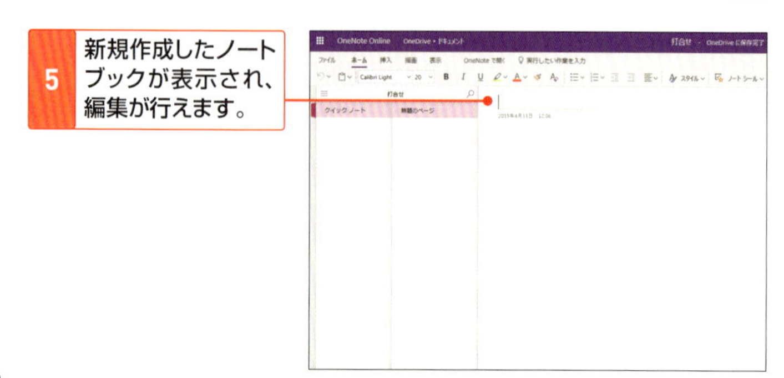

第6章

Android版 OneNoteの利用

AndroidスマートフォンでOneNoteを使う

AndroidスマートフォンでOneNoteを利用すれば、外出先でメモを作成／確認することができます。また、OneNoteバッジや付箋など、パソコン版にはない機能もあります。

1 Android版OneNoteの特徴

Android版OneNoteは、パソコンで利用しているOneNoteと同じMicrosoftアカウントを利用することで、OneDriveに保存したノートブックを操作できます。パソコンで作成したノートブックをAndroidスマートフォンで見たり、外出中にAndroidスマートフォンで撮影した写真や手書きメモをページに貼り付けて、あとからパソコンで整理したりすることも可能です。さらに、付箋機能やOneNoteバッジ機能を活用すれば、気付いたことや発見したことをすばやくメモすることができます。

撮影した写真の貼り付けや手書きメモができる

OneNoteバッジですばやくメモができる

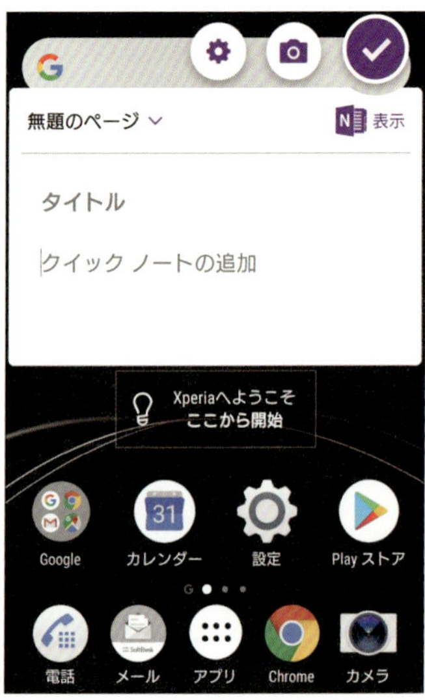

2 Android版OneNoteの画面構成

ノートブック画面

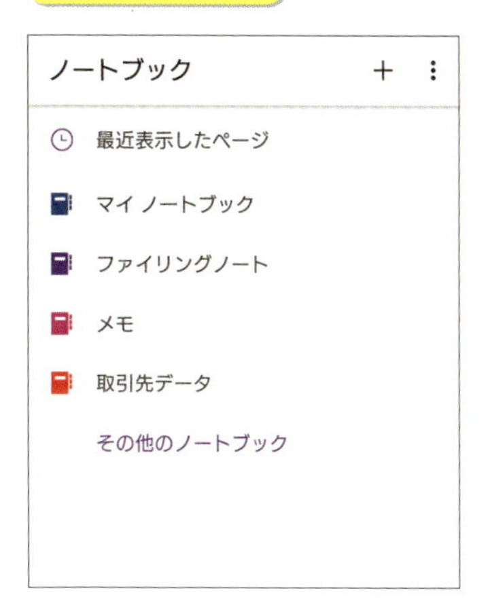

パソコンで使用しているノートブックをそのまま閲覧／編集できます。

セクション画面

各セクションをタップすると、ページの一覧画面が表示されます。

検索画面

キーワードを入力すると、メモの内容や付箋を検索できます。付箋は、背景の色ごとの検索が可能です。

付箋画面

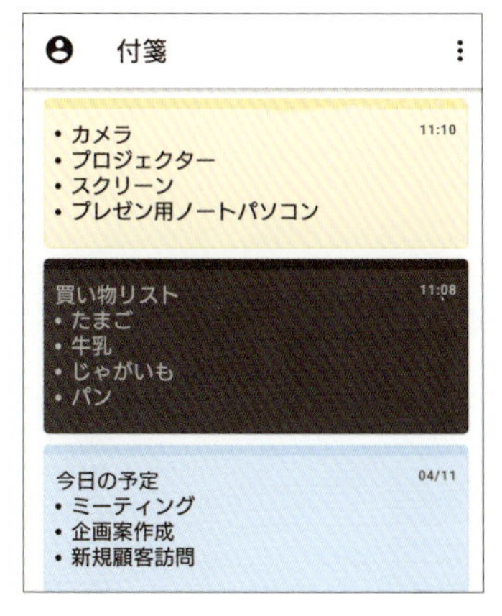

付箋にメモを登録して、Windows 10のSticky Notesと同期することができます。

Android版OneNoteを起動する

Android版OneNoteを利用するには、アプリをダウンロードしてインストールする必要があります。Playストアからアプリをダウンロードしましょう。

1 Android版OneNoteをインストールする

1 ホーム画面で<Playストア>をタップします。

2 検索欄に「onenote」と入力し、

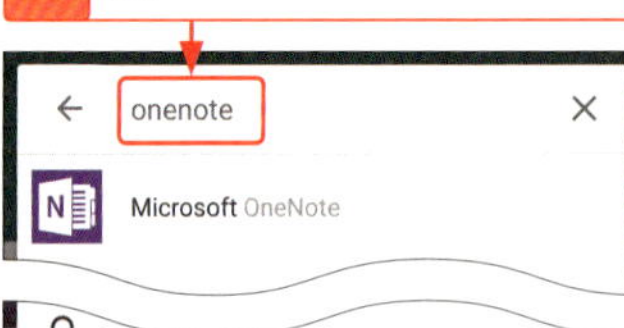

3 🔍をタップします。

4 検索結果から<Microsoft OneNote>をタップします。

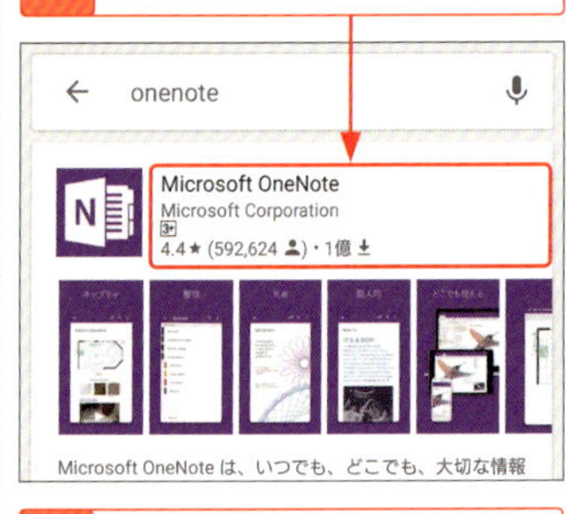

5 <インストール>をタップします。

Memo

Googleアカウントの登録

「Playストア」からアプリをインストールするには、Googleアカウントが必要です。事前に登録しておきましょう。

2 Android版OneNoteを起動する

1 アプリケーション画面またはホーム画面から<OneNote>をタップします。

2 パソコン版と同じMicrosoftアカウントのメールアドレスを入力し、

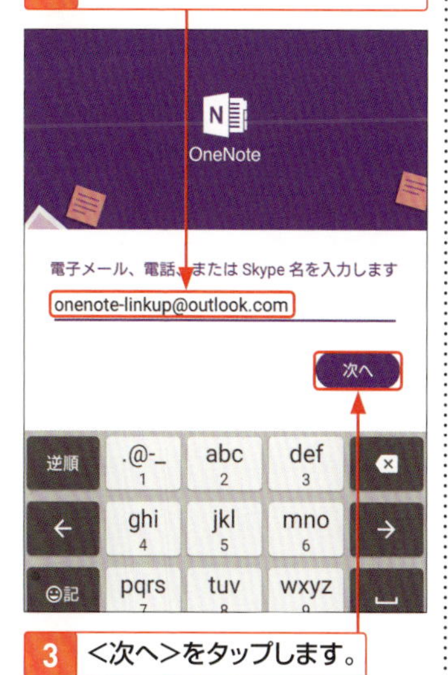

3 <次へ>をタップします。

4 パスワードを入力し、

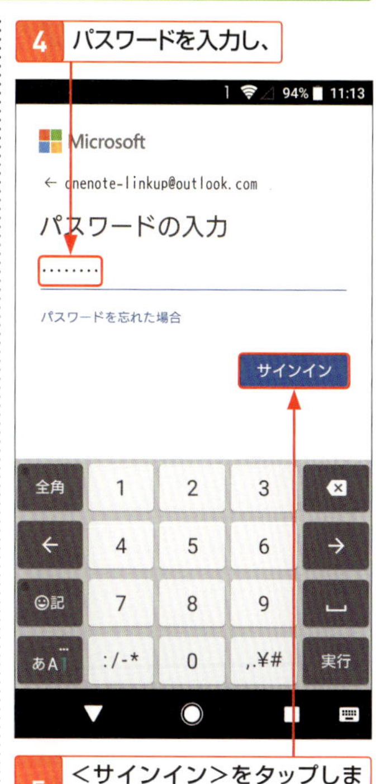

5 <サインイン>をタップします。

> **Memo**
> ### 入力するMicrosoftアカウント
> 手順**2**で入力するMicrosoftアカウントは、OneNote for Windows 10と同じものにしましょう。OneNote for Windows 10で作成したページをAndroid版OneNoteで閲覧したり、Android版OneNoteで作成したページをOneNote for Windows 10で編集したりすることができます。なお、2回目以降の起動では、Microsoftアカウントやパスワードの入力は必要ありません。

ノートブックを閲覧する

Android版OneNoteでは、OneDriveに保存されたノートブックを閲覧できます。すでにOneNote for Windows 10で作成したノートブックがあれば、すぐに閲覧することが可能です。

1 ノートブックを追加する

1 P.175を参考にOneNoteを起動すると、「最近表示したページ」画面が表示されるので、←をタップします。

最近表示したページ

2 <その他のノートブック>をタップします。

ノートブック
最近表示したページ
マイ ノートブック
その他のノートブック

Memo

初回起動時のノートブック一覧画面

初回起動時はOneNote for Windows 10で作成したノートブックが一覧に表示されないことがあります。一度ノートブックを追加すると、2回目以降の起動ではP.177手順1から進めます。

3 Android版OneNoteで閲覧したいノートブックをタップします。

マイ ノートブック
共有する相手: 共有している相手
メモ
共有する相手: 自分のみ
取引先データ
共有する相手: 共有している相手
職場または学校のノートブック
職場または学校アカウントを追加して、ノートブックを増やします

4 OneNote for Windows 10で作成したノートブックが追加されます。

ノートブック
最近表示したページ
マイ ノートブック

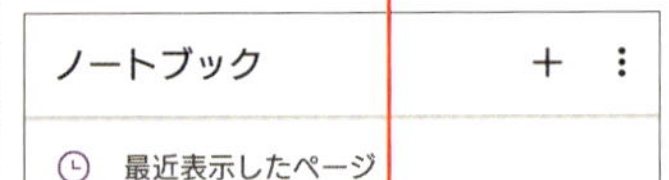

その他のノートブック

2 ノートブックを閲覧する

1 P.176の方法でノートブックを追加したら、開きたいノートブックをタップします。

2 開きたいセクションをタップします。

3 閲覧したいページをタップします。

4 ページが表示されます。

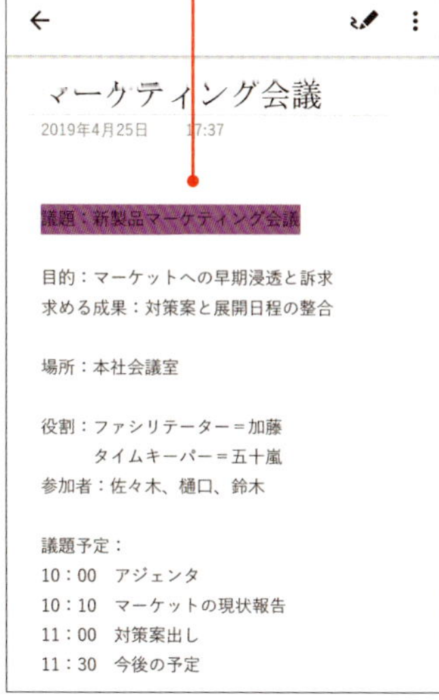

メモを入力する

Android版OneNoteでは、ページを新規に作成してメモを入力することができます。入力した内容はOneDriveに保存されるので、OneNote for Windows 10で閲覧／編集することが可能です。

1 メモを入力する

1 P.177を参考に新規ページを作成したいノートブックのセクションを表示し、

2 +をタップします。

3 ページの作成画面が開きます。

4 ページの内容を入力します。

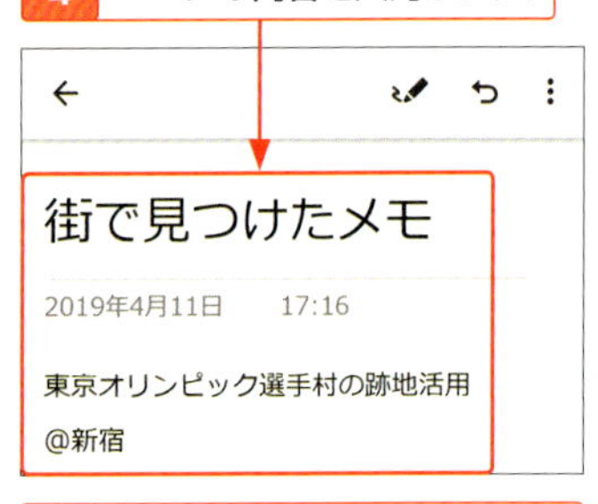

5 ページは自動で保存されます。

Memo

ページを削除／移動する

すでにあるページの削除や移動を行いたい場合は、ページの一覧画面でノートを長押しし、メニューから選択します。

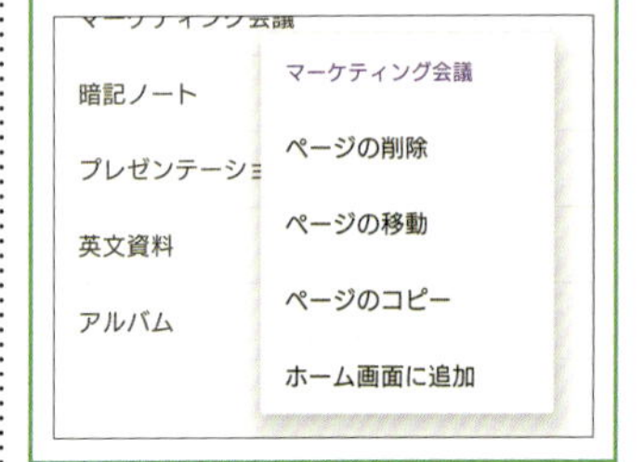

2 メモを見やすくする

Android 版 OneNote ではページ内の文字を装飾して、メモを見やすくすることができます。ここでは、主な装飾の例を紹介します。なお、文字の装飾は、キーボード上部のアイコンをタップして行います。アイコンは左右にスワイプして選択しましょう。

箇条書き／段落番号

箇条書きにしたい行をタップし、☰をタップします。なお、☰をタップすると、段落番号が付きます。

インデントの変更

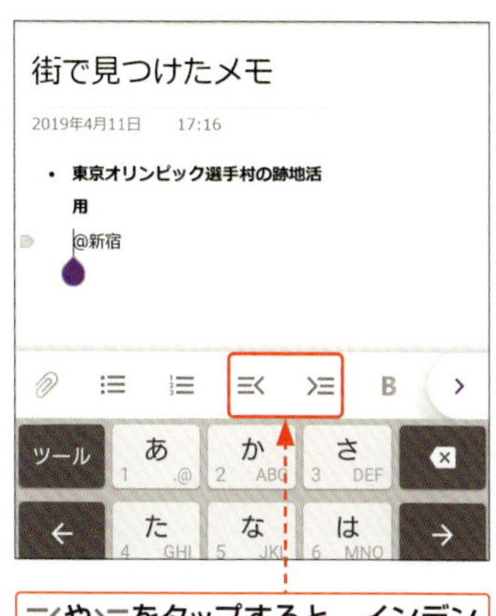

☰<や>☰をタップすると、インデントの変更ができます。

太字／斜体／下線／取り消し線／マーカー

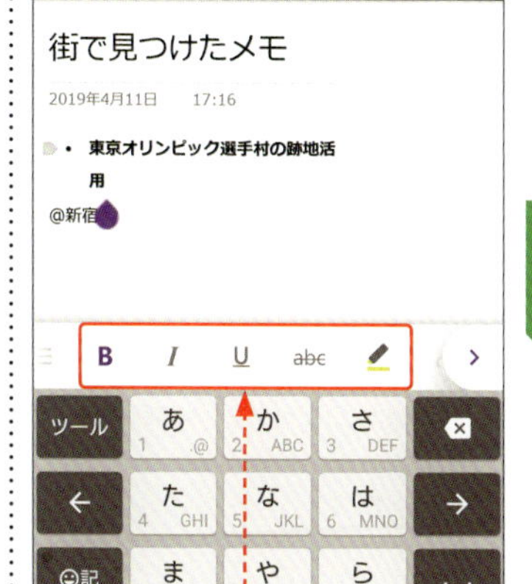

太字にしたい文字を長押しして選択し、**B** をタップします。なお、*I* で斜体、U で下線、abc で取り消し線、✎ で文字にマーカーが付きます。

Memo

そのほかのアイコン

アイコンには、文字を装飾する以外にもさまざまな機能があります。📎をタップすると、Androidスマートフォンに保存されている音楽ファイルやドキュメントファイルを添付できます。また、🔗をタップすると、Webサイトへのリンクを貼ることができます。なお、🎤（オーディオ）、📷（カメラ）、☑（チェックボックス）については、Sec.81 ～ 83で解説しています。

音声や写真を挿入する

Android版OneNoteでは、**メモに音声や写真を挿入**することができます。文字を入力しなくてもすばやくメモを取ることができるので、とても便利です。

1 音声を挿入する

1 ページの作成画面で音声を挿入したい箇所をタップし、

2 🎙をタップします。

3 音声録音の許可画面が表示された場合は<許可>をタップします。

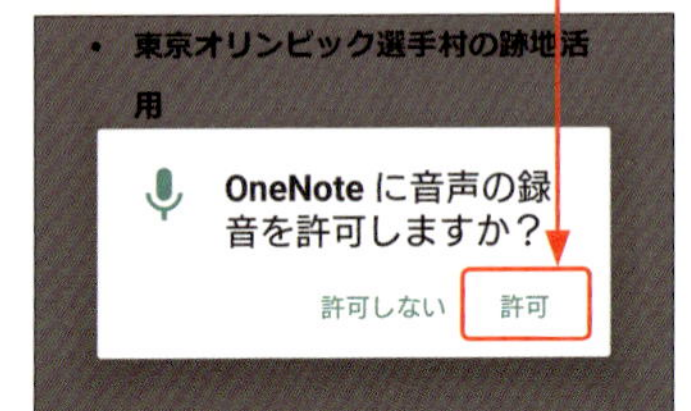

4 音声の録音が始まるので、Androidスマートフォンのマイクに向かってしゃべり、

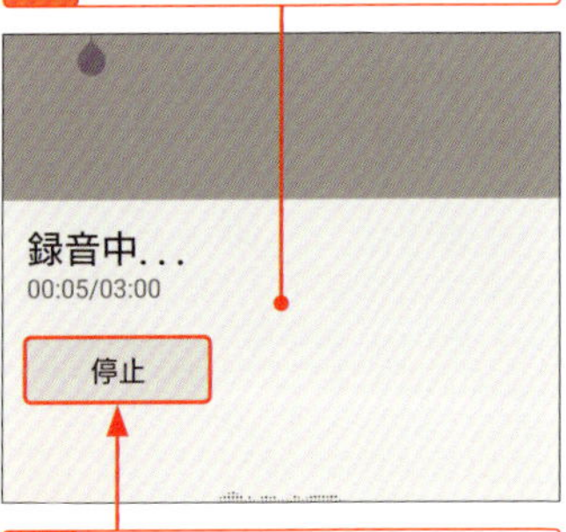

5 <停止>をタップして、録音を停止します。

6 音声が挿入されます。▶を長押しすると、音声が再生されます。

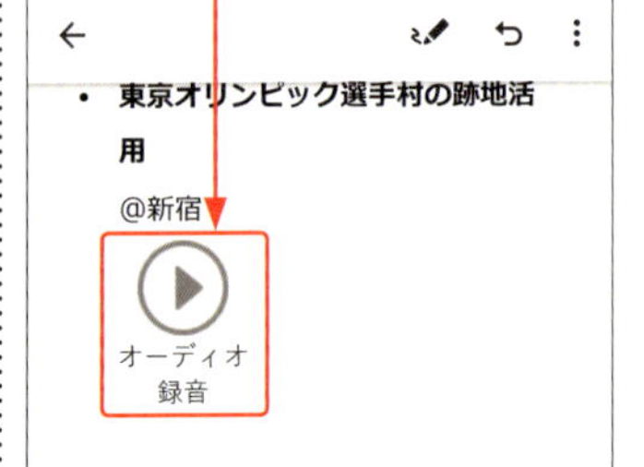

2 写真を挿入する

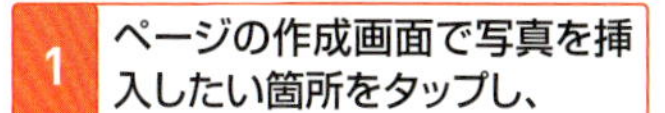

1 ページの作成画面で写真を挿入したい箇所をタップし、

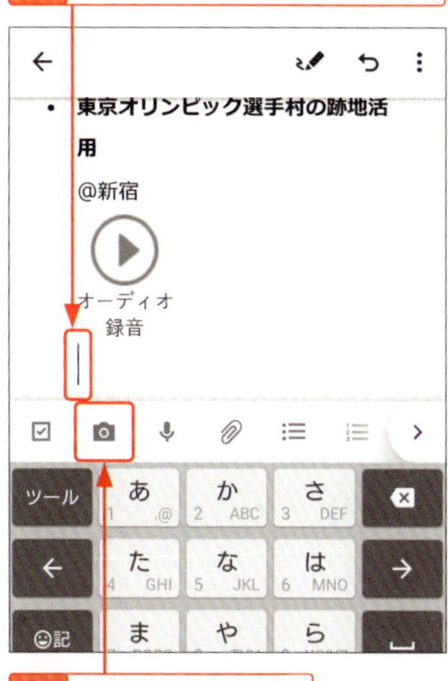

2 📷をタップします。

3 <ギャラリーの画像>をタップします。

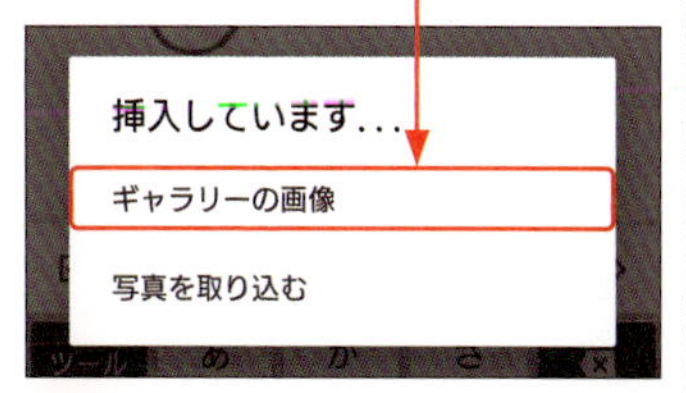

4 許可画面が表示された場合は<許可>をタップします。

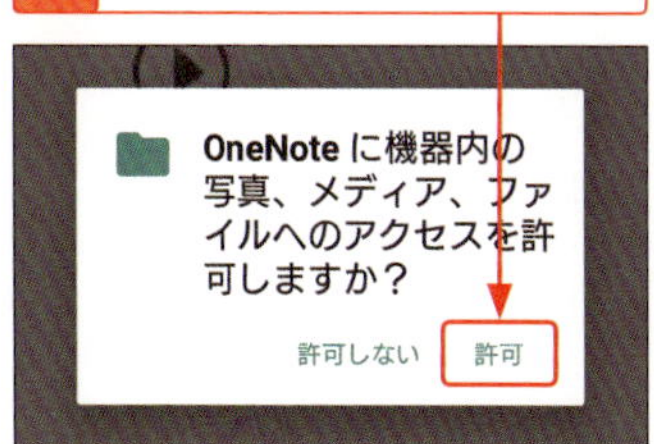

5 画面左上の☰をタップして、写真のあるフォルダをタップし、

6 挿入したい写真をタップします。

7 写真を確認し、

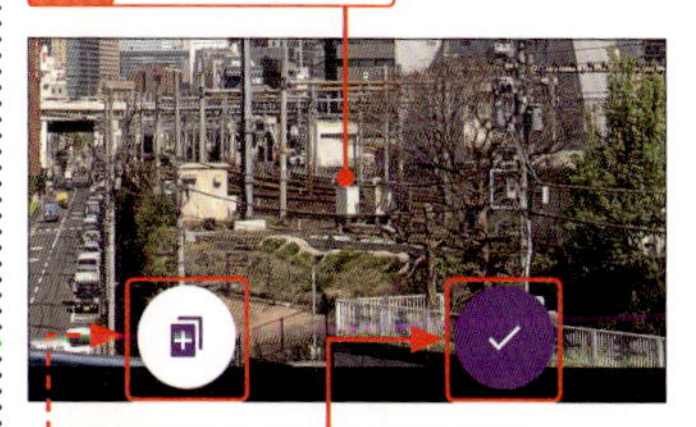

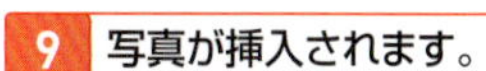

8 ✓をタップします。

⊞をタップすると、挿入する写真を追加できます。

9 写真が挿入されます。

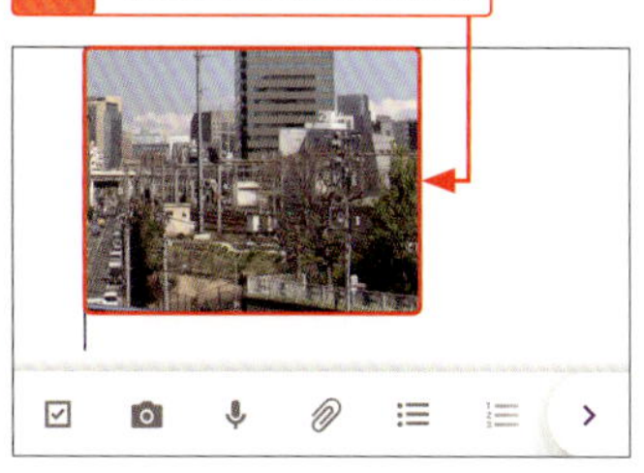

第6章 Android版OneNoteの利用

ドキュメントを撮影してスキャンする

Android版OneNoteでは、撮影した書類の写真が自動的にトリミング／補正されます。スキャナーで取り込んだ画像のように変換されるので便利です。

1 ドキュメントを撮影する

1 ページの作成画面でスキャンしたドキュメントを挿入したい箇所をタップし、

2 をタップします。

3 <写真を取り込む>をタップします。

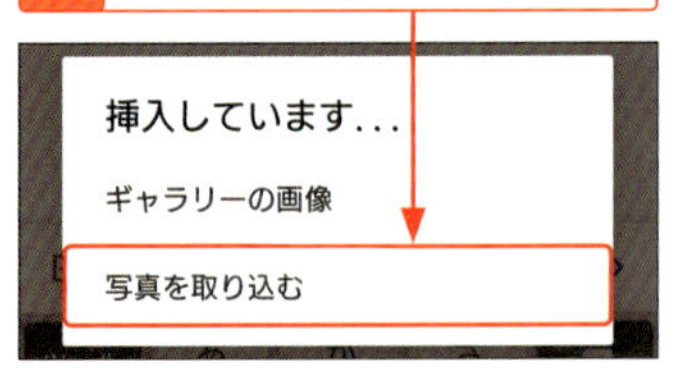

4 許可画面が表示された場合は<許可>をタップします。

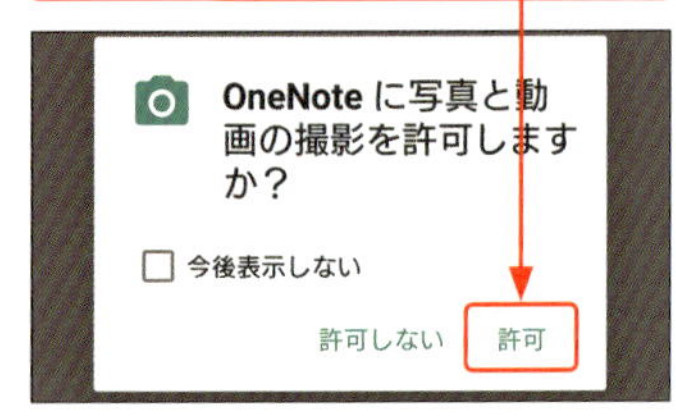

5 <ドキュメント>をタップし、

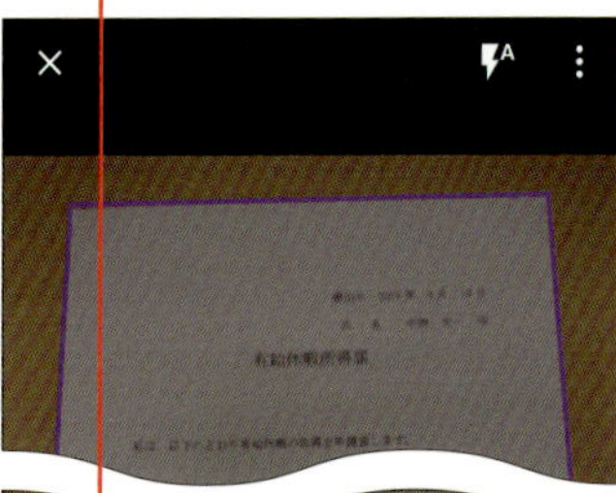

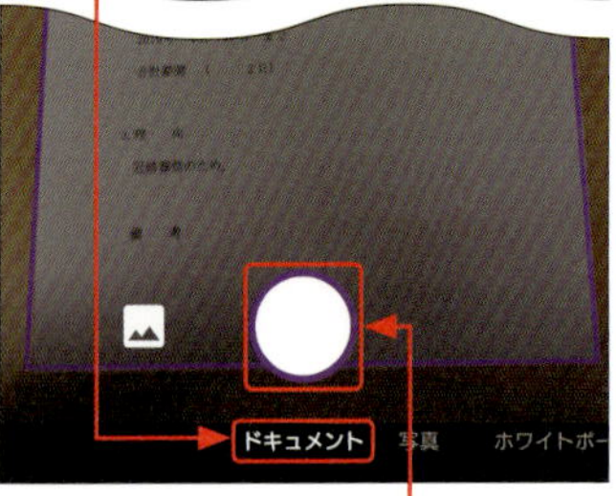

6 をタップします。

Memo

ドキュメントの自動認識機能

撮影したい書類にカメラを向けると、紫色の枠が自動的に表示されます。書類は上図のように多少傾いていても、枠に収まっていれば自動で認識し補正されます。

7 撮影した書類が自動的にトリミング／補正されます。

8 必要に応じて画像を修正し、

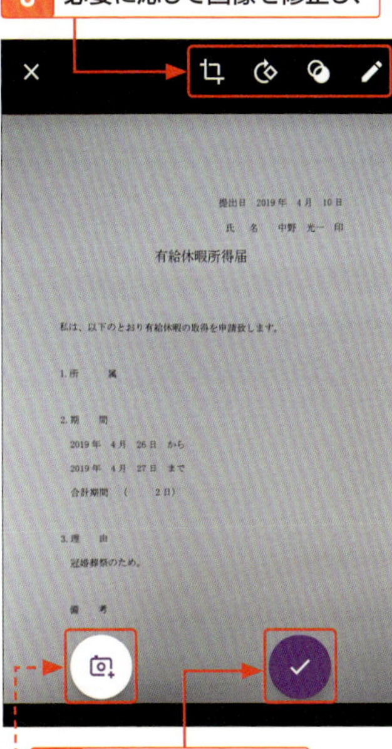

9 ✓をタップします。

複数枚の書類を挿入したいときは、ここで をタップし、再度書類の撮影をします。

10 書類が挿入されます。

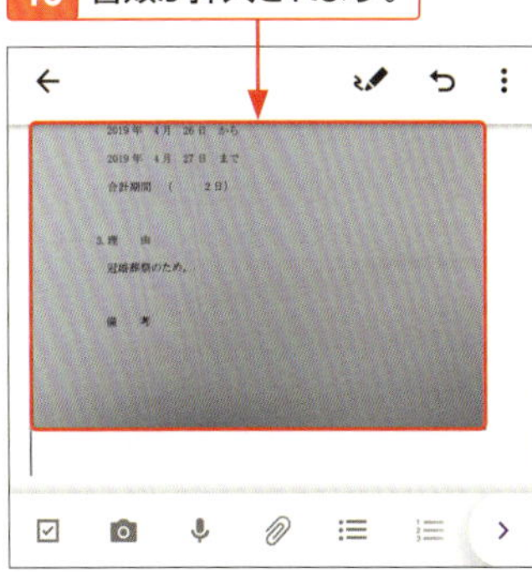

Memo

OneNoteの撮影機能

OneNoteの撮影機能では、通常の撮影モードである「写真」のほかに、書類撮影に特化した「ドキュメント」、ホワイトボード撮影に特化した「ホワイトボード」、名刺撮影に特化した「名刺」の4つのモードがあります。「ドキュメント」「ホワイトボード」「名刺」の3つのモードでは、ピントを合わせた瞬間にほぼ正確に書類などの輪郭を判別し、補正を行います。また、手順**5**の画面で をタップし、写真を選択することで、すでに撮影済みの写真に対しても自動でトリミング／補正を行うこともできます。もし、トリミング／補正がうまくいかなかった場合は、手順**8**の画面上部の をタップし、四隅の位置を調整して＜完了＞をタップすることで、手動で調整が行えます。

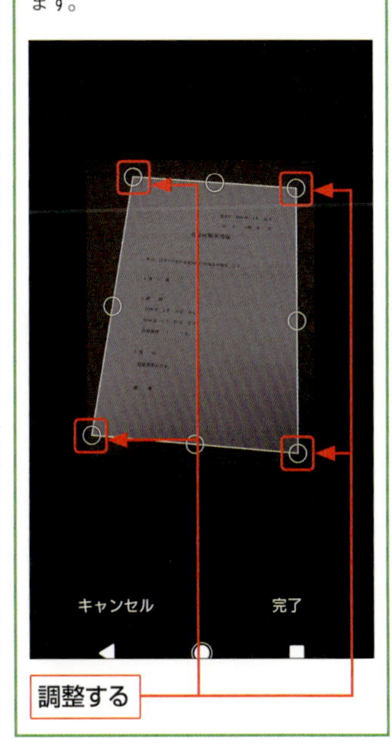

タスクリストを作成する

Android版OneNoteでは、かんたんなタスクリストを作成することができます。完了したタスクはタップすることでチェックを付けられるので、OneNoteをタスクメモとして利用することが可能です。

1 タスクリストを作成する

1 ページの作成画面でページ名を入力し、

2 タスクリストを作成したい箇所をタップしたら、

3 ☑をタップします。

4 チェックボックスが入力されます。

5 タスクを入力して改行すると、次のタスクが入力できます。

6 完了したタスクのチェックボックスをタップすると、チェックを付けられます。

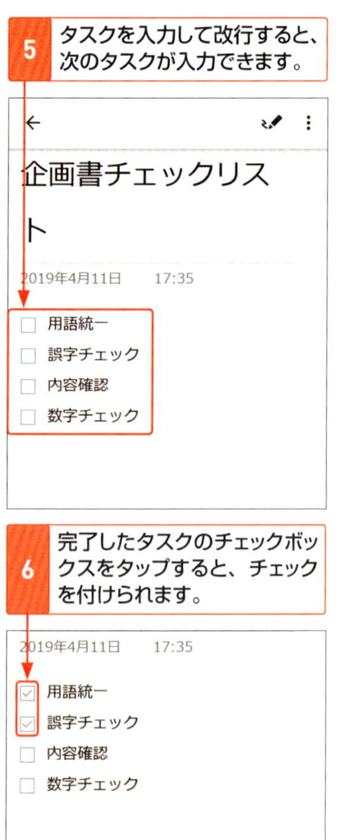

手書きメモを取る

思い付いたアイデアのイメージは、手書きメモを使って絵や図で保存することができます。なお、手書きメモは、入力した文字や挿入済みの写真の上に重ねて作成することも可能です。

1 手書きでメモを取る

1 ページの作成画面で ✍ をタップします。

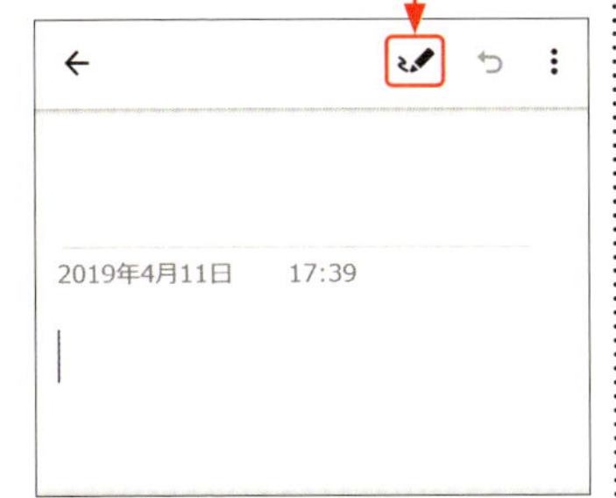

2 手書きモードになり、メニューが表示されます。

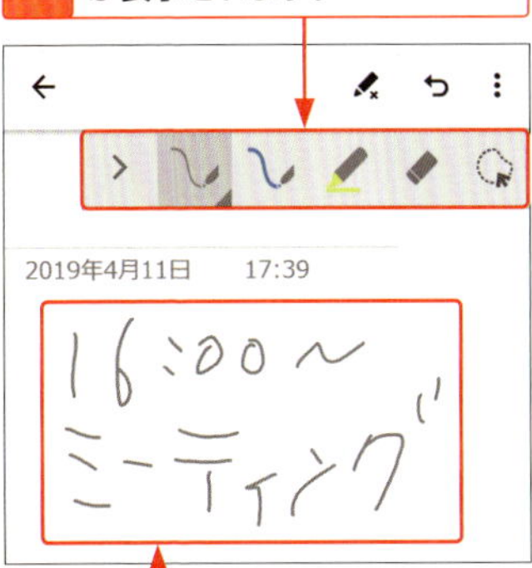

3 画面を指でなぞると、手書き入力ができます。

4 メニューから選択中のペンをタップすると、

5 ペンの色や太さの変更ができます。

6 ✍ をタップすると、手書きモードが終了します。

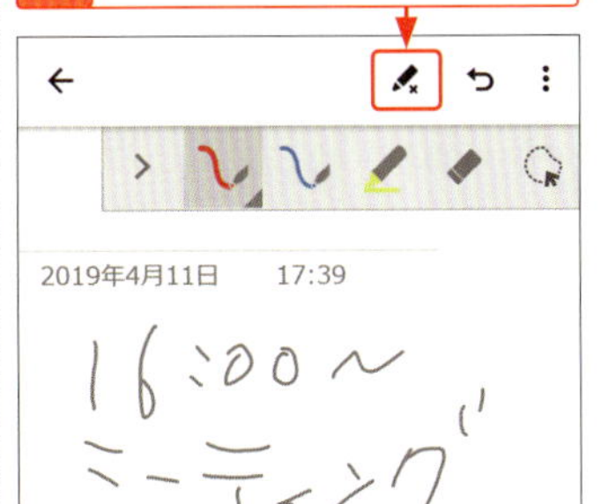

OneNoteバッジですばやくメモを取る

OneNoteバッジを利用すれば、ほかのアプリを使用していてもすばやくメモを作成することができます。なお、OneNoteバッジを使用するためにはスマートフォンの設定でアクセス許可が必要です。

1 OneNoteバッジを起動する

1 <ノートブック>をタップし、

2 ⋮をタップします。

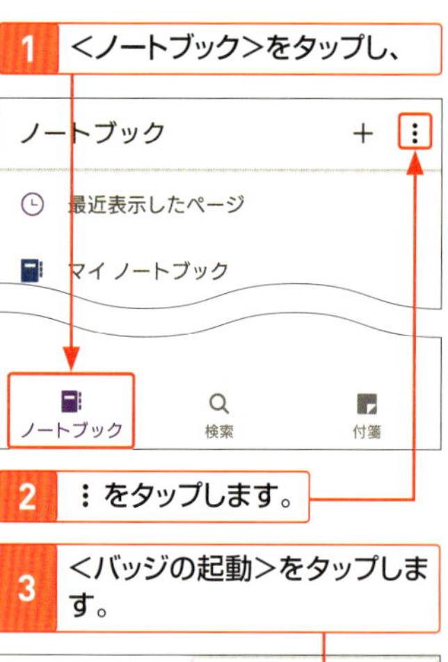

3 <バッジの起動>をタップします。

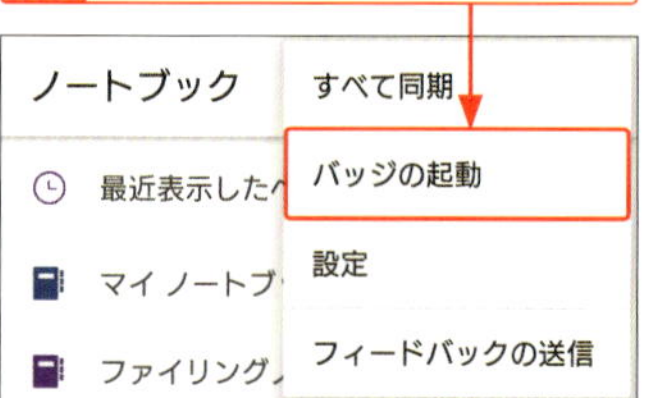

4 初回はチュートリアルが表示されるので、内容を確認し、<OK>をタップします。

OK

5 アクセス許可をするために<設定を開く>をタップします。

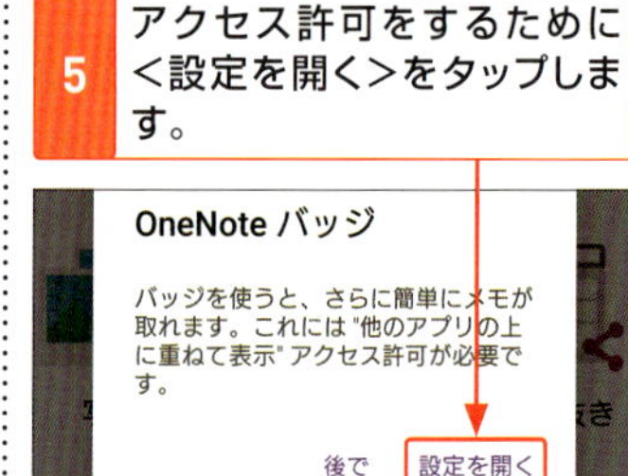

6 をタップして、にします。

7 再度OneNoteアプリを起動し、手順1～3と同じ操作を行うと、

8 OneNoteバッジが起動します。

2 OneNoteバッジを利用する

1 OneNoteアプリを終了し、ホーム画面やほかのアプリを表示します。

2 OneNoteバッジをタップします。

3 ページの内容を入力し、

4 写真を挿入したい場合は、📷をタップします。写真撮影のほかに、書類のスキャンなどもできます。

Memo

OneNoteバッジを移動／終了する

OneNoteバッジはドラッグして画面左右端の好きな場所に移動させることができます。また、画面中央下部に現れる☒の上で、ドラッグしている指を離すと、バッジが画面から消え、終了します。

5 ☑をタップすると、ページが保存されます。

Memo

OneNoteバッジで作成したページの保存場所

OneNoteバッジで作成したページは、初期状態では「マイノートブック」の「クイックノート」に保存されます。別の場所に保存したい場合は、⌄をタップし、<別のセクションを選択>をタップして変更することができます。また、既存のページに入力内容を追加したい場合は、「ページに追加」に表示されているページをタップして選択します。

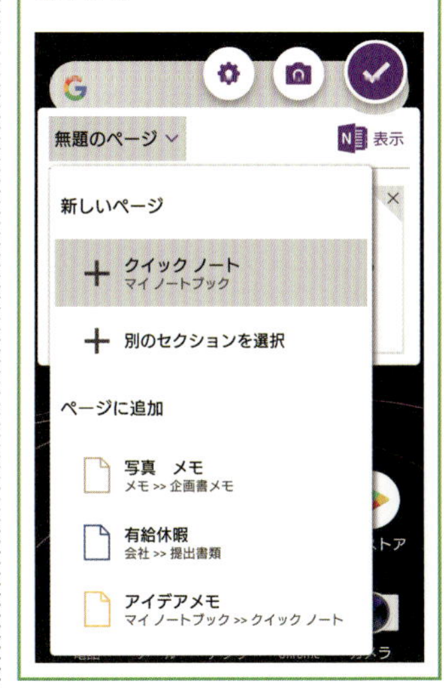

付箋にメモを取る

付箋機能では、カテゴリごとに背景の色を変えることができます。カテゴリごとに背景の色を変えておけば、検索画面で背景の色ごとに検索できるため、管理しやすくなります。

1 付箋にメモを取る

1 OneNoteアプリを起動し、

2 画面下部の<付箋>→<使ってみる>の順にタップして、

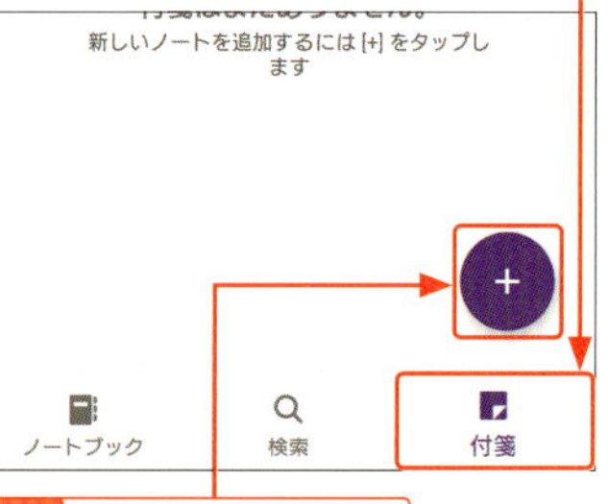

3 ＋をタップします。

4 付箋の内容を入力し、

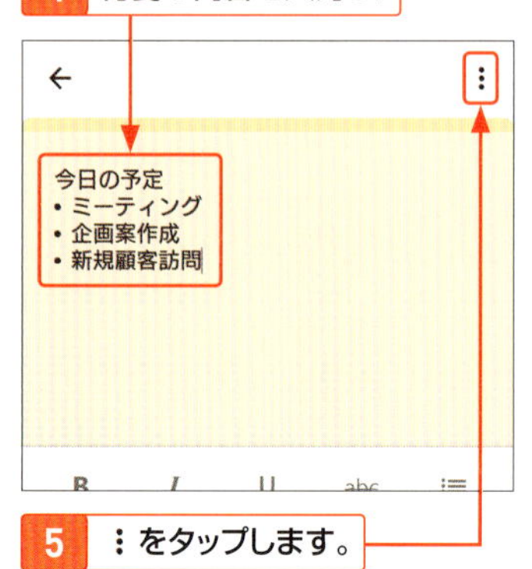

5 ⋮をタップします。

6 必要に応じて背景の色を変更し、

7 ←をタップすると、付箋が保存されます。

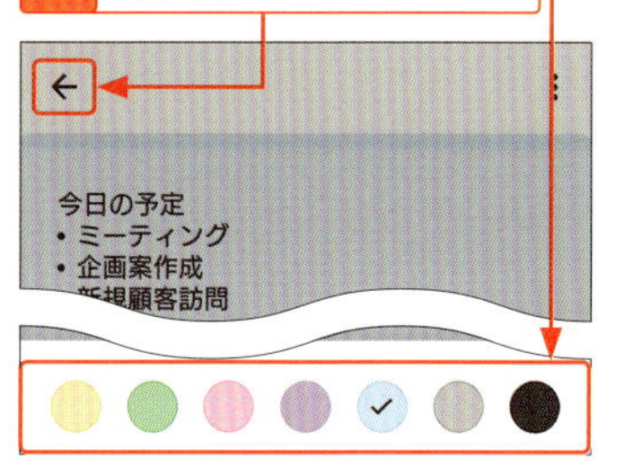

Memo 付箋をパソコンと同期する

OneNoteの付箋に入力した内容は、同じMicrosoftアカウントでサインインしたWindows 10の標準付箋アプリ「Microsoft Sticky Notes」と同期されます。外出先でもパソコンで作成した付箋が確認できるので便利です。

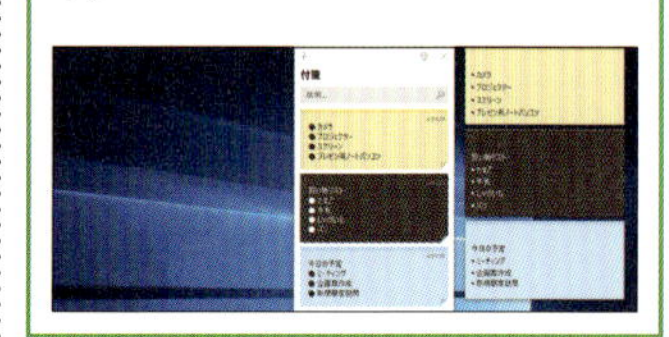

第7章

iPhone版 OneNoteの利用

iPhoneでOneNoteを使う

iPhoneでOneNoteを利用すれば、外出先でメモを作成したり、移動中にメモを確認したりすることができます。メモを同期して、思い付いたことを忘れないようにしましょう。

1 iPhone版OneNoteの特徴

iPhone版OneNoteは、パソコンで利用しているOneNoteと同じMicrosoftアカウントを利用することで、OneDriveに保存したノートブックを操作できます。パソコンで作成したノートブックをiPhoneで見たり、外出中にiPhoneで撮影した写真をページに貼り付けて、あとからパソコンで整理したりすることも可能です。なお、本書執筆時点では、iPhone版OneNoteに手書きメモの機能はありません。

思い付いたときにすぐにメモができる

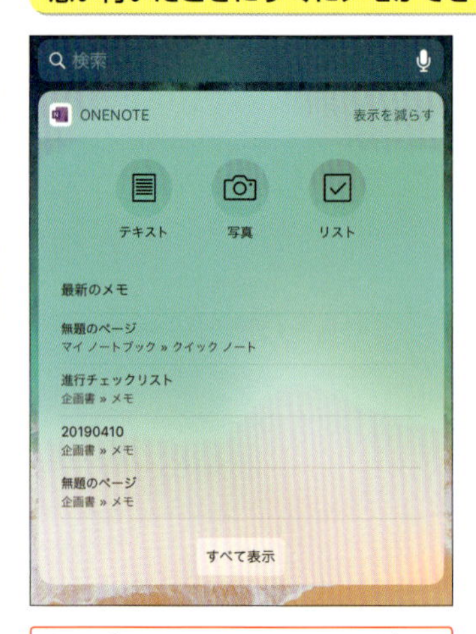

ウィジェットにOneNoteを登録することで、すばやくメモを作成したり、参照したりすることができます。

ブラウザアプリの「Safari」を利用中に →<OneNote>の順にタップすると、Webサイトのリンク付きメモを作成できます。

2 iPhone版OneNoteの画面構成

ノートブック画面

パソコンで使用しているノートブックをそのまま閲覧／編集できます。

セクション画面

各セクションをタップすると、ページの一覧画面が表示されます。

検索画面

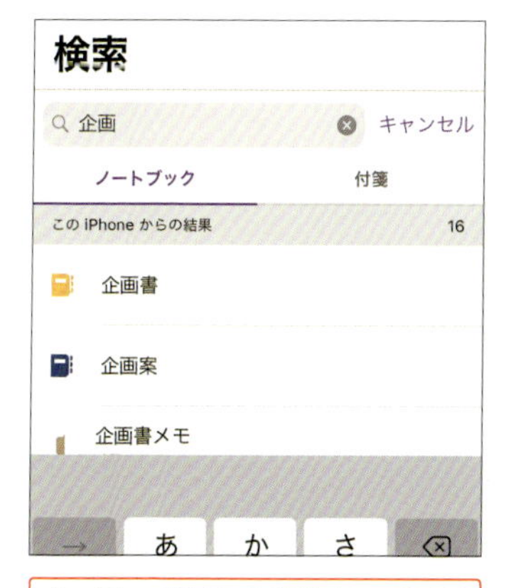

キーワードを入力すると、メモの内容や付箋を検索できます。メモの数が増えすぎてしまったときなどに便利です。

付箋画面

付箋にメモを登録して、Windows 10のSticky Notesと同期することができます。登録した付箋は一覧で表示されます。

iPhone版OneNoteを起動する

iPhone版OneNoteを利用するには、アプリをダウンロードして、インストールする必要があります。App Storeからアプリをダウンロードしましょう。

1 iPhone版OneNoteをインストールする

1 ホーム画面で＜App Store＞をタップします。

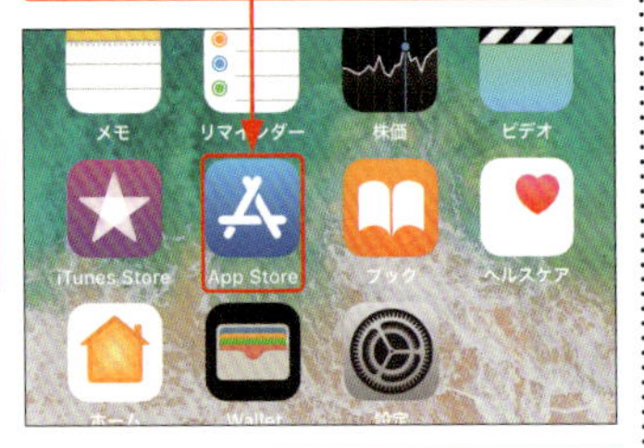

2 画面最下部右端の＜検索＞をタップし、

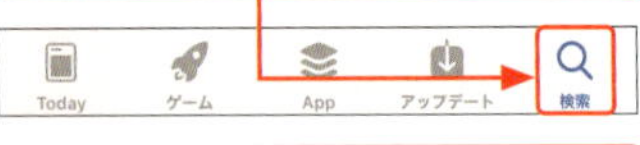

3 検索欄に「onenote」と入力して、

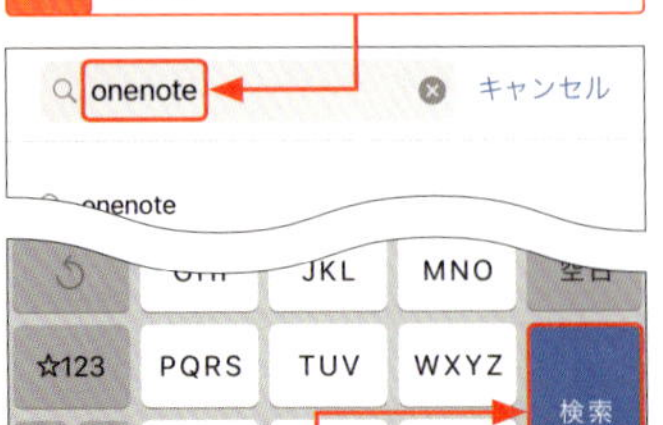

4 ＜検索＞または＜Search＞をタップします。

5 検索結果から＜Microsoft OneNote＞をタップします。

6 ＜入手＞をタップします。

7 ＜インストール＞をタップします。

2 iPhone版OneNoteを起動する

1 ホーム画面で＜OneNote＞をタップします。

2 ＜サインイン＞をタップします。

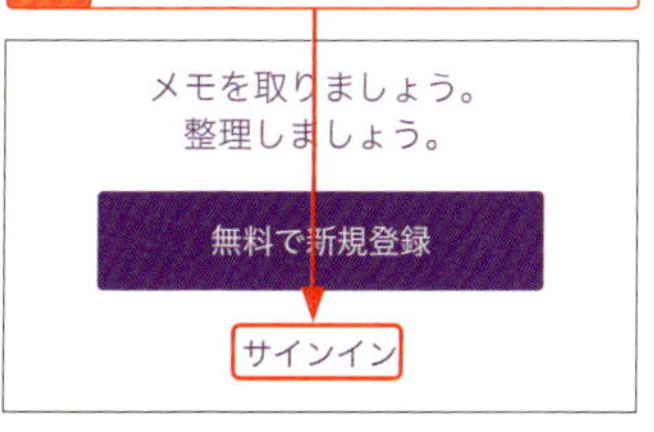

3 パソコン版と同じMicrosoftアカウントのメールアドレスを入力し、

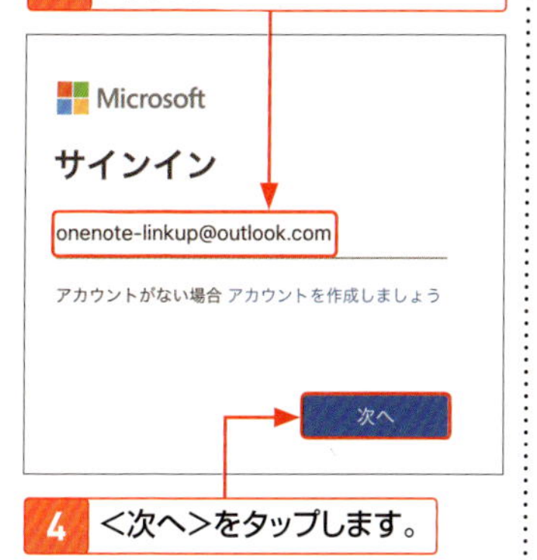

4 ＜次へ＞をタップします。

5 パスワードを入力し、

6 ＜サインイン＞をタップします。

7 内容を確認し、＜はい＞または＜いいえ＞をタップします。

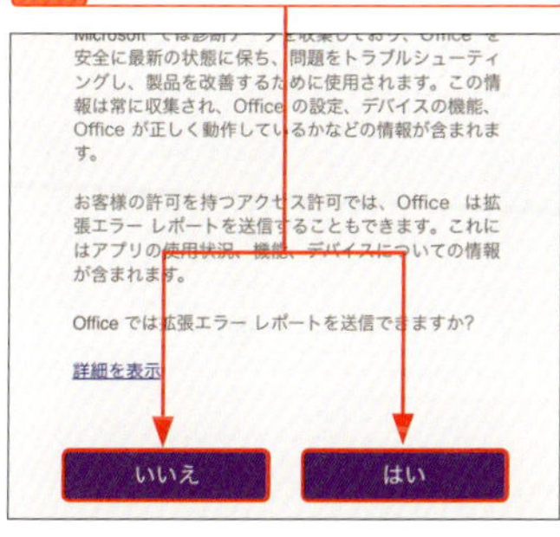

Memo

入力するMicrosoftアカウント

手順 3 で入力するMicrosoftアカウントは、OneNote for Windows 10と同じものにしましょう。OneNote for Windows 10で作成したページをiPhone版OneNoteで閲覧したり、iPhone版OneNoteで作成したページをOneNote for Windows 10で編集したりすることができます。なお、2回目以降の起動では、Microsoftアカウントやパスワードの入力、通知の許可設定などは必要ありません。

ノートブックを閲覧する

iPhone版OneNoteでは、OneDriveに保存されたノートブックを閲覧できます。すでにOneNote for Windows 10で作成したノートブックがあれば、すぐに閲覧することが可能です。

1 ノートブックを閲覧する

1 P.193を参考にOneNoteを起動します。

2 初回起動時は通知の許可画面が表示されるので、<OK>→<許可>の順にタップして、通知を許可します。

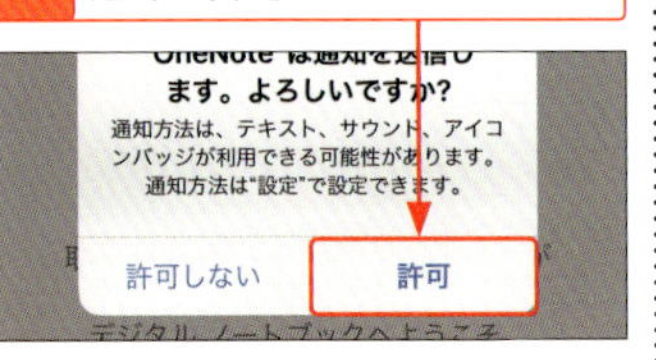

3 iPhone版OneNoteで使用したいノートブックの○をタップして✓にし、

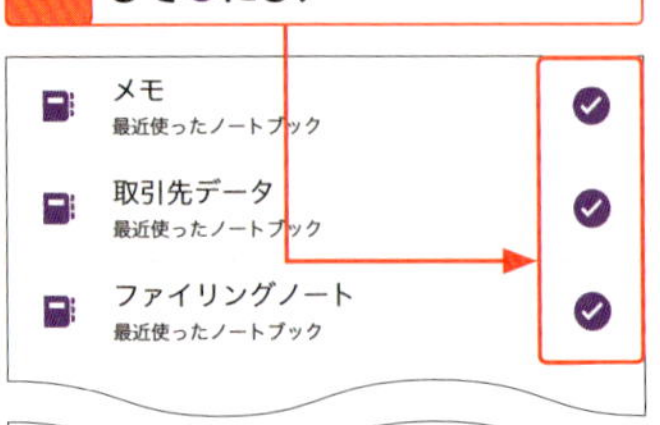

4 <OneNoteの使用開始>をタップします。

5 <使ってみる>をタップします。

Memo

開きたいノートブックが表示されていないとき

手順2〜5の操作は、2回目以降の起動では不要です。手順3で開きたいノートブックが表示されていない場合は、手順6の画面で<その他のノートブック>をタップします。

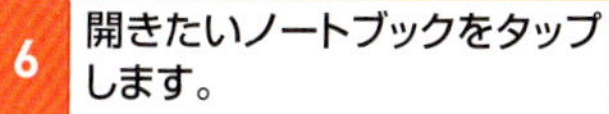

6 開きたいノートブックをタップします。

7 開きたいセクションをタップします。

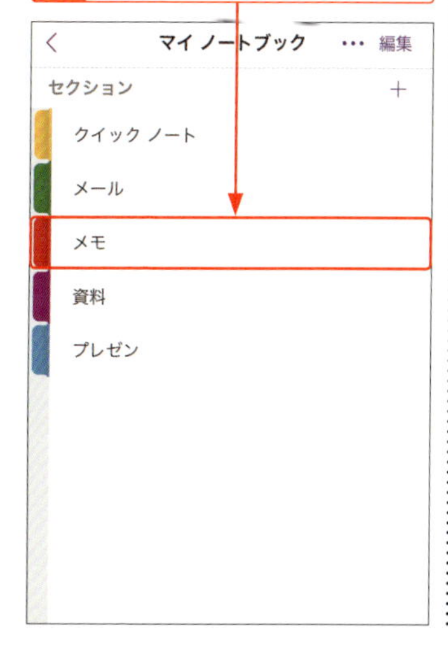

8 閲覧したいページをタップします。

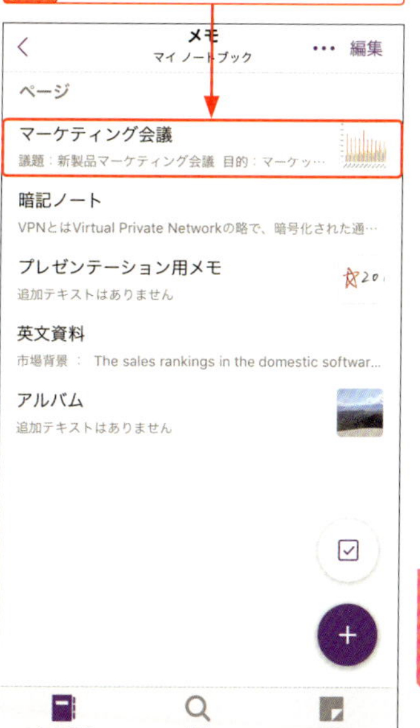

9 ページが表示されます。

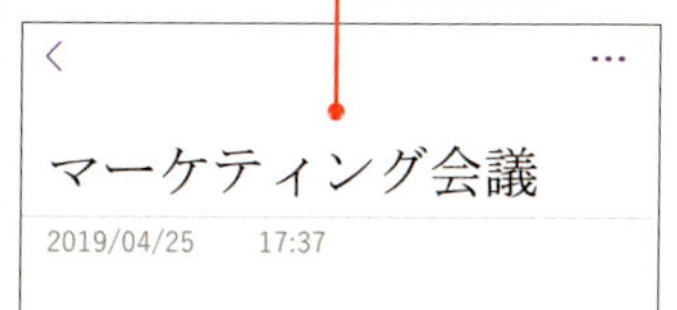

メモを入力する

iPhone版OneNoteでは、ページを新規に作成してメモを入力することができます。入力した内容はOneDriveに保存されるので、OneNote for Windows 10で閲覧／編集することが可能です。

1 メモを入力する

1 Sec.89を参考に新規ページを作成したいノートブックのセクションを表示し、

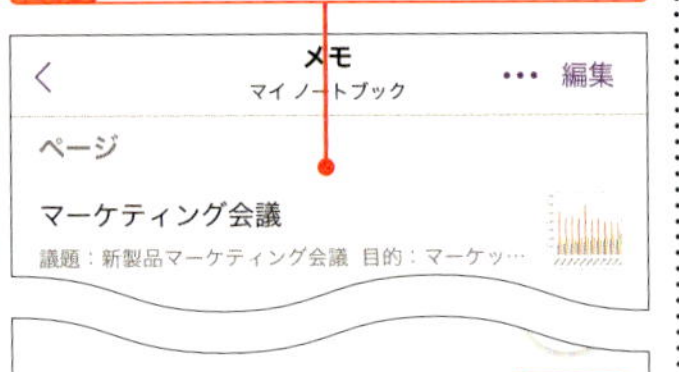

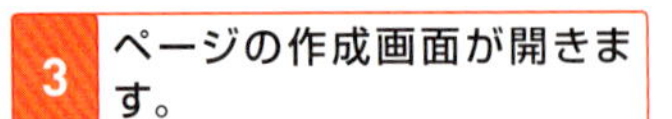
2 ＋をタップします。

3 ページの作成画面が開きます。

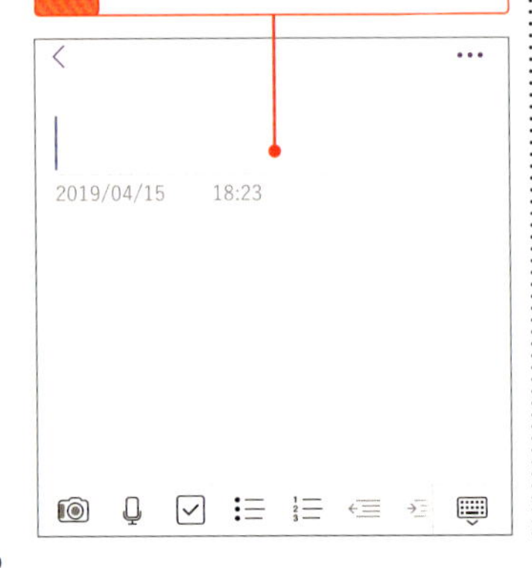

4 ページの内容を入力します。

5 ページは自動で保存されます。

Hint

ページを削除／移動する

開いているページの削除や移動を行いたい場合は、ページ右上の … をタップし、メニューから選択します。

ページの削除
リスト表示
ページへのリンクをコピー
ページの移動

第7章 iPhone版OneNoteの利用

2 メモを見やすくする

iPhone 版 OneNote ではページ内の文字を装飾して、メモを見やすくすることができます。ここでは、おもな装飾の例を紹介します。なお、文字の装飾は、キーボード上部のアイコンをタップして行います。アイコンは左右にスワイプして選択しましょう。

箇条書き／段落番号

箇条書きにしたい行をタップし、☰をタップします。なお、☰をタップすると、段落番号が付きます。

インデントの変更

☰や☰をタップすると、インデントの変更ができます。

太字／斜体／下線

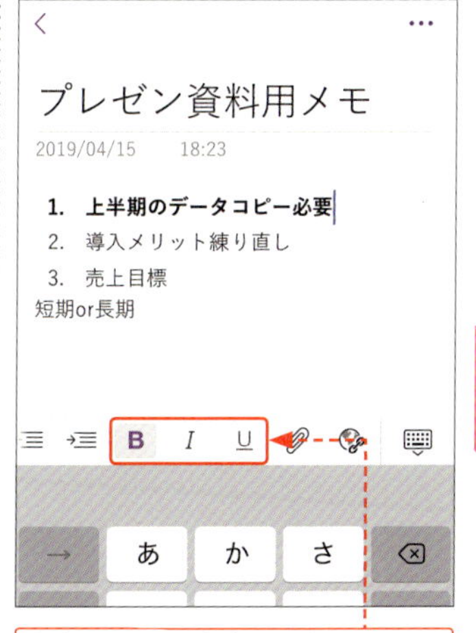

太字にしたい文字を長押しして選択し、 B をタップします。なお、 I で斜体、 U で下線が付きます。

Memo

そのほかのアイコン

アイコンには、文字を装飾する以外にもさまざまな機能があります。📎をタップすると、iPhone本体やiCloud Driveに保存されている音楽ファイルやドキュメントファイルを添付できます。また、🔗をタップすると、Webサイトへのリンクを貼ることができます。なお、🎙（オーディオ）、📷（カメラ）についてはSec.91で、☑（チェックボックス）についてはSec.93で解説しています。

音声や写真を挿入する

iPhone版OneNoteでは、メモに音声や写真を挿入することができます。文字を入力しなくてもすばやくメモを取ることができるので、とても便利です。

1 音声を挿入する

1 ページの作成画面で音声を挿入したい箇所をタップし、

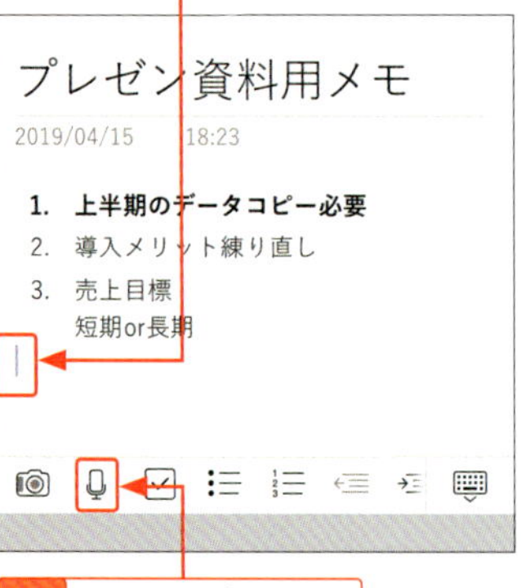

2 🎙をタップします。

3 マイクへのアクセス許可画面が表示された場合は<OK>をタップします。

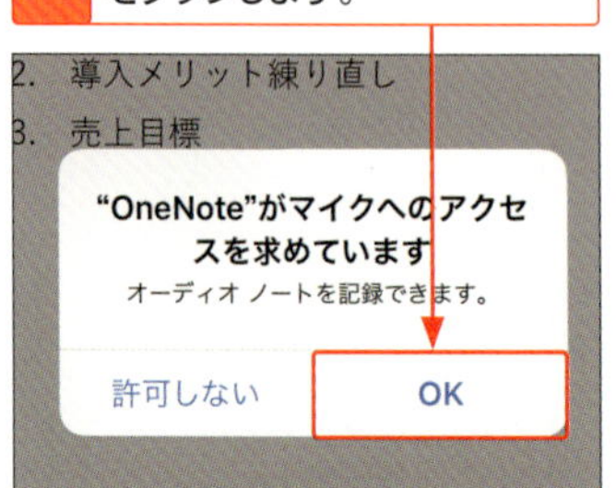

4 音声の録音が始まるので、iPhoneのマイクに向かってしゃべり、

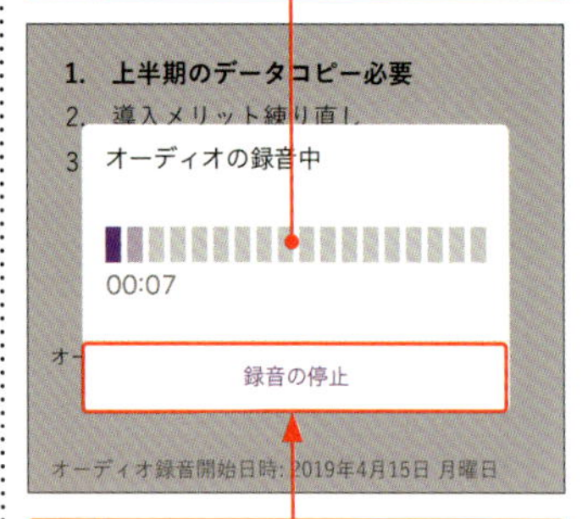

5 <録音の停止>をタップして、録音を停止します。

6 音声が挿入されます。♫→<再生>の順にタップすると、音声が再生されます。

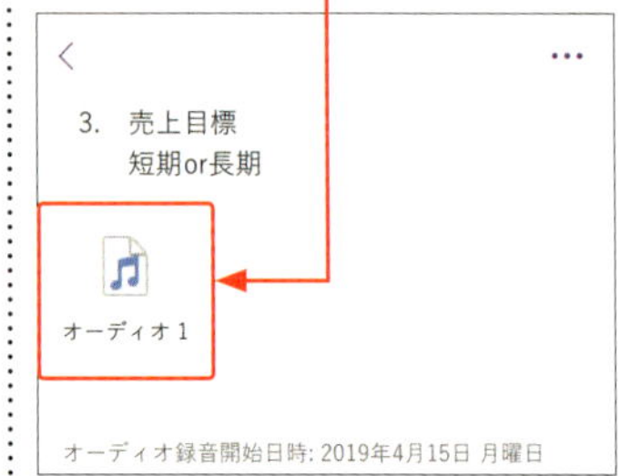

2 写真を挿入する

1 ページの作成画面で写真を挿入したい箇所をタップし、

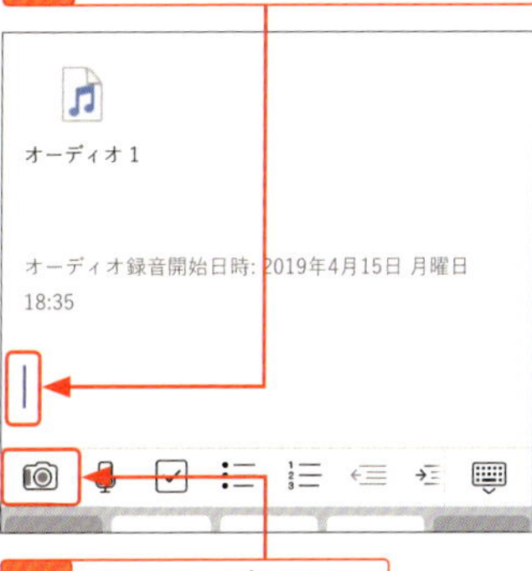

2 をタップします。

3 <ライブラリから>をタップします。

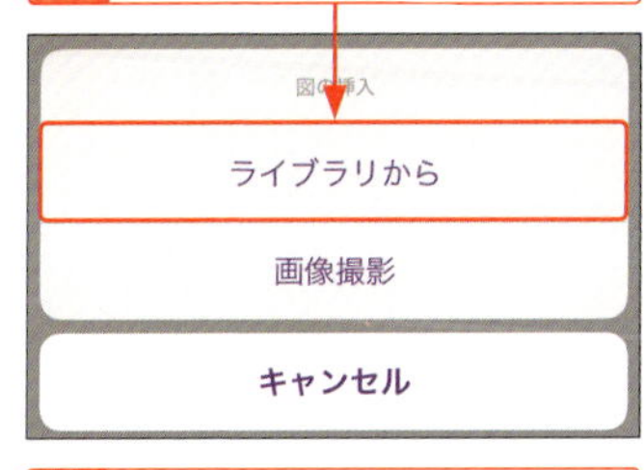

4 写真へのアクセス許可画面が表示された場合は<OK>をタップします。

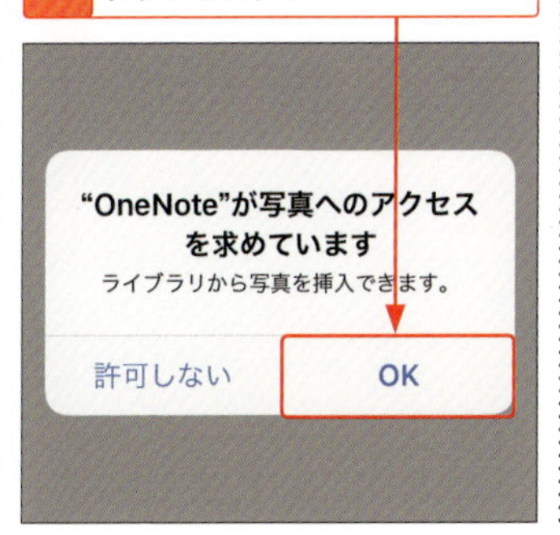

5 写真のあるフォルダをタップし、

6 挿入したい写真をタップして、

7 <完了>をタップします。

8 写真を確認し、

9 <完了>をタップします。

をタップすると、挿入する写真を追加できます。

10 写真が挿入されます。

ドキュメントを撮影してスキャンする

iPhone版OneNoteには、撮影した**書類の写真を自動的にトリミング／補正**し、スキャナーで取り込んだ画像のように変換する機能が備わっています。詳しい解説は、Sec.82を参照してください。

1 ドキュメントを撮影する

1 ページの作成画面でスキャンしたドキュメントを挿入したい箇所をタップし、

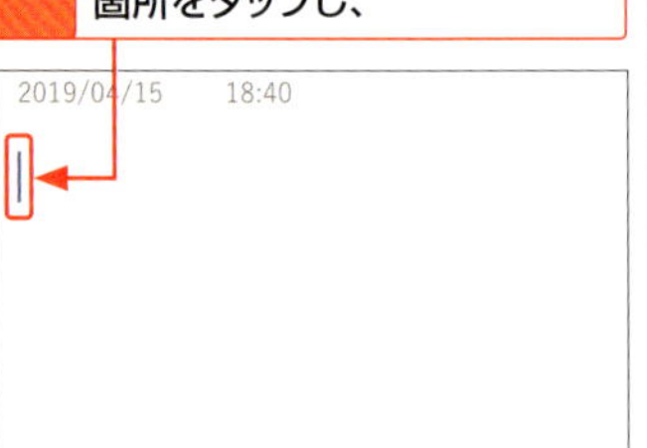

2 📷をタップします。

3 <画像撮影>→<OK>の順にタップします。

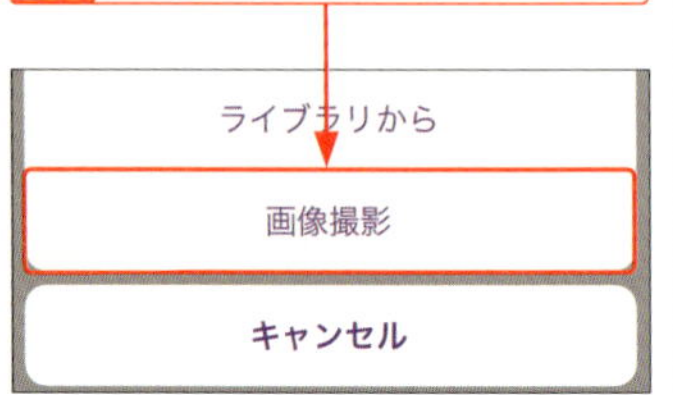

4 <ドキュメント>をタップし、

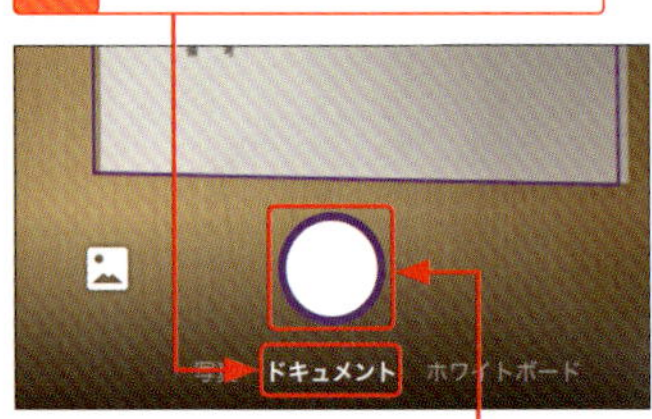

5 紫色の枠に書類が収まるようにして、◯をタップします。

6 トリミング／補正された書類を確認し、

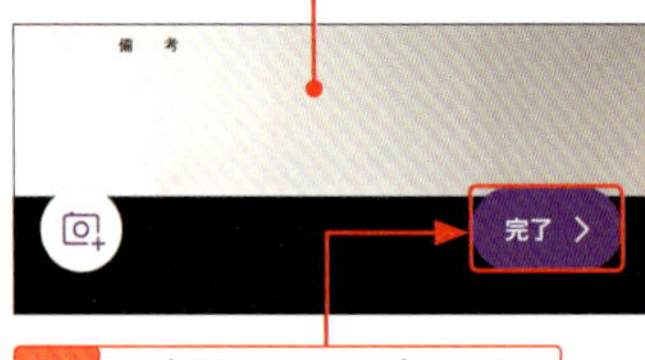

7 <完了>をタップします。

8 書類が挿入されます。

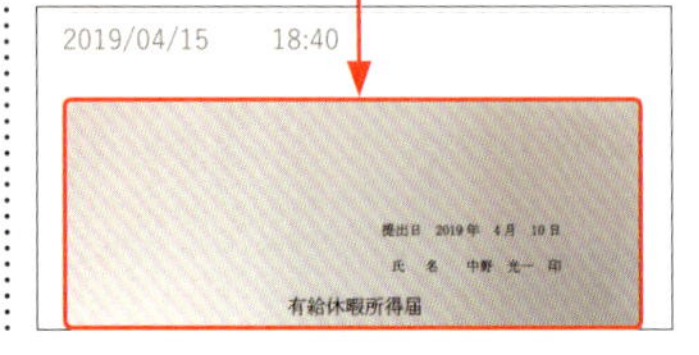

タスクリストを作成する

iPhone版OneNoteでは、かんたんなタスクリストを作成することができます。完了したタスクはタップすることで非表示になるので、OneNoteをタスクメモとして利用することが可能です。

1 タスクリストを作成する

1 ページの一覧画面で☑をタップします。

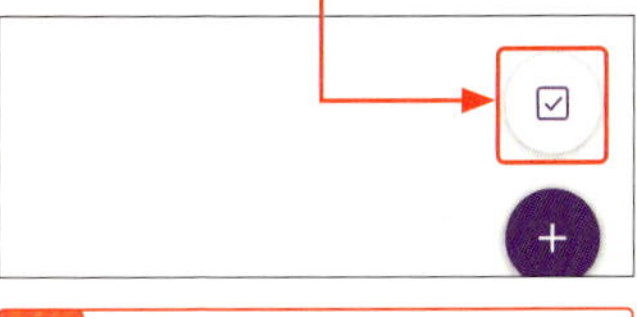

2 リストの作成画面が開きます。

3 ページ名を入力し、

4 タスクを入力して改行すると、次のタスクが入力できます。

5 完了したタスクのチェックボックスをタップすると、非表示になります。

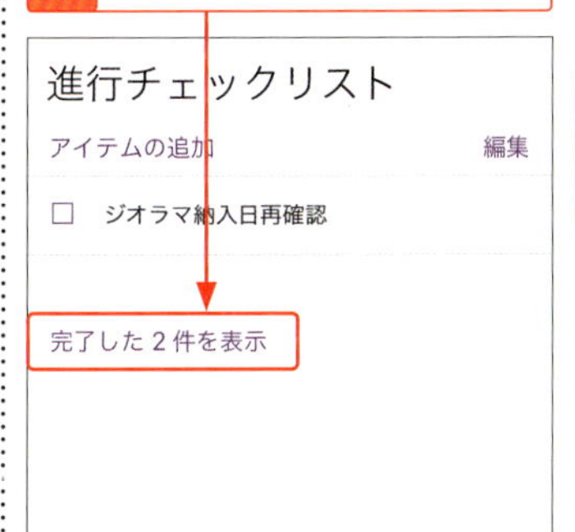

Hint チェック項目が表示されるタスクリストを作成する

ここで解説した方法でタスクリストを作成すると、完了したタスクが非表示になりますが、ページの作成画面でキーボード上部の☑をタップすると、チェックボックスが非表示にならないタスクリストを作成することもできます。詳しい作成方法はSec.83を参照してください。なお、ほかの機種でiPhoneから作成したタスクリストを見た場合、チェックした項目はそのまま表示されます。

付箋にメモを取る

付箋機能では、カテゴリごとに背景の色を変えることができます。同じMicrosoftアカウントでサインインしたWindows10の「Microsoft Sticky Notes」との同期も可能です（Sec.86参照）。

1 付箋にメモを取る

1 OneNoteアプリを起動し、

2 画面下部の<付箋>→<使ってみる>の順にタップして、

3 ＋をタップします。

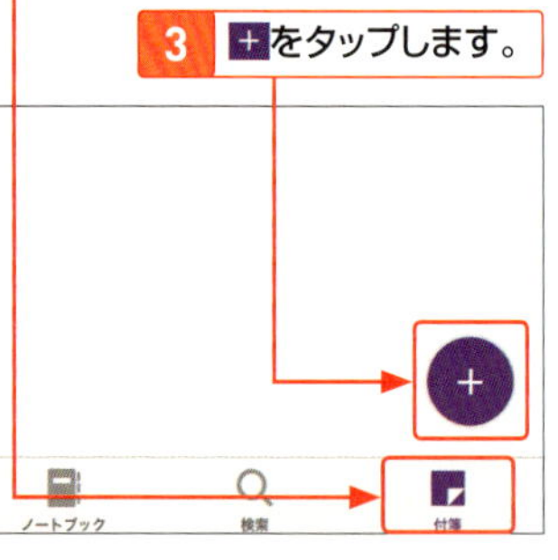

4 付箋の内容を入力し、

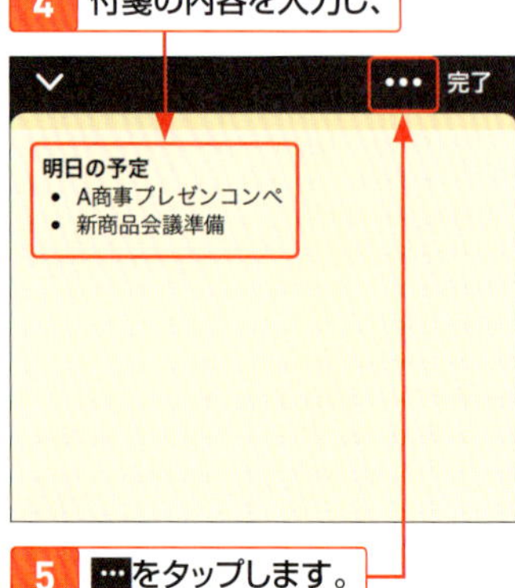

5 …をタップします。

6 必要に応じて背景の色を変更します。

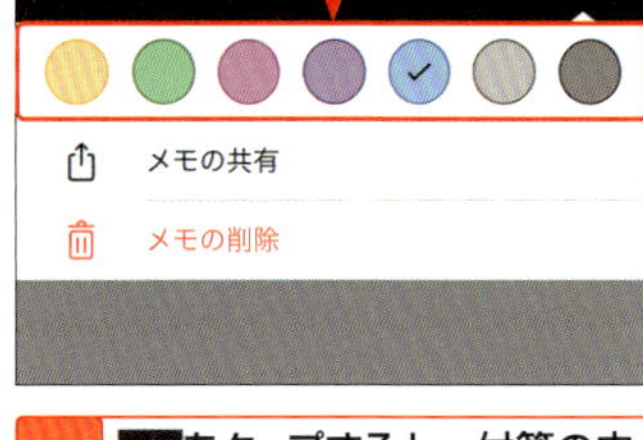

7 ✓をタップすると、付箋の内容が保存され、付箋の一覧が表示されます。

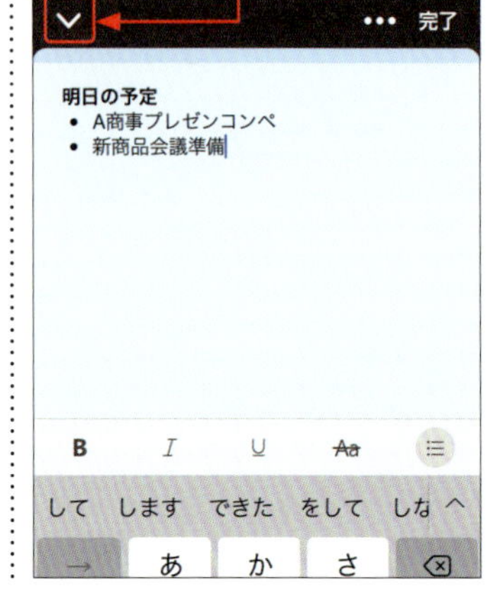

第8章

iPad版 OneNoteの利用

iPadでOneNoteを使う

iPadでOneNoteを利用すれば、外出先でメモを作成したり、移動中にメモを確認したりすることができます。メモを同期して、思い付いたことを忘れないようにしましょう。

1 iPad版OneNoteの特徴

iPad版OneNoteは、パソコンやスマートフォンで利用しているOneNoteと同じMicrosoftアカウントを利用することで、OneDriveに保存したノートブックを操作できます。パソコンやスマートフォンで作成したノートブックをiPadで見たり、外出中にiPadで撮影した写真をOneNoteのページに貼り付けて、あとからパソコンやスマートフォンで整理したりすることも可能です。なお、iPad版OneNoteはiPhone版OneNoteとは異なり、手書きメモや図形の描画が可能です。

手書きメモができる

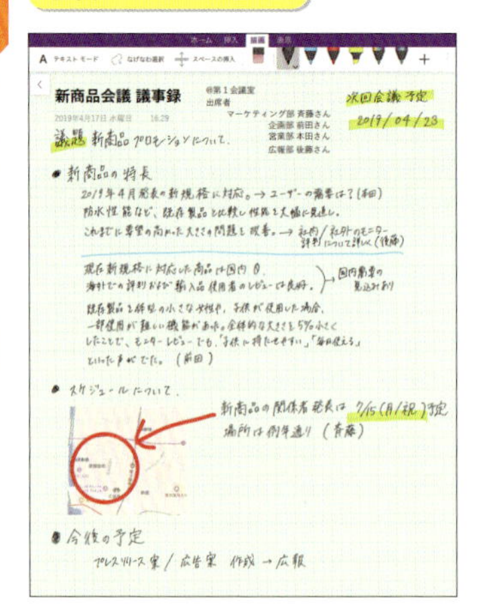

手書きメモを利用して写真への書き込みなどができます。Apple Pencilの利用も可能です。

すぐにメモができる

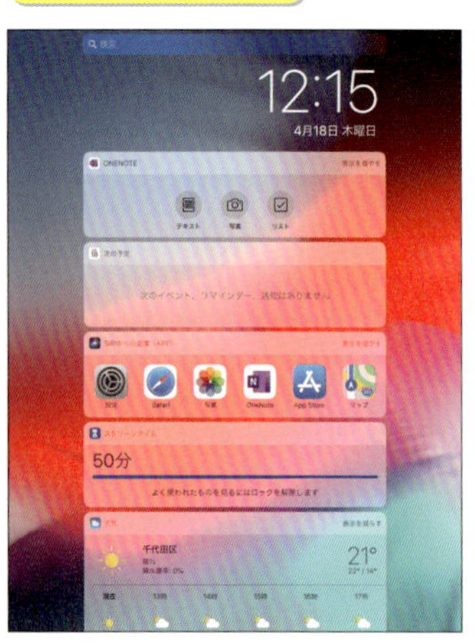

ウィジェットにOneNoteを登録することで、すばやくメモを作成することができます。

2 iPad版OneNoteの画面構成

ノートブック／セクション／ページの一覧画面

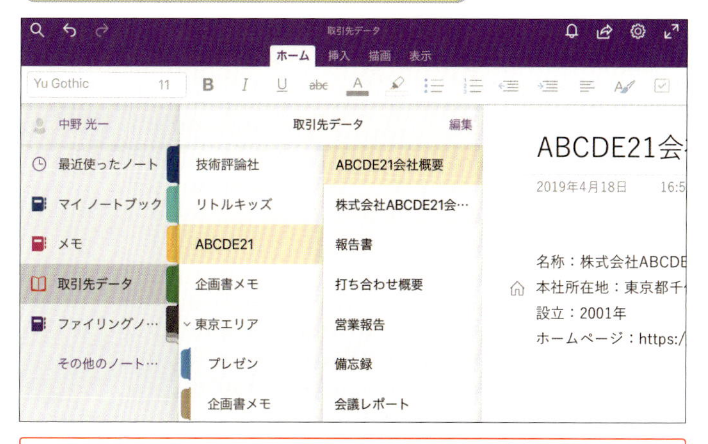

パソコンで使用しているノートブックをそのまま閲覧／編集できます。セクションやページをタップすると、ページの一覧と該当のページが表示されます。

ページの作成画面

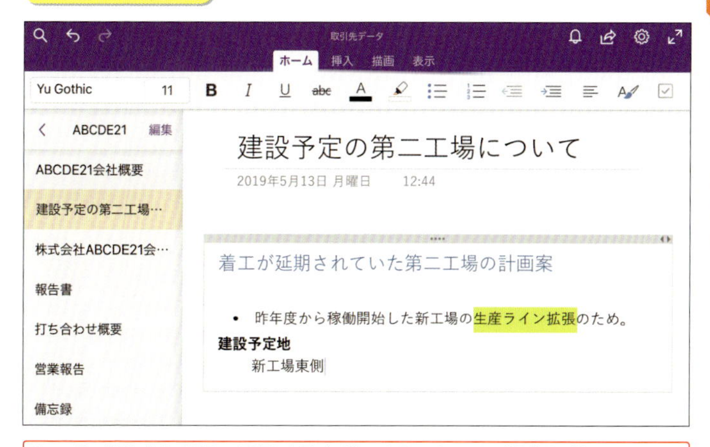

キーボード入力に加え、手書き入力ができるほか、タブを切り替えることでリボンが表示され、各ツールが利用できます。ページ一覧を折りたたみ、ページのみを表示させることもできます。

ノートブックを閲覧する

iPad版OneNoteでは、OneDriveに保存されたノートブックを閲覧できます。そのため、すでにデスクトップ版OneNoteなどで作成したノートブックがあれば、すぐに閲覧することが可能です。

1 ノートブックを閲覧する

1 Sec.88を参考にあらかじめiPad版OneNoteをインストールして起動し、Microsoftアカウントでサインインします。

2 初回起動時は通知の許可画面が表示されるので、<OK>→<許可>の順にタップして、通知を許可します。

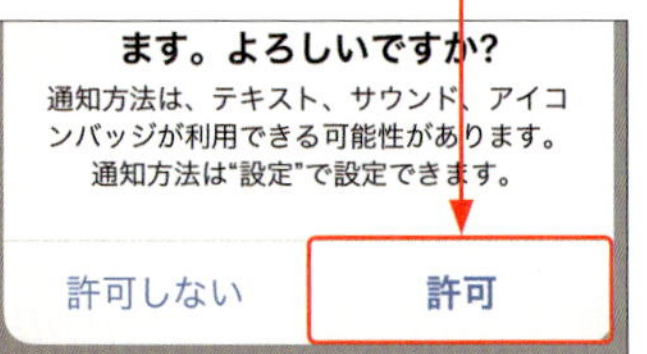

3 iPad版OneNoteで使用したいノートブックの○をタップして✓にし、

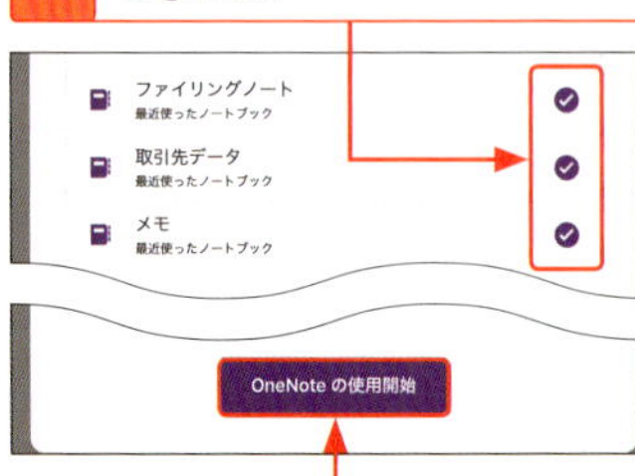

4 <OneNoteの使用開始>をタップします。

5 同期が終了したら、＜をタップします。

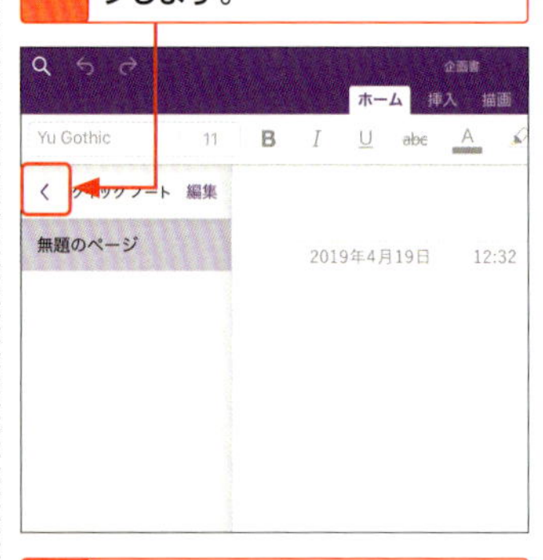

6 開きたいノートブックをタップし、

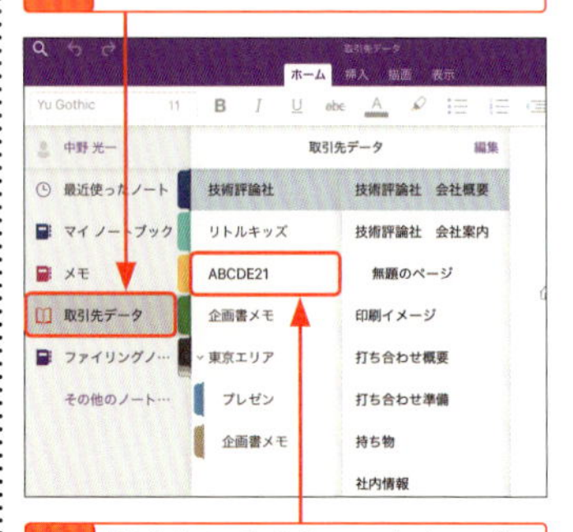

7 開きたいセクションをタップします。

8 閲覧したいページをタップします。

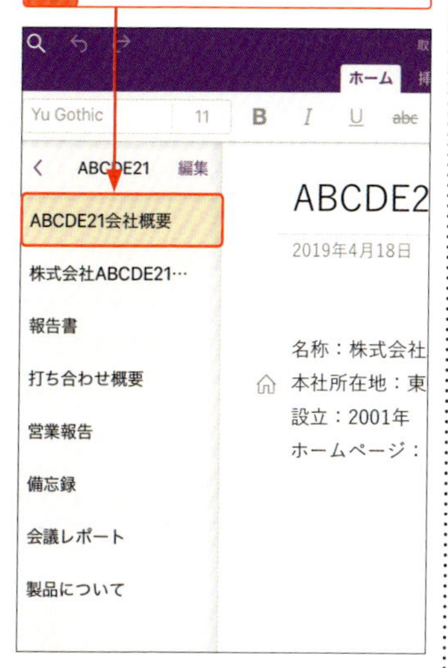

9 ページが表示されます。

10 ＜をタップします。

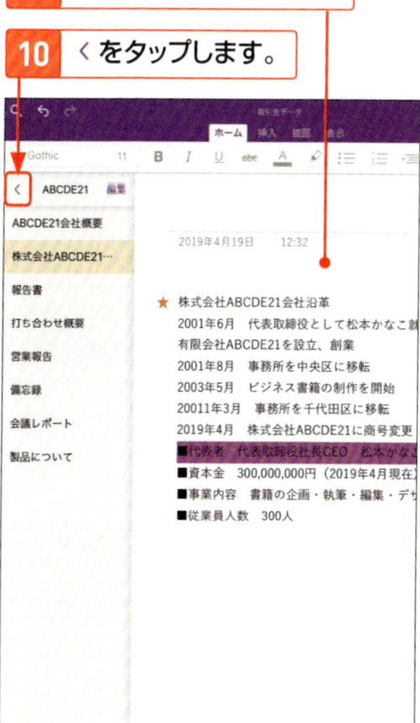

11 P.206手順**6**～**7**の画面に戻り、別のノートブックを閲覧できます。

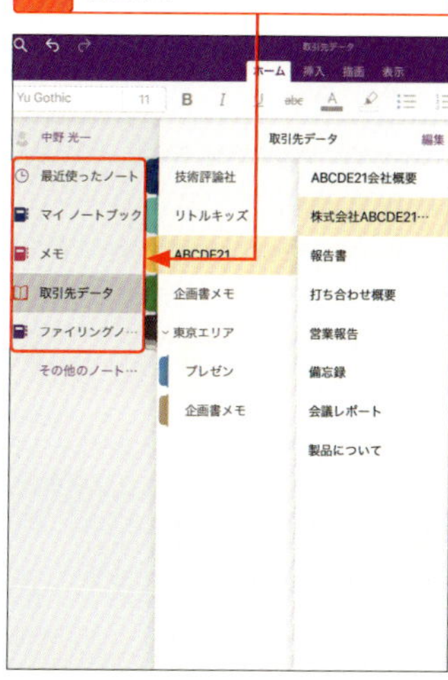

Memo 開きたいノートブックが表示されていないとき

P.206手順**2**～**5**の操作は、2回目以降の起動では不要です。開きたいノートブックが表示されていない場合は、P.206手順**6**の画面で<その他のノートブック>をタップして開きたいノートブックを選択します。

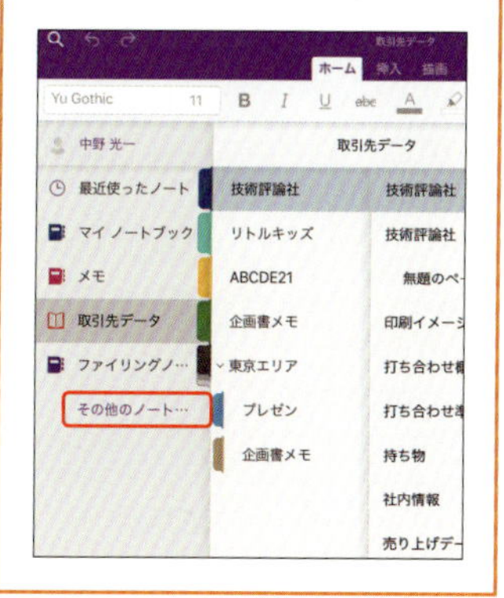

メモを入力する

iPad版OneNoteでは、ページを新規に作成してメモを入力することができます。入力した内容はOneDriveに保存されるので、OneNote for Windows 10で閲覧／編集することが可能です。

1 メモを入力する

1 Sec.96を参考に新規ページを作成したいセクションをタップします。

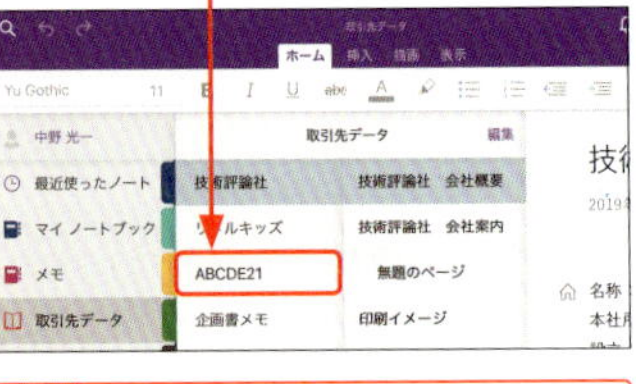

2 <＋ページ>をタップします。

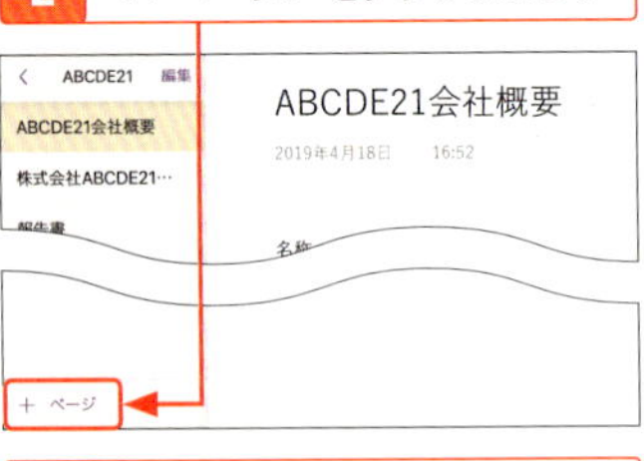

3 ページの作成画面が開きます。

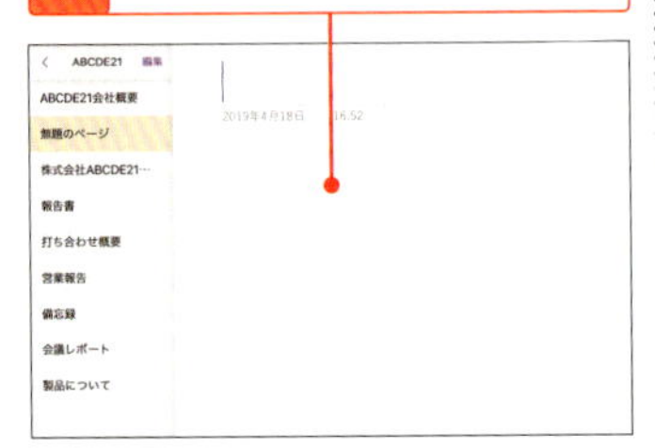

4 ページの内容を入力します。

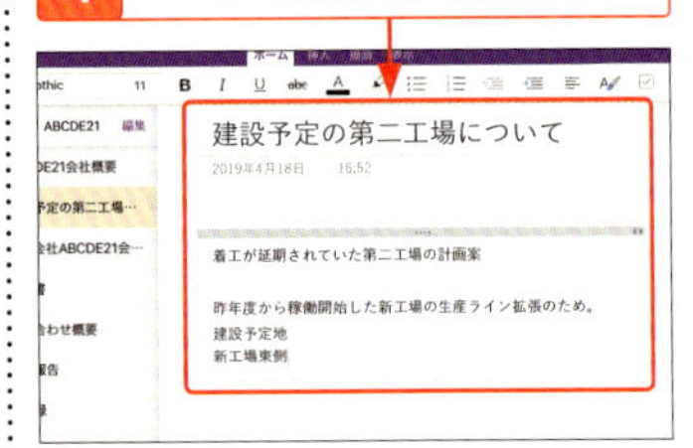

5 ページは自動で保存されます。

Hint ページを削除／移動する

ページの削除や移動を行いたい場合は、セクションタブの右横にある<編集>をタップし、削除／移動したいページにチェックを付け、削除したい場合は 🗑 を、別のノートブックやセクションに移動したい場合は ⎘ をタップします。

2 メモを見やすくする

iPad 版 OneNote ではページ内の文字を装飾して、メモを見やすくすることができます。ここでは、おもな装飾の例を紹介します。なお、文字の装飾は、画面上部にある＜ホーム＞タブからツールをタップして行います。

箇条書き／段落番号／インデントの変更

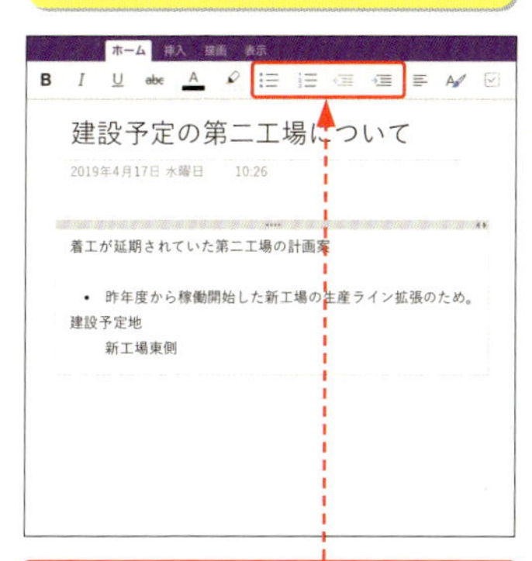

箇条書きにしたい行をタップし、をタップします。なお、をタップすると、段落番号が付き、やをタップすると、インデントの変更ができます。

太字／斜体／下線／取り消し線

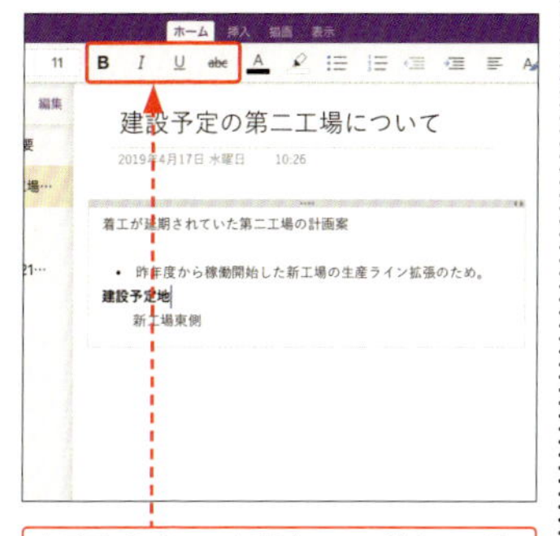

太字にしたい文字をロングタッチして選択し、B をタップします。なお、I で斜体にすることができ、U で下線、abc で取り消し線が付きます。

文字の色／マーカー／スタイルの変更

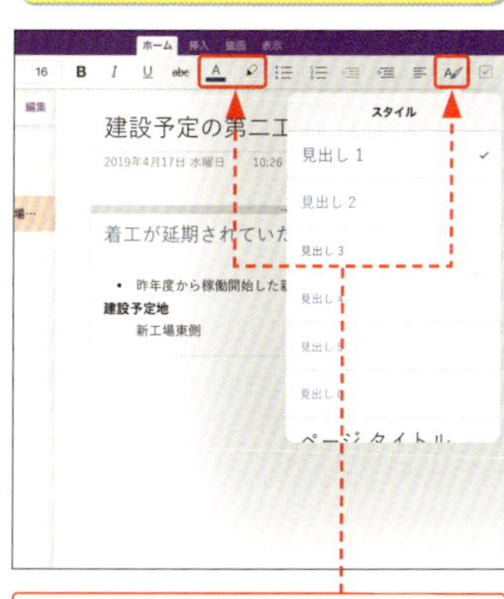

A で文字の色が変更できます。また、をタップすると、マーカーが付き、をタップすると、見出しなど文字のスタイルの変更ができます。

Memo

そのほかのタブについて

ここでは＜ホーム＞タブから、入力した文字を装飾する方法について解説しました。そのほかのタブでは、たとえば、＜表示＞タブの（パスワードの変更）を利用してセクションにパスワードロックをかけることができるなど、文字以外への機能も用意されています。なお、＜挿入＞タブの（オーディオ）、（画像）、（カメラ）についてはSec.98～99で、＜ホーム＞タブの（チェックボックス）についてはSec.100で、＜描画＞タブについてはSec.101～102でそれぞれ解説しています。

音声や写真を挿入する

iPad版OneNoteでは、メモに音声や写真を挿入することができます。文字を入力しなくてもすばやくメモを取ることができるので、とても便利です。

1 音声を挿入する

1 ページの作成画面で<挿入>タブをタップし、

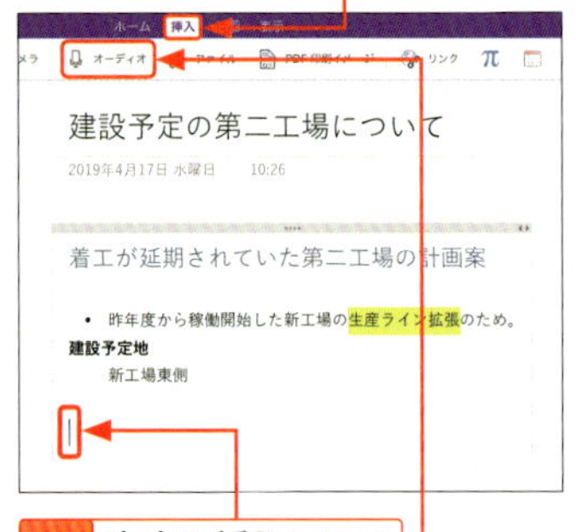

2 音声を挿入したい箇所をタップして、

3 🎙（オーディオ）をタップします。

4 マイクへのアクセス許可画面が表示された場合は<OK>をタップします。

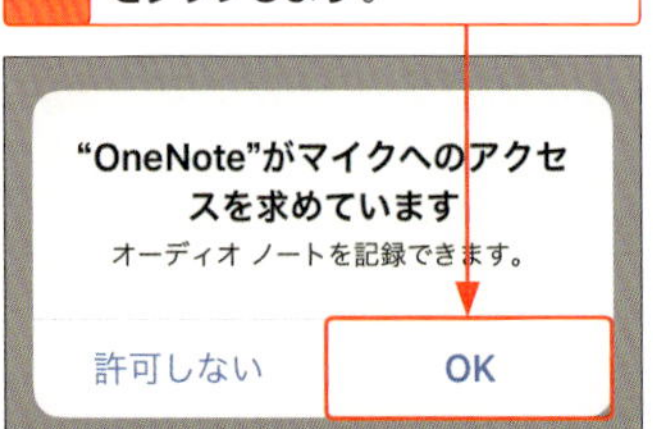

5 音声の録音が始まるので、iPadのマイクに向かってしゃべり、

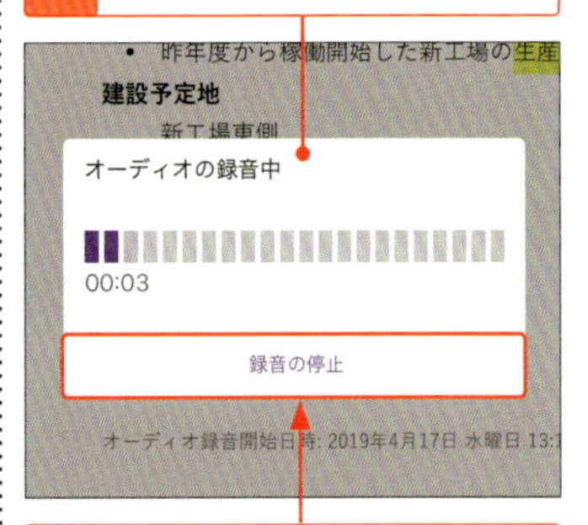

6 <録音の停止>をタップして、録音を停止します。

7 音声が挿入されます。♫→<再生>の順にタップすると、音声が再生されます。

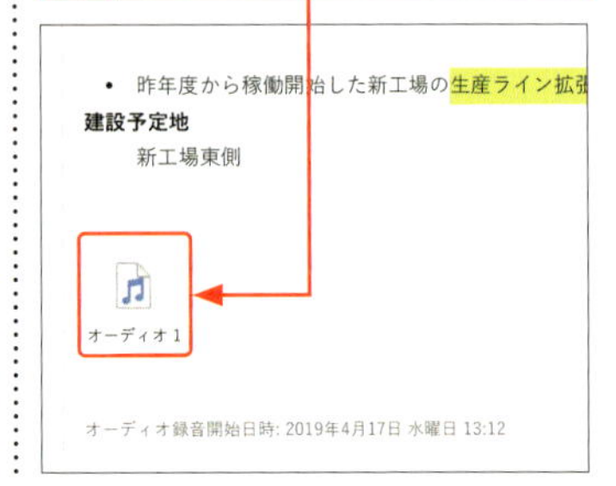

2 写真を挿入する

1 ページの作成画面で<挿入>タブをタップし、

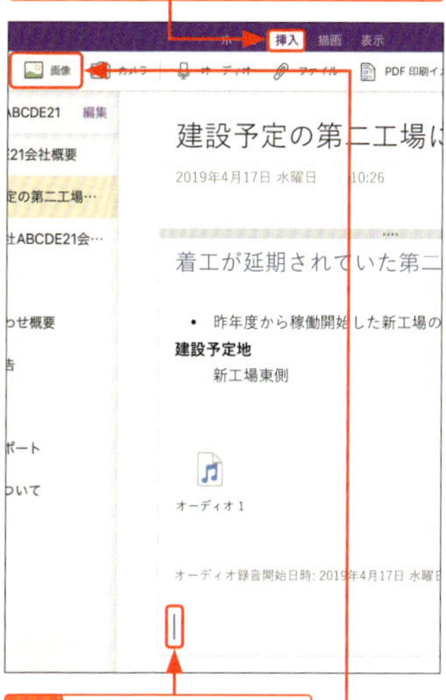

2 写真を挿入したい箇所をタップして、

3 （画像）をタップします。

4 写真へのアクセス許可画面が表示された場合は<OK>をタップします。

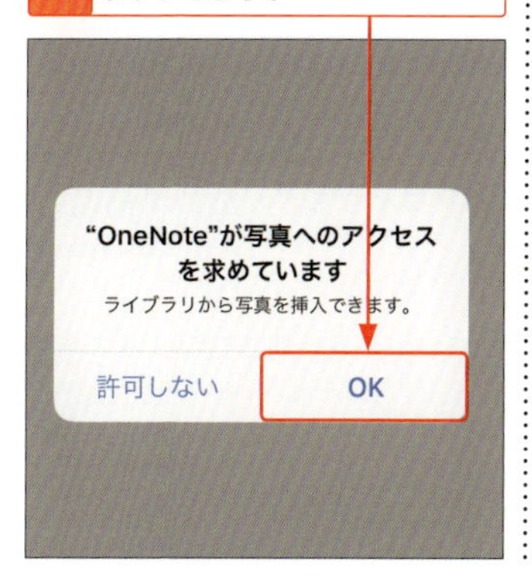

5 写真のあるフォルダをタップし、

6 挿入したい写真をタップして、

7 <完了>をタップします。

8 写真を確認し、

9 <完了>をタップします。

をタップすると、挿入する写真を追加できます。

10 写真が挿入されます。

第8章 iPad版OneNoteの利用

ドキュメントを撮影してスキャンする

iPad版OneNoteには、撮影した書類の写真を自動的にトリミング／補正し、スキャナーで取り込んだ画像のように変換する機能が備わっています。詳しい解説は、Sec.82を参照してください。

1 ドキュメントを撮影する

1 ページの作成画面で<挿入>タブをタップし、

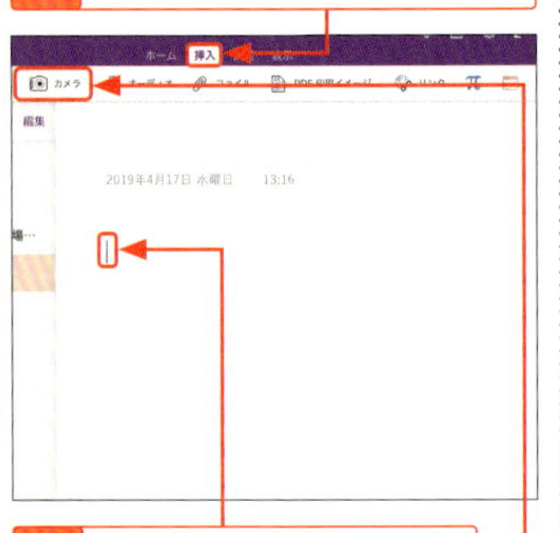

2 ドキュメントを挿入したい箇所をタップして、

3 📷(カメラ)をタップします。

4 カメラへのアクセス許可画面が表示された場合は<OK>をタップします。

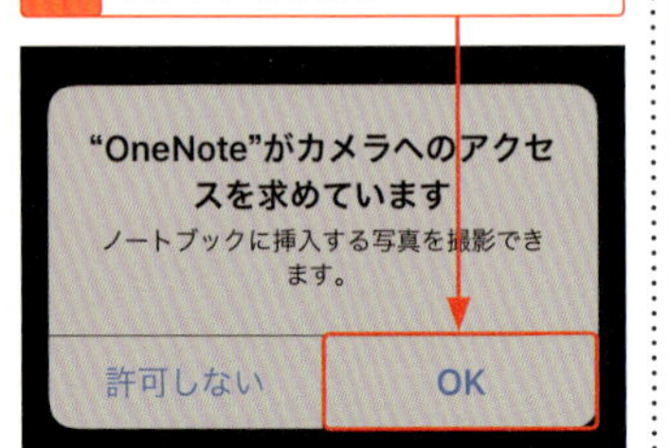

5 <ドキュメント>をタップし、

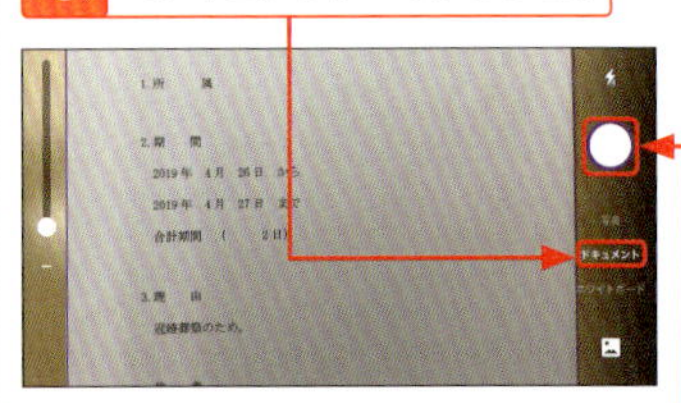

6 紫色の枠に書類が収まるようにして、○をタップします。

7 トリミング／補正された書類を確認し、

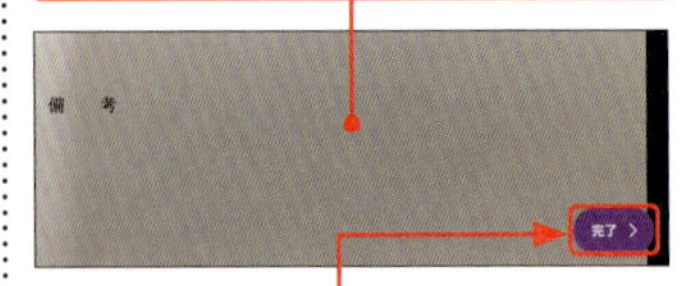

8 <完了>をタップします。

9 ライブラリへの許可画面で<OK>をタップすると、書類が挿入されます。

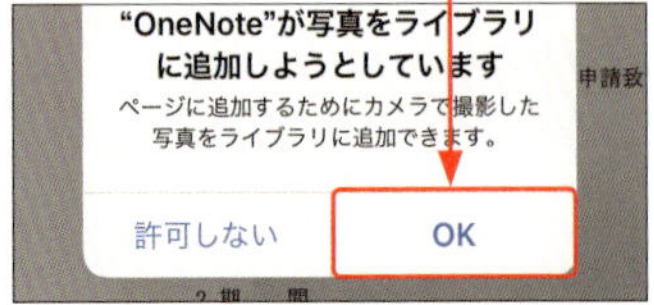

タスクリストを作成する

iPad版OneNoteでは、かんたんなタスクリストを作成することができます。完了したタスクはタップすることでチェックを付けられるので、OneNoteをタスクメモとして利用することが可能です。

1 タスクリストを作成する

1 ページの作成画面でページ名を入力し、

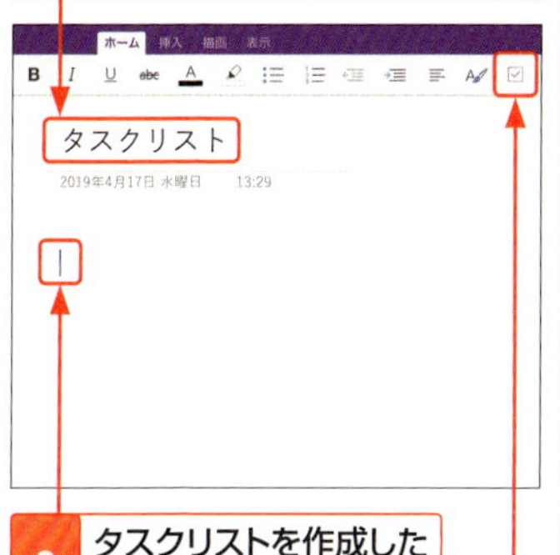

2 タスクリストを作成したい箇所をタップしたら、

3 ☑をタップします。

4 チェックボックスが入力されます。

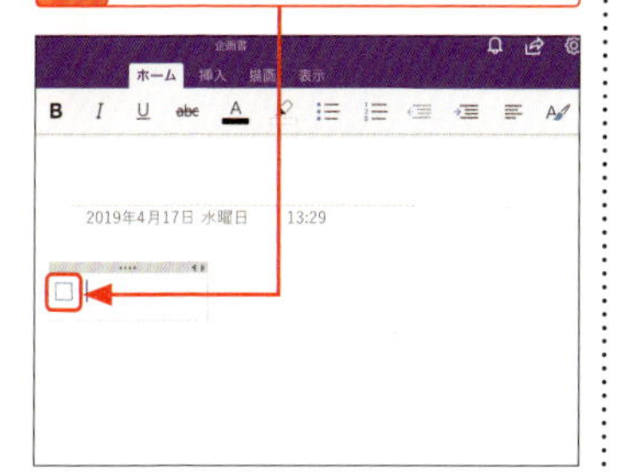

5 タスクを入力して改行すると、次のタスクが入力できます。

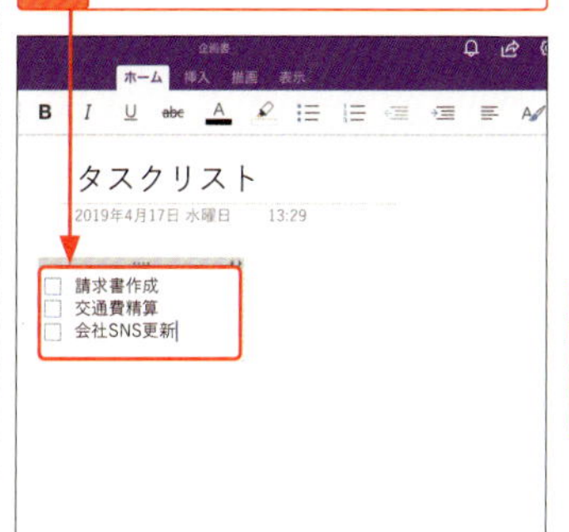

6 終えたタスクのチェックボックスをタップすると、チェックを付けられます。

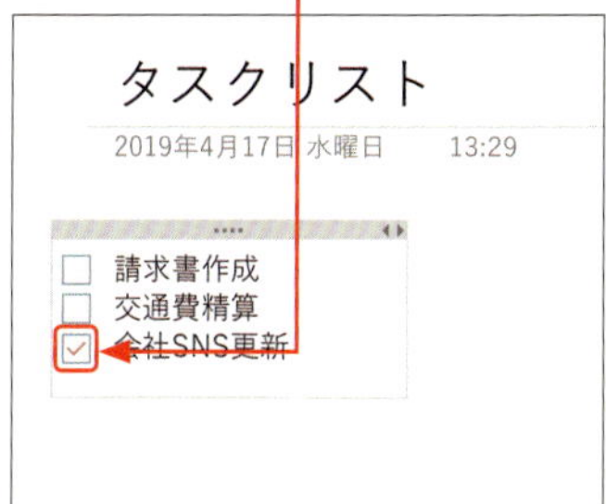

手書きメモを取る

手書きメモを使って絵や図でメモを取ることができます。なお、手書きメモは、入力した文字や挿入済みの写真の上に重ねて作成することも可能です。

1 手書きモードを設定する

1 ページの作成画面で<描画>タブをタップし、

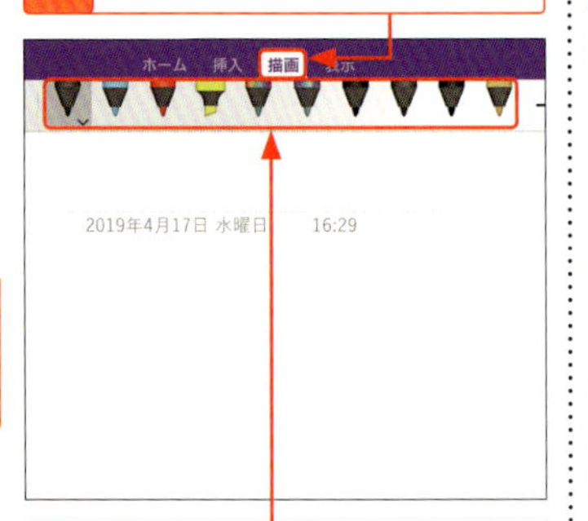

2 ペンをタップして<完了>をタップすると、手書き入力モードになります。

3 をタップすると、ページを全画面表示にすることができます。

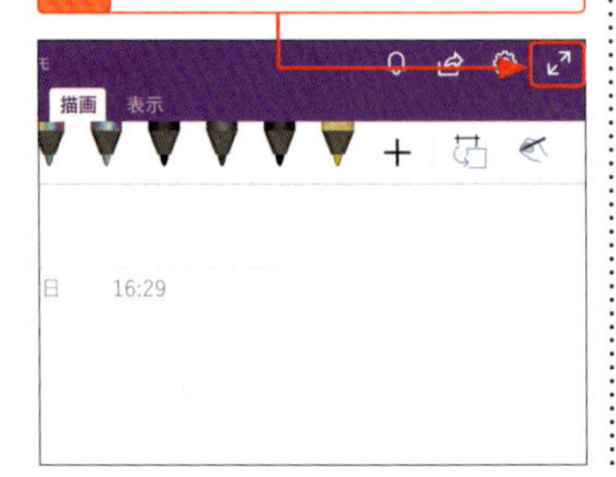

4 手順2で選択したペンを再度タップすると、

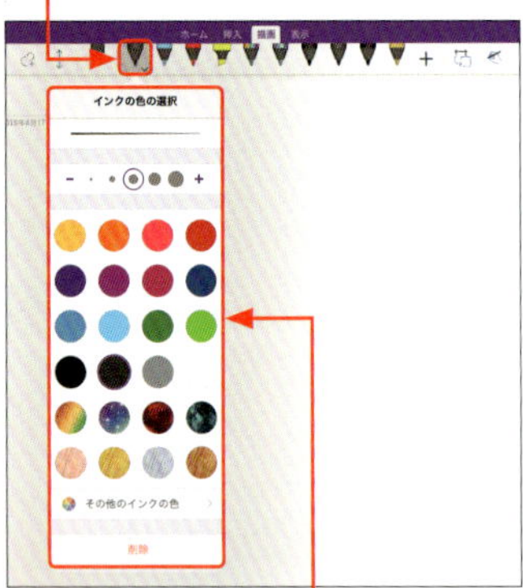

5 そのペンのインクの色や太さが変更できます。

6 （消しゴム）を2回タップすると、

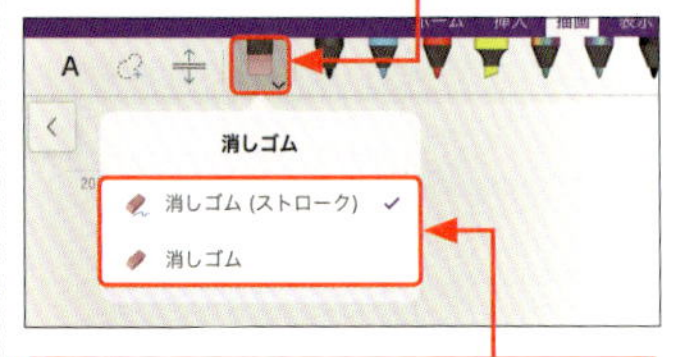

7 消しゴムのモードを変更できます。

2 手書きでメモを取る

1 P.214手順1～2を参考にペンをタップして選択し、

2 画面を指でなぞり、メモを取ります。

3 選択中のペンを再度タップし、

4 インクの太さや色をタップして選択します。

5 手順2と同様にメモを取ります。

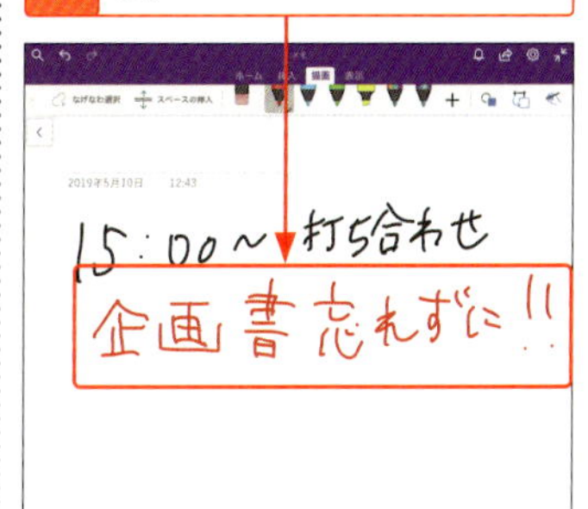

Memo

ペンを追加する

お気に入りのペンやマーカーは追加することができます。<描画>タブをタップし、＋をタップすると、「ペンの追加」が表示されます。<ペン>または<蛍光ペン>をタップし、インクの太さや色を設定すると、いちばん右にあるペンが追加したペンに変更されます。また、手順4の画面で<削除>をタップすると、ペンを削除することができます。

図形を描く

iPad版OneNoteでは、手書きで図形を描くことができます。また、既存の図形を挿入することもできるので、地図や表を作成する際に便利です。Apple Pencilを使うと、より便利になります。

1 図形を描く

1 P.214手順1～2を参考にペンをタップして選択し、

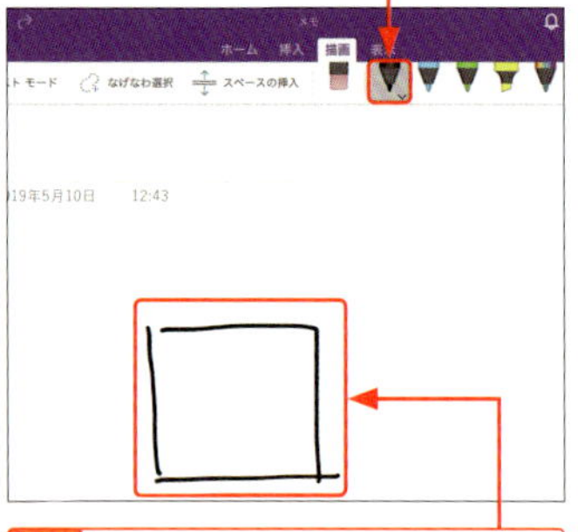

2 画面を指でなぞり、図形を描きます。

3 <なげなわ選択>をタップし、

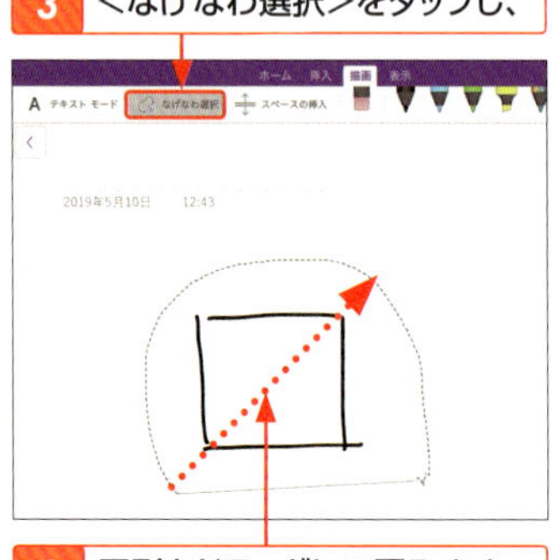

4 図形をドラッグして囲みます。

5 選択された図形の周囲に8つの選択ハンドルと⊕が表示されます。

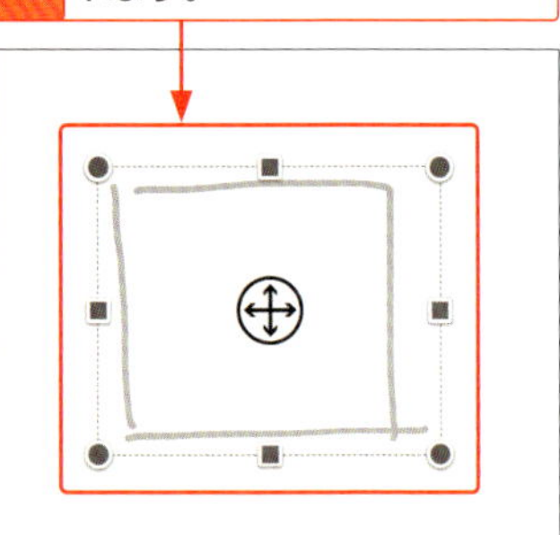

6 ⊕をドラッグすると、図形の移動ができます。また、選択ハンドルのいずれかをドラッグすると、図形の拡大／縮小ができます。

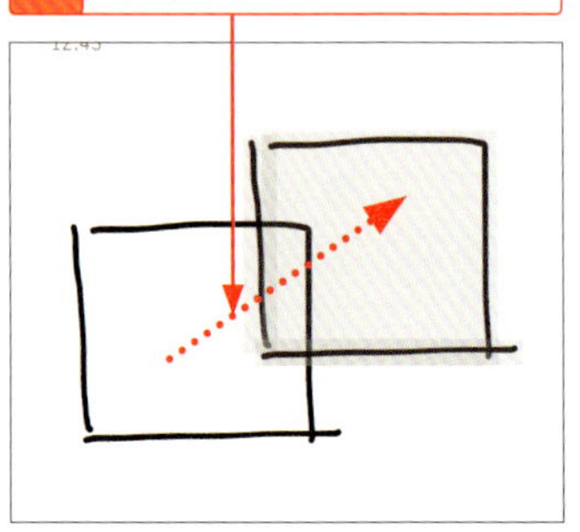

2 手書きの図形をきれいにする

1 P.214手順1～2を参考にペンをタップして選択し、

2 (インクを図形に変換)をタップします。

3 画面を指でなぞり、図形を描きます。

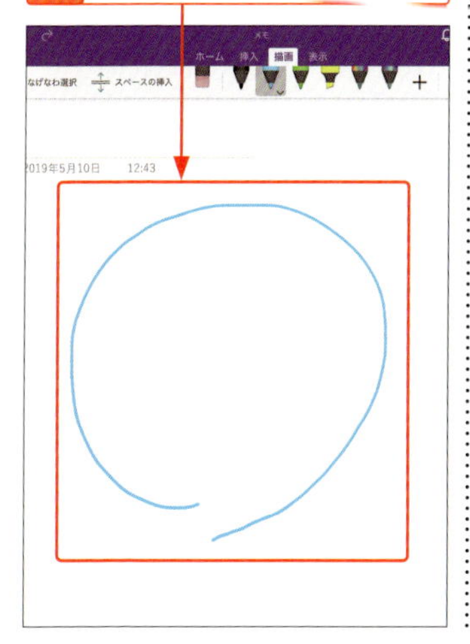

4 指を離すと瞬時に図形が認識され、きれいに変換されます。

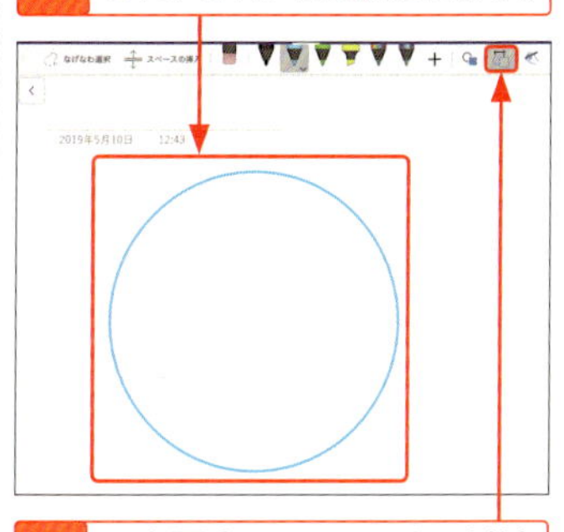

5 再度(インクを図形に変換)をタップすると、終了します。

Memo

Apple Pencilを利用する

ここでは指を使ってページに図形や文字を書く操作を解説しましたが、より精密な図形を描きたい場合や細かい文字を書きたい場合には、Apple Pencilなどのスタイラスペンを利用するのが便利です。手書き入力モードでスタイラスペンを利用するには、をタップし、「描画モード」の「タッチして描画する」をオフにします。さらに、iPad版OneNoteのページをP.214手順3の方法で全画面表示にし、<表示>タブの「用紙のスタイル」から罫線や方眼線を選択することで、紙のメモパッドや大学ノートを使うような感覚でメモを取ることも可能です。

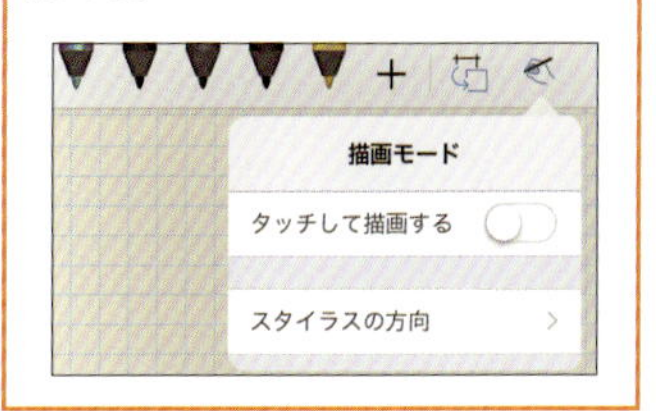

3 既存の図形を挿入する

1 ＜描画＞タブをタップし、

2 をタップします。

3 図形のメニューが表示されたら、挿入したい図形（ここでは三角形）をタップします。

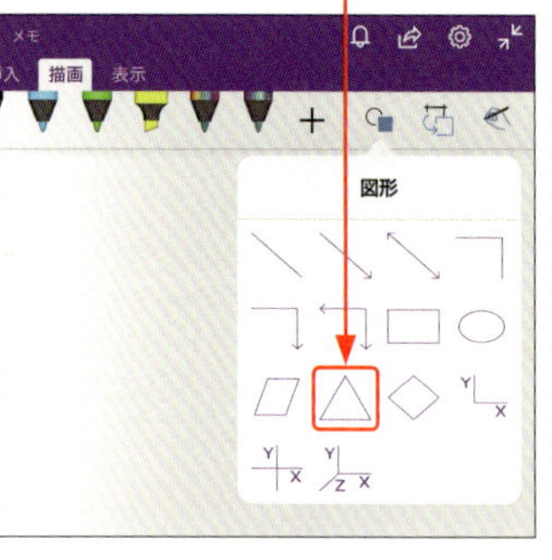

4 画面を左上から右下にかけてドラッグします。

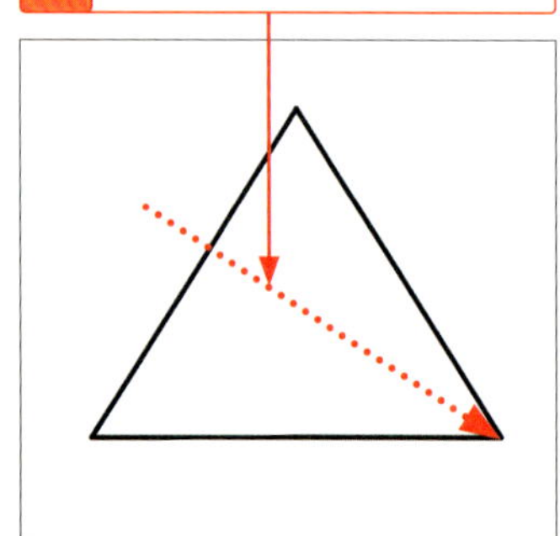

5 三角形が描かれます。

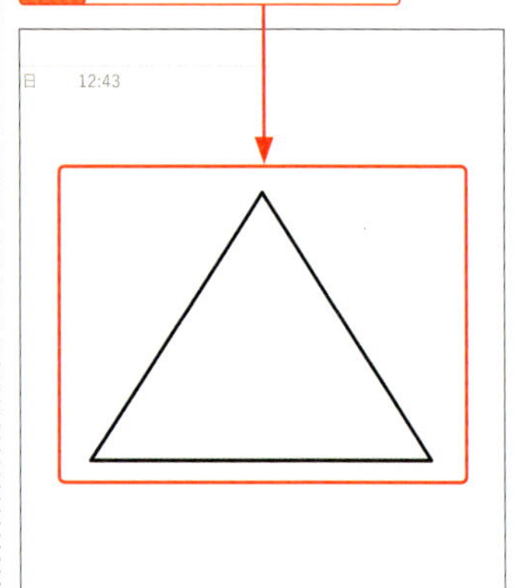

P.216～217を参考に手書きの図形と組み合わせれば、かんたんな地図などを描くこともできます。

Memo 図形を削除する

挿入した図形を削除したい場合は、P.216手順3～4を参考に、なげなわ選択で図形を選択し、囲みの中をタップして、メニューから＜削除＞をタップします。また、削除だけでなく、図形のコピーや回転を行うこともできます。

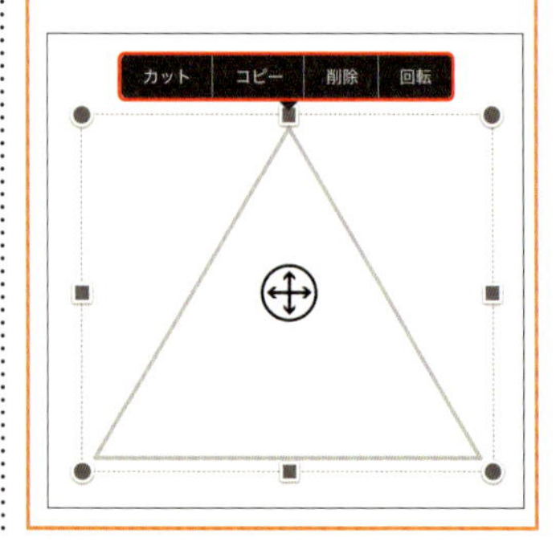

第8章 iPad版OneNoteの利用

付録

データの移行

OneNote 2016／2013のデータを OneNote for Windows 10に移行する

デスクトップ版OneNote 2016／2013の**データ**は、OneNote for Windows 10に**移行する**ことができます。なお、移行する際は、Webブラウザ版OneNoteを利用します。

1 OneNote 2016／2013のデータをOneNote for Windows 10に移行する

OneNote for Windows 10にデータを移行する際は、Webブラウザ版OneNoteを利用します。そのため、デスクトップ版OneNote 2016／2013の保存先を「このPC」にしている場合は、あらかじめノートブックのデータをOneDriveに保存しておく必要があります。デスクトップ版OneNote 2016／2013でOneDriveに保存したいノートブックを開き、＜ファイル＞→＜共有＞→＜ノートブックの移動＞の順にクリックすると、ノートブックがOneDriveに保存されます。

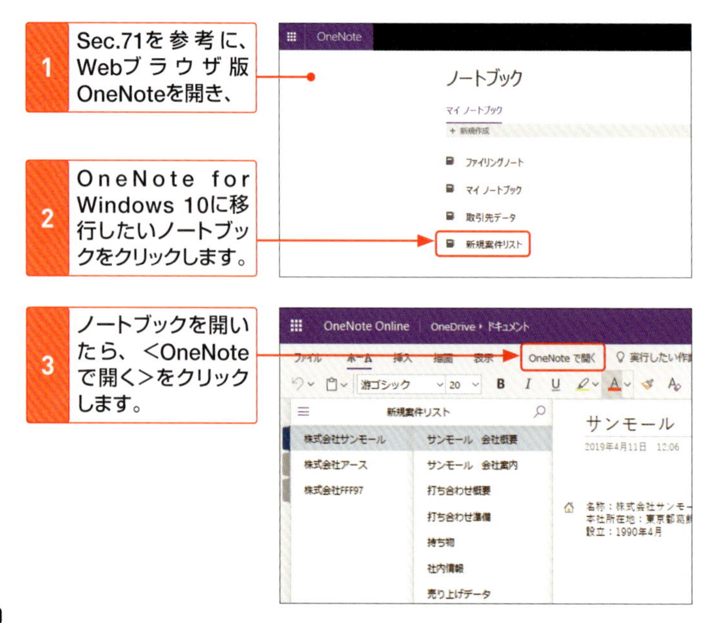

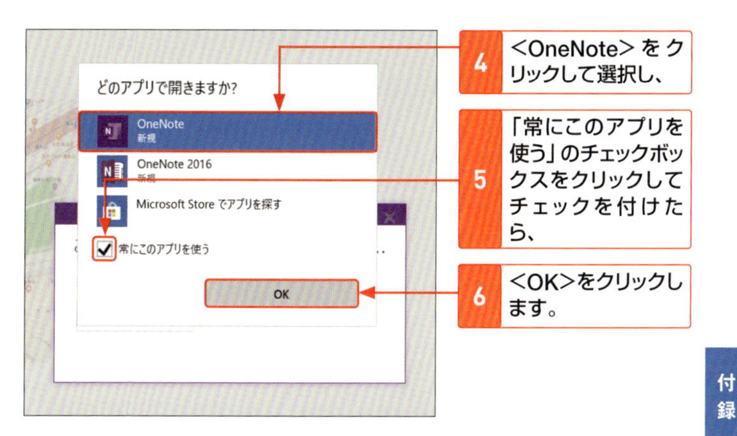

4 <OneNote>をクリックして選択し、

5 「常にこのアプリを使う」のチェックボックスをクリックしてチェックを付けたら、

6 <OK>をクリックします。

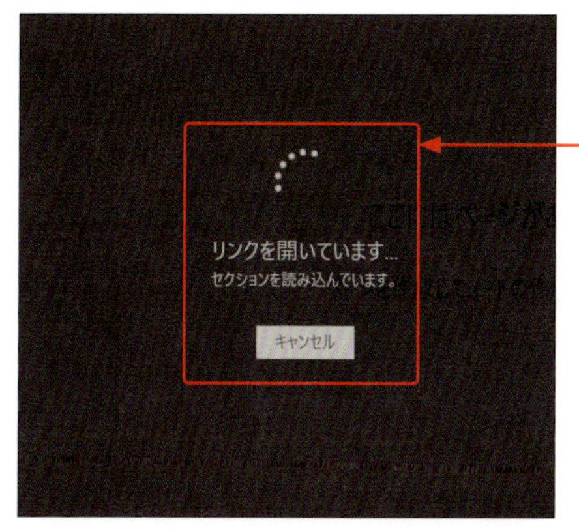

7 OneNote for Windows 10が開き、データの移行が行われます。

初回同期時やデータ容量が大きい場合などは、データの移行に時間がかかる場合があります。

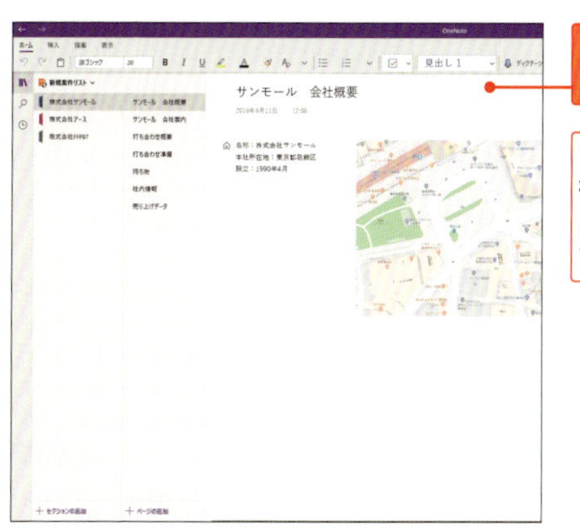

8 ノートブックのデータが移行されます。

ほかのノートブックを移行する場合は、手順**1**からの操作を再度行います。

INDEX 索引

アルファベット

Android版OneNote……172
—の画面構成……173
Apple Pencil……217
iPad版OneNote……204
—の画面構成……205
iPhone版OneNote……190
—の画面構成……191
Microsoft Sticky Notes……188
Microsoftアカウント……17
Officeアドイン……165
Officeアプリから印刷イメージを挿入……46
OneDrive……16
OneNote……10
—の画面構成……22
—の起動……20
—の起動（Android版）……175
—の起動（iPhone版）……193
—の撮影機能……183
—の種類……12
—のメモ機能……14
—のメモの保存先……16
—を終了……21
OneNote Web Clipper……40
OneNoteバッジ……186
—の移動／終了……187
SurfaceとOneNoteの連携……135
Surfaceペン……132
Webブラウザ版OneNote……156
—の画面構成……158
Webページの挿入……38

あ行

アウトライン……138
アカウントの追加……24
印刷……118
音声の挿入……56
音声の挿入（Android版）……180
音声の挿入（iPad版）……210
音声の挿入（iPhone版）……198

か行

箇条書き……100
画像の挿入……34
記号や絵文字の入力……50
共有……150
共有（Webブラウザ版）……166
—を解除……153
—を停止……169
クイックノート……26
蛍光ペン……107
罫線……108
検索……74
コピー&ペーストでメモを入力……32

さ行

再生機能……128
サブページ……88
写真の挿入（Android版）……181
写真の挿入（iPad版）……211
写真の挿入（iPhone版）……199
数学関数……143
数式の入力……69
スクリーンショットの挿入……54
図形の描画……60
図形の描画（iPad版）……216
図形の編集……63
ステッカーの貼り付け……52
セクション……18
—の移動……81
—の色を変更……113
—の切り替え……78
—の削除……83
—の追加……76
—の復元……85
—名の変更……28, 87
セクショングループ……140
線……62

た行

タスクリストの作成（Android版）……184

タスクリストの作成（iPad版）……213
タスクリストの作成（iPhone版）……201
データの移行……220
手書きメモ……66
手書きメモ（Android版）……185
手書きメモ（iPad版）……214
手書き文字をテキストに変換……67
テキストのスタイルを変更……98
テキストを抽出……148
動画の挿入……58
ドキュメントの撮影（Android版）……182
ドキュメントの撮影（iPad版）……212
ドキュメントの撮影（iPhone版）……200

な行

ノートコンテナ……30
　ーの移動……80
　ーの結合／分離……92
　ーのコピー&ペースト……94
　ーのサイズを変更……90
　ーの削除……82
　ーの表示順序……96
　ーの復元……85
ノートシール……102
　ーの検索……104
　ーの作成……103
　ーを使う（Webブラウザ版）……164
ノートブック……18
　ーの色を変更……112
　ーの閲覧（Android版）……176
　ーの閲覧（iPad版）……206
　ーの閲覧（iPhone版）……194
　ーの閲覧（Webブラウザ版）……160
　ーの切り替え……79
　ーの削除……83, 168
　ーの作成……26
　ーの作成（Webブラウザ版）……170
　ーの編集（Webブラウザ版）……162
　ー名の変更……86
　ーをスタートにピン留め……114
　ーを閉じる……83
　ーを開く……79

は行

表の作成……48
ファイルの印刷イメージの挿入……44
ファイルの挿入……42
フォントの変更……116
付箋（Android版）……188
付箋（iPhone版）……202
ページ……19
　ーの移動……80
　ーの切り替え……78
　ーの削除……82
　ーの作成（Android版）……178
　ーの作成（iPad版）……208
　ーの作成（iPhone版）……196
　ーの追加……77
　ーの背景色の変更……110
　ーの表示サイズ……111
　ーの復元……84
　ー名の入力……29
　ー名の変更……87
　ーをPDFファイルに変換……154
　をスタートにピン留め……115
ペン……64, 214
方眼線……109
翻訳機能……130

ま行

マーカー……106
マスク……144
メールを送信してOneNoteに保存……70
メモの入力……30

ら行

リサーチツール……124
リボン……23
リンク機能……126

■ お問い合わせの例

FAX

1 お名前
技評　太郎

2 返信先の住所またはFAX番号
03-××××-××××

3 書名
今すぐ使えるかんたんmini
OneNote 基本&便利技
[OneNote for Windows 10
対応版]

4 本書の該当ページ
110ページ

5 ご使用のOneNoteのバージョン
16001.11727.20076.0

6 ご質問内容
手順3の画面が
表示されない

今すぐ使えるかんたんmini OneNote 基本&便利技 [OneNote for Windows 10対応版]

2019年9月4日　初版　第1刷発行

著者●リンクアップ
発行者●片岡 巌
発行所●株式会社 技術評論社
東京都新宿区市谷左内町21-13
電話 03-3513-6150 販売促進部
03-3513-6160 書籍編集部
装丁●田邉 恵里香
本文デザイン●リンクアップ
編集／DTP●リンクアップ
担当●田中 秀春
製本／印刷●図書印刷株式会社

定価はカバーに表示してあります。

ISBN978-4-297-10696-6 C3055
Printed in Japan

お問い合わせについて

本書に関するご質問については、本書に記載されている内容に関するもののみとさせていただきます。本書の内容と関係のないご質問につきましては、一切お答えできませんので、あらかじめご了承ください。また、電話でのご質問は受け付けておりませんので、必ずFAXか書面にて下記までお送りください。
なお、ご質問の際には、必ず以下の項目を明記していただきますようお願いいたします。

1 お名前
2 返信先の住所またはFAX番号
3 書名
（今すぐ使えるかんたんmini
OneNote 基本&便利技
[OneNote for Windows 10対応版]）
4 本書の該当ページ
5 ご使用のOneNoteのバージョン
6 ご質問内容

なお、お送りいただいたご質問には、できる限り迅速にお答えできるよう努力いたしておりますが、場合によってはお答えするまでに時間がかかることがあります。また、回答の期日をご指定なさっても、ご希望にお応えできるとは限りません。あらかじめご了承くださいますよう、お願いいたします。
ご質問の際に記載いただきました個人情報は、回答後速やかに破棄させていただきます。

問い合わせ先

〒162-0846
東京都新宿区市谷左内町21-13
株式会社技術評論社　書籍編集部
「今すぐ使えるかんたんmini
OneNote 基本&便利技
[OneNote for Windows 10対応版]」質問係

FAX番号 03-3513-6167

URL：https://book.gihyo.jp/116